Volker Storch und Ulrich Welsch:

Evolution
Tatsachen und Probleme der Abstammungslehre

Deutscher
Taschenbuch
Verlag

dtv

Originalausgabe
1. Auflage August 1973
6., durchgesehene und erweiterte Auflage August 1989
Deutscher Taschenbuch Verlag GmbH & Co. KG,
München
Umschlaggestaltung: Celestino Piatti
Gesamtherstellung: C. H. Beck'sche Buchdruckerei,
Nördlingen
Printed in Germany, ISBN 3-423-04499-3

Inhalt

Vorwort zur 1. Auflage

Es gibt wichtige wissenschaftliche Probleme und Theorien, die nur in einem engen Kreis von Wissenschaftlern diskutiert und geprüft werden, ohne daß die breite Öffentlichkeit viel Notiz von ihnen nimmt. Es gibt aber auch Theorien, die einen weiten Kreis zu leidenschaftlicher Stellungnahme anregen. Ein solches Gedankengebäude war das Kopernikanische Weltbild, das die Erde aus dem Mittelpunkt verbannte; gleiches gilt für die Evolutions- oder Abstammungslehre, die angeblich die Würde des Menschen antastete und bis in die Dorfgasthöfe diskutiert wurde.

> Sie stritten sich beim Wein herum,
> Was das nun wieder wäre,
> Das mit dem Darwin wär gar zu dumm
> Und wider die menschliche Ehre.
>
> Wilhelm Busch

Die Literatur über die Abstammungslehre würde Bibliothekssäle füllen. Zuerst ging es hauptsächlich um die Frage: Evolution oder Konstanz der Arten, dann um Darwins Selektionstheorie, schließlich um die Gültigkeit der Mutationstheorie, eine Frage, die noch heute diskutiert wird. Wenn man diese Publikationen durchmustert, sieht man, daß die meisten Autoren Partei ergreifen, also »etwas außerhalb der Legalität« wissenschaftlichen Vorgehens geraten sind. Selbst anerkannte Genetiker geben oft eine »optimistische« Darstellung, d.h. sie übergehen die bestehenden Schwierigkeiten und noch offene Probleme.

Wir wollen hier eine Gesamtübersicht über die Evolutionsfragen geben, das Erreichte und sicher Fundierte darlegen, aber auch die noch offenen Fragen hervorheben. Die Illustration dieses Büchleins übernahm in bewährter Weise Frau Gerda Kleber, der wir auch an dieser Stelle sehr danken möchten.

Adolf Remane, Volker Storch, Ulrich Welsch
Kiel, im Dezember 1972

Vorwort zur 6. Auflage

Unser Wissen über die Evolution hat in den letzten Jahren einige erhebliche Fortschritte erfahren. Die Kenntnisse von der präkambrischen Fauna wurden vertieft, so daß die Entstehung der Tierstämme im Kambrium nicht mehr so unvermittelt wirkt wie noch vor einem Jahrzehnt. In Kombination mit der Wissenschaft von der Plattentektonik – die auf die Geologie Auswirkungen hat wie Darwins Lehre auf die Biologie – ist über die frühe Evolution ein dynamisches Bild entstanden, das unser Verständnis von der Evolution der Organismen und ihrer Verbreitung in Raum und Zeit wesentlich gefördert hat. Die Molekularbiologie hat Einblicke in den Aufbau der Erbsubstanz ermöglicht, die noch zur Zeit der letzten Auflage kaum zu erwarten waren. Gen-Transfer, transponierbare Elemente, reverse Transkription und »gene shuffling« sind nur einige Phänomene, ohne die eine neuzeitliche Diskussion über Evolutionsvorgänge nicht auskommen kann. Des weiteren hat sich unser Bild über die Evolution des Menschen in den letzten Jahren stark erweitert.

Schon seit geraumer Zeit ist der Evolutionsgedanke nicht mehr auf die Biologie beschränkt, vielmehr erfaßt er in zunehmendem Maße auch andere Wissenschaften und auch Bereiche, die traditionell eher der Philosophie angehören, zum Beispiel die Erkenntnistheorie.

Diesen und anderen modernen Entwicklungen haben wir bei der Bearbeitung Rechnung getragen. Wir nahmen dabei etwa 20 neue Abbildungen auf, die zum Teil alte ersetzen. Sie wurden dankenswerterweise von Frau I. Ranker-Abel (Heidelberg), Herrn Horst Ruß und Frau Barbara Reyerman (München) angefertigt.

Wir danken all denen, die durch kritisches Lesen von Abschnitten, in lebhaften Diskussionen und mit Ratschlägen geholfen haben, den Text zu modernisieren und interessant zu gestalten. Hervorheben möchten wir Dipl.-Biol. M. Behncke (Heidelberg), Prof. Dr. J. Jacob (Biochemisches Institut für Umweltcarcinogene, Ahrensburg), Prof. Dr. P. Leins (Institut für Systematische Botanik der Universität Heidelberg) und Prof. Dr. G. Sauer (Institut für Virusforschung, Deutsches Krebsforschungszentrum, Heidelberg). Dr. R. P. Higgins (National

Museum of Natural History, Smithsonian Institution, Washington, D.C.) und Dr. H.W. Jannasch (Woods Hole Oceanographic Institution, Woods Hole, Massachusetts) überließen uns freundlicherweise unpublizierte Originalabbildungen.

Volker Storch und Ulrich Welsch
Heidelberg und München,
im Dezember 1988

Diese Auflage ist dem Andenken *Adolf Remanes* gewidmet, dem früheren Senior-Autor dieses Buches, der 1976 verstorben ist.

Prof. Dr. Dr. h. c. Adolf Remane (1898–1976) übernahm 1934 als Ordinarius die Leitung des Zoologischen Instituts in Halle. Seit 1936 baute er in Kiel das Institut für Meereskunde auf, dessen Leitung er bis 1944 gleichzeitig mit der des dortigen Zoologischen Institutes innehatte, dem er bis 1967 vorstand. Er veröffentlichte etwa 250 Arbeiten, vor allem zur Evolution, Meeresbiologie und Morphologie. Zuletzt erschienen: ›Die Grundlagen des natürlichen Systems, der vergleichenden Anatomie und der Phylogenetik‹ (1952, 1956, Neudruck 1971); ›The Biology of Brackish Water‹ (1971); ›Kurzes Lehrbuch der Zoologie‹ (6. Auflage 1989); ›Das Sozialleben der Tiere‹ (3. Auflage 1976); ›Systematische Zoologie‹ (3. Auflage 1986).

Die Idee der Evolution bildete für zahlreiche seiner wissenschaftlichen Originalveröffentlichungen und für die Mehrzahl seiner wissenschaftstheoretischen Arbeiten den intellektuellen Rahmen. Die Evolution war für Remane die geistige Klammer, mit der er die fast unabsehbare Vielfalt der Organismen ordnete und beherrschte. Seine wissenschaftlichen Beiträge zur Biologie vieler Tiergruppen sind Meilensteine auf dem Wege des Erkenntnisfortschrittes und stets durch unbestechliche Solidität und große Originalität im Denkansatz gekennzeichnet. Remanes Aussagen beruhten stets sowohl auf einer profunden Detailkenntnis als auch der großen Kraft, Allgemeines zu erkennen und zu formulieren. Die Spannweite seiner Interessen war außerordentlich weit und reichte z. B. von der Biologie der Rotatorien über die Ökologie verschiedener Lebensräume bis zur Evolution des Menschen. Er war zweifelsohne einer der großen Zoologen dieses Jahrhunderts, dessen Spuren bleiben werden.

1. Grundfragen der Evolutionsforschung

Die alltägliche Erfahrung lehrt, daß aus Tieren und Pflanzen Nachkommen von gleicher Art entstehen. Die Jungen des Fuchses sind Füchse, aus den Eiern des Rotkehlchens schlüpfen Rotkehlchen, aus den Samen der Kornblumen wachsen wieder Kornblumen heran mit allen Kennzeichen ihrer Art. Die naive Erfahrung lehrt also eine Konstanz der Arten; zwar wurden gelegentlich Kälber mit zwei Köpfen, Pferde mit zwei oder drei Hufen, Menschen mit sechs Fingern geboren, aber das waren Abnormitäten, Abweichungen vom natürlichen Gang. Die Evolutionslehre mußte diese Schranken naiver Erfahrung durchbrechen. Wie schwer dieses ist, zeigten die Widerstände gegen das Kopernikanische Weltbild. Auch hier »bewies« ja die naive Erfahrung, daß sich die Sonne um die Erde dreht. Martin Luther nannte Kopernikus einen Narren, und Shaw läßt in seiner ›Heiligen Johanna‹ den Ritter La Trémouille, als er vom Erzbischof hörte, daß Pythagoras die Auffassung vertrat, daß die Erde rund sei und sich um die Sonne drehe, sagen: »Was für ein ausgemachter Narr! Hatte er denn keine Augen im Kopf?«

Die Abstammungslehre (Deszendenztheorie) besagt:

1. Die Lebewesen haben sich im Laufe der Erdgeschichte gewandelt. Diese Wandlung stellt im allgemeinen eine Zunahme der Komplexität des Baues und der Leistungen dar (Anagenese), schließt aber starke Rückbildungen nicht aus.

2. Die heutige Vielzahl der Arten von Tieren und Pflanzen, welche aus kernhaltigen Zellen aufgebaut sind (Eukaryoten), vermutlich mehrere Millionen, hat sich aus einer geringen Zahl von Arten, vielleicht nur einer einzigen, entwickelt. Arten haben sich also im Laufe der Evolution in zwei oder mehrere gespalten.

Nach der Beantwortung der Grundfrage »Haben sich die Lebewesen seit Beginn des Lebens auf der Erde gewandelt oder sind die Arten von Anfang an konstant geblieben?« ist es erforderlich, Einzelfragen zu stellen und zu beantworten, die keineswegs gleich leicht gelöst werden konnten und die zum Teil noch ungelöst sind.

I. Ablauffrage: Wie verlief diese Umbildung? Diese Frage enthält eine spezielle und eine allgemeine Seite. Die spezielle untersucht die Vorgeschichte und Ahnenreihe der einzelnen Arten, etwa des Menschen, des Maulwurfs, der Eiche, der Glockenblume usw. Das ist das Problem der Phylogenese. Die allgemeine Ablaufforschung untersucht, ob für die Ableitung der Lebewesen das Stammbaumschema (Dendrogramm), ein Netzwerk oder ein System paralleler Linien gültig ist (Abb. 28).

II. Gibt es Gesetze in der Stammesentwicklung? Ebenso wie in der Menschheitsgeschichte bemüht man sich auch in der Stammesgeschichte, in dem wirren Geflecht der Vorgänge allgemeine Prinzipien zu finden. Es kann sich natürlich nicht um Gesetze im strengen Sinne handeln, sondern nur um Regeln oder bevorzugte Entwicklungsabläufe. Seit den ersten Anfängen des Evolutionsdenkens sind solche in großer Zahl aufgestellt worden: Irreversibilitäts- oder Dollosches Gesetz, Biogenetisches Gesetz, Spezialisationsgesetz und andere.

III. Faktoren- oder Kausalfrage: Sie fragt nach den Faktoren, die die Umbildung und Entfaltung der Lebewesen hervorgerufen und gesteuert haben. Sie rückte im zwanzigsten Jahrhundert in den Vordergrund. Auch hier ist eine Trennung in zwei Teilfragen vorteilhaft.

a. Welche Faktoren haben die Umbildung der Organisation gesteuert, z.B. die Umwandlung eines Beines in einen Flügel, einer Darmrinne (Endostyl) in die Schilddrüse (Thyroidea)?

b. Welche Faktoren bewirkten die Spaltung einer Art in zwei? Das ist das Problem der Speziation. Dieser Vorgang kann praktisch ohne nennenswerte Umbildung der Organisation vor sich gehen. Nahe verwandte Arten sind oft in ihrer Anatomie identisch und unterscheiden sich vielfach nur durch verschiedene Dimensionen und Proportionen der Einzelteile.

Diese Fragen stehen in einer bestimmten Abhängigkeit voneinander. Die Bejahung der Grundfrage ist Voraussetzung für alle anderen, aber die Unsicherheit in den Fragen I und III kann keineswegs die Evolution an sich erschüttern. Dies ist heute von allen Biologen anerkannt. Die Beantwortung der Ablauffrage hängt von den Materialien ab, die uns jeweils zur Verfügung stehen. Sind sie reich, wie etwa bei den Pferden mit ihren vielen Fossilien (Abb. 5), so läßt sich die Phylogenese mit hoher Sicherheit darstellen. Handelt es sich um isolierte Gruppen, von denen kaum fossile Formen bekannt sind, so sind wir auf vage

Hypothesen angewiesen, wie z.B. bei der Ableitung der Pfeilwürmer (Chaetognatha).

Am schwierigsten sind – wie bei allen geschichtlichen Problemen – Aussagen über Ursachen und Antriebe der Evolution zu machen. Gerade diese Frage wird noch lebhaft diskutiert, was im Zeitalter der Kausalforschung verständlich ist. Viele schließen aus bestehenden Unsicherheiten auf diesem Gebiet auf eine Unsicherheit der gesamten Evolutionslehre. Das ist absolut falsch. Selbst wenn wir über die Ursachen gar nichts wüßten, bliebe der Sachverhalt der Evolution unangetastet.

Das sei an einem Vergleich mit den diluvialen Eiszeiten erläutert. Daß diluviale Eisvorstöße erfolgt sind, wird von keinem bezweifelt, der sich mit den entsprechenden Tatsachen auskennt, weil nur so viele Formen der Bodengestaltung, der Ablagerungen, der Verbreitung von Tieren und Pflanzen usw. verstanden werden können. Den Verlauf der Vorstöße und Rückzüge des Eises können wir dort, wo die Ablagerungen und Landschaftsformen wenig gestört sind, recht genau nachzeichnen. Unsicherer sind unsere Aussagen dort, wo spätere Meeresüberflutungen, wie in der Nordsee, oder spätere Eisschübe das Gebiet überzogen und die Ablagerungen der früheren weitgehend zerstört haben. Über die Ursachen der Eiszeiten wissen wir kaum etwas. Wir »behelfen« uns mit einigen unsicheren Hypothesen. Das stört die Anerkennung der Eiszeiten als geologischen Ablauf nicht im geringsten.

Der Beginn der Evolutionslehre wird meist mit Darwins Werk ›Die Entstehung der Arten‹ (1859) angesetzt. Darwin, das pedantische Genie, brachte aber nur Gedanken zum Durchbruch, die schon ein Jahrhundert vorher erwogen und gar nicht selten ausgesprochen worden waren. Es waren die Fülle des Materials, das Darwin beibrachte, und die verblüffend einfache Lösung des Kausalproblems (Frage III) durch seine Selektionslehre mit dem »survival of the fittest«, die die Evolutionslehre durchsetzten.

Es waren nicht leere Phantastereien, die schon im 18. Jahrhundert den Gedanken einer Evolution aufkommen ließen, sondern das Tatsachenmaterial, das verschiedene Forschungsrichtungen hervorgebracht hatten. Lange Zeit waren die Biologiebücher beschreibende Aufzählungen einer Reihe von Tieren und Pflanzen, besonders der Heilpflanzen. Im 18. Jahrhundert bestand das Bedürfnis, die Formenmannigfaltigkeit der Lebe-

Abb. 1: Stufenfolge vom Frosch bis zu Apollo nach Vorstellungen aus dem 18. Jahrhundert.

wesen zu ordnen und in ein System zu bringen. Zuerst dominierte die Anordnung in einer aufsteigenden Reihe von Elementen (Feuer, Wasser, Erde) über Kristalle zu Steinpflanzen (Lithophyta, Kalkalgen), Pflanzen, Tierpflanzen (Zoophyta, Korallen) und Tieren bis zum Menschen als Krone der Schöpfung (Abb. 1). Die Anordnung in aufsteigender Reihe hatte die Erkenntnis zur Grundlage, daß es einfachere und komplizierte Organismen gibt. Diese Stufenreihe kannte also primitive und entwickelte Geschöpfe, sie kannte eine Vervollkommnung und Höherentwicklung im Reiche der Lebewesen. Man hatte ferner erkannt, daß Zwischenformen zwischen verschiedenen Organisationstypen existieren. Man war zunächst in der Deklarierung und Aufstellung von Übergangsformen recht großzügig (Aal und Schlange als Übergänge von Fischen zu Reptilien). Schon Aristoteles hatte den Strauß als Zwischenglied zwischen Vögeln und Säugern (Kamel) angesehen. Diese wichtige Feststellung verbindender Formen wurde allerdings meist übersteigert, indem – von Leibniz ausgehend – das Kontinuitätsprinzip eingeschleust wurde: Natura non facit saltus. Man postulierte eine totale Kontinuität der Formen für die heutigen Lebewesen. Auch an Zwischenformen zwischen höheren Affen und Mensch wurde damals schon gedacht. Wir wissen, daß diese lückenlose Formenkontinuität zwischen den heutigen Organismen nicht besteht, daß aber die Paläontologie zunehmend kontinuierliche Formenreihen in der Vergangenheit aufdeckt.

Linné (1707–1778) vertrat in seinem System den entgegengesetzten Standpunkt: Keine Kontinuität der Formen, sondern Gliederung in einzelne getrennte Arten, die durch Diagnosen eindeutig gekennzeichnet wurden. Aber auch Linné, den man so oft als Verfechter der Lehre von der Konstanz der Arten nennt, kam auf anderen Wegen zur Bejahung einer Evolution. Er fand, daß oft zahlreiche Arten einer Gattung auf bestimmte geographische Bezirke beschränkt sind, beispielsweise die Pflanzen der Gattung *Fuchsia* auf Südamerika, die der Gattung *Pelargonium* (Geranien) auf Südafrika, und schloß, daß diese Arten »filiae unius matris« – Töchter einer Mutter – sein müßten. In der zehnten Auflage seiner ›Systema naturae‹ erklärte Linné noch, daß heute keine neuen Arten entstünden; diesen Satz strich er später.

Am nachhaltigsten wirkten die Entdeckungen der vergleichenden Anatomie. Dieser Weg zur Evolution ist für alle die, die auf diesem Gebiet keine oder nur geringe Kenntnisse besitzen, nicht leicht zu verstehen. Folgende Tatsachen waren entscheidend: Organismen ganz verschiedener Lebensweise zeigen einen übereinstimmenden Bau bis in viele Einzelheiten des Körpers hinein. Maulwurf, Fledermaus, Wal, Pferd und Mensch lassen einen gemeinsamen Bauplan (Typus) in Skelet, Nervensystem, Blutgefäßsystem, Genitalapparat usw. erkennen. Diese

Gemeinsamkeiten waren von den Anforderungen der Umwelt und der Lebensweise her nicht zu erklären. Das gleiche gilt für Insekten, Blütenpflanzen und viele andere Baupläne.

Wie sehr diese Tatsache als Problem empfunden wurde, zeigt ein Satz in Darwins ›Entstehung der Arten‹: »Was kann es Sonderbareres geben, als daß die Greifhand des Menschen, der Grabfuß des Maulwurfes, das Rennbein des Pferdes, die Ruderflosse der Seeschildkröte und der Flügel der Fledermaus sämtlich nach demselben Modell gebaut sind und gleiche Knochen in der nämlichen gegenseitigen Lage enthalten? Wie merkwürdig ist es, daß der Hinterfuß des Känguruhs, geeignet für das Springen über die offenen Ebenen, der Hinterfuß des kletternden, blattfressenden Koalas, angepaßt an das Ergreifen der Zweige, der Hinterfuß des auf der Erde lebenden, Insekten und Wurzeln fressenden Beuteldachses *(Perameles)* und einiger anderer australischer Beuteltiere sämtlich nach demselben außerordentlichen Typus gebaut sind, mit äußerst schlanken und von einer gemeinsamen Hautbedeckung umhüllten Knochen des zweiten und dritten Fingers, so daß diese wie eine einzige, mit zwei Krallen versehene Zehe erscheinen. Trotz dieser Ähnlichkeit des Bauplans werden die Hinterfüße dieser verschiedenen Tiere zu so weit verschiedenen Zwecken benutzt als nur denkbar ist.«

Dieser gemeinsame Bauplan vieler verschiedener Arten brachte schon Kant (›Kritik der Urteilskraft‹) auf den Gedanken, daß hier eine Herleitung von einem gemeinsamen Ahn und so eine »Archäologie der Natur« möglich sei. Er bezeichnete diesen Gedanken aber als ein »gewagtes Abenteuer der Vernunft«.

Besonders anregend wirkte die Durchdringung der vergleichend-anatomischen Arbeit (mit Homologien und Typen) mit der ordnenden Systematik. Sie ergab zunächst Typenfolgen: Man konnte einen Typ der Gattung Eichhörnchen *(Sciurus)* aufstellen, diesen in den weiteren Typ der Nagetiere eingliedern, der vom weiteren Typ der Säugetiere, Amnioten, Wirbeltiere, Chordaten usw. umfaßt wird. Die Typenfolgen verschiedener Tiere paßten aber nicht in die einreihige Stufenfolge, wie sie damals üblich war, sondern verlangten ein sich nach oben gabelndes Ordnungssystem. So entstand schon damals der Stammbaum als Darstellung der Verwandtschaft. Er wurde zuerst von Pallas (1766), dann intensiv von Lamarck, Schweigger u.a. zu Beginn des vorigen Jahrhunderts angewandt.

Inwieweit die Autoren den Stammbaum wirklich als Stammesentwicklung oder rein als Form einer natürlichen Ordnung oder gar metaphysisch als Schöpfungsgedanken Gottes betrachteten, ist nicht immer leicht festzustellen. Es liegt aber aus jener Zeit eine Reihe eindeutiger Bekenntnisse zur Evolution vor, die Evolution des Menschen inbegriffen. Selbst Goethe, der in seinem Denken vom Typus aus metaphysische Urbilder aufbaute, die die Gestaltung der Wesen bestimmten, aber nicht ihre realen Ahnen waren, äußert sich gelegentlich im Sinne der Evolution. Eckermann gegenüber erklärte er sich bereit, »das gewagte Abenteuer des Weisen von Königsberg« zu unternehmen. In der klassischen Walpurgisnacht rät Nereus dem Homunculus, den Proteus um Rat zu fragen, wie man zum tätigen Wesen werden kann. Als wandelbaren Proteus bezeichnet Goethe auch den Typus in seinen biologischen Arbeiten: »Hinweg zu Proteus! Fragt den Wundermann, wie man entstehn und sich verwandeln kann!« Thales fordert nun Homunculus auf:

> Gib nach dem löblichen Verlangen,
> Von vorn die Schöpfung anzufangen!
> Zu raschem Wirken sei bereit!
> Da regst du dich nach ewigen Normen,
> Durch tausend, abertausend Formen,
> Und bis zum Menschen hast du Zeit.

Hier ist eine Entwicklung in der Zeit durch tausend, abertausend Formen deutlich ausgesprochen. Goethe läßt hier auch den Philosophen Thales sprechen, der alle Lebewesen aus dem Meere entstehen ließ, und nicht Platon, den Schöpfer der Ideenlehre.

So existierte der Evolutionsgedanke seit Linné nicht als leere Spekulation, sondern als begründbare Auffassung; aber erst Darwin faßte altes und viel neues Material zu einer umfassenden Theorie zusammen und gab eine einfache, naturwissenschaftliche, nicht metaphysische Erklärung des Evolutionsvorganges. Dieses Werk erst erzielte den Durchbruch zur allgemeinen Anerkennung, wurde aber auch heftig kritisiert.

2. Beweise für die Evolution aus verschiedenen Forschungsrichtungen

Für Vorgänge in der Vergangenheit können wir keine Beweise im mathematischen Sinne geben, wenn es sich um historische Abläufe handelt. Wir können hier nur mit Indizienbeweisen arbeiten. Selbst für die Existenz Karls des Großen und Cäsars gibt es keine exakten Beweise – Aufzeichnungen und Berichte können ja die Wahrheit entstellen und tun es oft genug –, aber die Indizienbeweise sind so zwingend, daß niemand an der historischen Wahrheit betreffs der Existenz von Karl dem Großen und von Cäsar zweifelt. Anders ist die Situation bei Romulus und Remus, bei Herakles und Iphigenie.

Im folgenden werden Indizienbeweise für die Evolution aufgeführt:

a. Biogeographie

Beweise aus Tier- und Pflanzengeographie (Biogeographie) sind die ältesten, schon Linné arbeitete mit ihnen. Ausgangspunkt ist die Tatsache, daß die Lebewesen, Tiere wie Pflanzen, nur in einem begrenzten Gebiet vorkommen. Da die Einzelarten bestimmte Anforderungen an Temperatur, Wasser und Nahrung stellen, ist diese Tatsache scheinbar von problemloser Selbstverständlichkeit. Tiere und Pflanzen sind auf das Gebiet beschränkt, das ihnen die notwendigen Existenzgrundlagen bietet. Demnach müßten ökologisch gleichartige Lebensräume gleichartige Tier- und Pflanzenarten aufweisen; das ist aber keineswegs der Fall. Die Polargebiete des Nordens und Südens haben völlig verschiedene Faunen: im Norden Säugetiere wie Schneehase, Polarfuchs und Eisbär, im Süden nur Robben, und auch diese gehören zu anderen Arten und Gattungen als die Robben des Nordens. Ebenso sind die tropischen Urwälder Südamerikas und Afrikas zoologisch völlig verschieden; es gibt unter den Säugetieren keine gemeinsamen Arten, in Südamerika zahlreiche Affen der Gruppe der Platyrhinen, in Afrika nur Catarhinen. Nur der Mensch ist beiden Gebieten gemeinsam, aber wir wissen, daß er erst vor ca. 15000 Jahren über die damals trockene Bering-Straße nach Amerika eingewandert ist. Allerdings gibt es viele Übereinstimmungen der Organismen entsprechender Lebensräume in verschiedenen Kontinenten, die auch Organismen entfernter Verwandtschaftsgruppen miteinander verbinden. Schon Wallace und andere Biogeographen erkannten zudem, daß viele verwandte Arten jeweils mehr oder weniger kongruente Verbreitungsgebiete aufweisen, die nicht genau den heutigen Kontinenten entsprechen. Auf diese Weise kann man auf dem Land Regionen unterscheiden: Paläarktis, Aethiopis, Orientalis, Australis, Antarktis, Nearktis und Neotropis. Die Aethiopis umfaßt Afrika südlich der Sahara und beherbergt beispielsweise Nilpferd, Giraffen, Gorilla, Schimpansen und Paviane, für die Australis sind Kloakentiere und die Großzahl der Beuteltiere typisch, in der Neotropis (Mittel- und Südamerika) leben Ameisenbären, Gürtel- und Faultiere sowie Lamas. Diese Beispiele ließen sich beliebig vermehren, so daß die Verbreitung der Lebewesen nur zu einem geringen Teil direkt durch ihre Lebensansprüche erklärbar ist. Es bleibt ein großer, unverständlicher Rest; ihn kann die Evolutionslehre erklären.

1. Hat sich eine Gattung oder eine Familie in einem Gebiet herausgebildet und in eine Anzahl Arten aufgespalten, so wird deren Ausbreitung oft durch Verbreitungsschranken gehemmt. Für viele Landtiere stellen z. B. Meere solche Verbreitungshindernisse dar. Sie können daher nicht in jenseits der Schranken gelegene Lebensräume gelangen, auch wenn diese für sie günstige Lebensbedingungen aufweisen. So konnten viele Waldbewohner Afrikas nicht nach Südamerika gelangen und umgekehrt.

Wenn durch den Menschen Organismen über Verbreitungsschranken hinweg verschleppt wurden, zeigten sie außerhalb ihres Ursprungsgebietes sogar oft eine Massenentfaltung. Nicht selten hat diese zu erheblichen wirtschaftlichen Problemen geführt, die oft bis heute nicht gelöst werden konnten. Einige Beispiele mögen das erläutern:

Die südamerikanische Wasserhyazinthe (*Eichhornia crassipes*, Abb. 2 a) wurde zunächst wegen ihrer schönen blauen Blüten in Nordamerika und den Tropen der Alten Welt ausgesetzt. In kurzer Zeit hatte sich die im Schlamm wurzelnde oder auf dem Wasser treibende Pflanze über die Oberfläche von Süßgewässern ausgebreitet und behindert heute in vielen warmen Gebieten der Erde die Schiffahrt, schädigt die Fischerei und beeinträchtigt sogar die Erträge im Reisanbau. Auf den Phil-

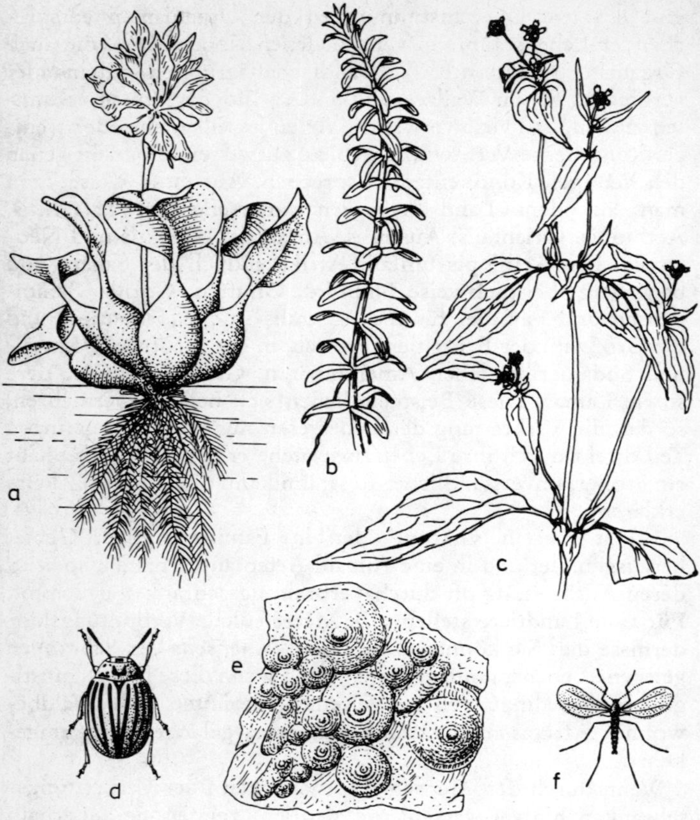

Abb. 2: Durch den Menschen verschleppte Organismen. a. Wasserhyazinthe, b. Wasserpest, c. Franzosenkraut, d. Kartoffelkäfer, e. San-José-Schildlaus, f. Hessenmücke. Nach Diehl, Frey, Röhe-Hansen, Weidner.

ippinen stellt man seit einigen Jahren Sandalen aus Wasserhyazinthen her, eine umfangreiche kommerzielle Nutzung ist zu erwarten.

Ebenfalls aus Amerika wurde die Wasserpest (*Elodea canadensis*, Abb. 2b) in andere Kontinente gebracht. Ausgehend von Botanischen Gärten wurde sie vorwiegend von Wasservögeln verschleppt und hat in Europa stellenweise die Schiffahrt behindert.

Aus Peru stammt das bekannte Franzosen- oder Knopfkraut (*Galinsoga parviflora,* Abb. 2c), das als einjähriges Unkraut auf Hackfruchtäckern und in Gärten bei uns weit verbreitet ist.

Auch verschleppte Tiere haben außerhalb ihres Ursprungsgebietes Massenentfaltungen erlebt und waren Anlaß für eine umfangreiche Gesetzgebung. Kaninchen, die in Australien ausgesetzt wurden, vermehrten sich hier mit einer enormen Geschwindigkeit und drangen jährlich 150 km auf dem Kontinent vor.

Einen Siegeszug in Europa trat der Kartoffelkäfer (*Leptinotarsa decemlineata,* Abb. 2d) an, der erst im vergangenen Jahrhundert in den Rocky Mountains entdeckt wurde, dann entlang der Eisenbahnlinie an den Atlantik vorstieß und in diesem Jahrhundert zu einem gefährlichen Schädling in Mitteleuropa wurde.

Nach dem Zweiten Weltkrieg gelangte als Dauerschädling die San-José-Schildlaus (*Quadraspidiotus perniciosus,* Abb. 2e) – wohl aus Ostasien via Nordamerika – zu uns und bedrohte den Obstanbau im Süden Deutschlands. In umfangreichen Bekämpfungsaktionen setzte man in Baden-Württemberg 1953–1967 über 20 Millionen Schlupfwespen zur Bekämpfung dieser Schildläuse ein. Heute ist die Gefahr abgewendet.

Zur Zeit der amerikanischen Befreiungskriege gelangte – vielleicht mit dem Futter für Pferde – eine Gallmücke, die Hessenmücke (*Maetiola destructor,* Abb. 2f), nach Nordamerika und wurde hier zu einem der wichtigsten Schädlinge im Getreideanbau.

2. Inseln, die im Ozean durch Vulkanausbrüche entstanden, besitzen eine Anzahl spezifischer Arten und Gattungen, die nur hier existieren. Solche Inseltiere und -pflanzen sind von den Galapagos-Inseln, wo sie Darwin studierte, den Hawaii-Inseln, den Kanaren und anderen in großer Zahl bekannt. Ihre nächsten Verwandten leben auf den benachbarten Kontinenten; die Galapagos-Eidechsen sind z.B. Leguane, ihre nächsten Verwandten leben auf dem Festland des benachbarten Südamerika. Solche Formen, die nur in begrenzten Gebieten vorkommen, bezeichnet man als endemisch für das betreffende Areal (Endemiten). Es ist nur die Auffassung möglich, daß die Ahnen solcher Arten zufällig einmal die Inseln erreichten und sich dann

zu den speziellen Arten und Gattungen umbildeten, daß sie also durch Evolution entstanden sind.

3. Eine ähnliche Situation ergibt sich, wenn sich Kontinente oder Kontinentalschollen von Landmassen ablösen (Abb. 4): Je früher die Ablösung erfolgte, desto eigenständiger ist die Landfauna heute. Sie entwickelte sich nach der Ablösung zu der heutigen Eigenart. Das gilt z. B. für Australien und Madagaskar, während Nordamerika und Eurasien, die sich erst spät trennten, trotz ihrer Entfernung eine sehr gleichartige Tier- und Pflanzenwelt aufweisen. Viele Arten sind sogar beiden Kontinenten gemeinsam, besonders in den nördlichen Regionen, die daher auch als Holarktis zusammengefaßt werden; Wolf und Eisbär sind beispielsweise für sie typisch.

Bei Kontakt lange getrennter Kontinente wandern viele Arten von dem einen auf den anderen und entwickeln sich im neuen Bereich zu eigenen Arten und Gattungen (Abb. 5). So erhielt Südamerika im Pliozän Bären, Hirsche, Schweine, Kamele, Katzen u. a. von Nordamerika, die sich zum Teil zu geographischen Rassen (Puma), zum Teil sogar zu eigenen Arten (Kamele) umbildeten.

Insgesamt hat die Erdgeschichte nicht nur dazu geführt, daß abgrenzbare Regionen der heutigen Floren und Faunen entstehen, sondern oft ist es auch zu disjunkter Verbreitung gekommen, das heißt, daß sehr nahe verwandte Formen weit voneinander entfernt leben, auf verschiedenen Kontinenten, unter Umständen in kleinen Gebieten. So gibt es die heutigen Lungenfische in Südamerika *(Lepidosiren)*, in Afrika *(Protopterus)* und in Australien *(Neoceratodus)*. Vermutlich sind sie Relikte aus Zeiten, als die Kontinente noch zusammenhingen. Gleiches gilt wohl für die Südbuche *Nothofagus*, die mit etwa 35 Arten auf bestimmte Regionen der Südhemisphäre um den Pazifik herum beschränkt ist. Vieles spricht zudem dafür, daß mehrere an ihnen lebende Insekten und Pilze die gleiche Geschichte hinter sich haben und daß die Verbreitung auf das Auseinanderbrechen des alten Südkontinents Gondwana zurückgeht.

Weitere Beispiele für disjunkte Verbreitung sind auf Abb. 3 dargestellt. Es handelt sich um Tertiärrelikte, die im Süden Nordamerikas und in Ostasien vorkommen; die Löffelstöre *Polyodon* und *Psephurus*, die Salamander *Cryptobranchus* und *Andrias (Megalobatrachus)* sowie die Alligatoren *Alligator mississipiensis* und *A. sinensis*. Auch ihre nächsten Verwandten lebten früher in einem zusammenhängenden Areal.

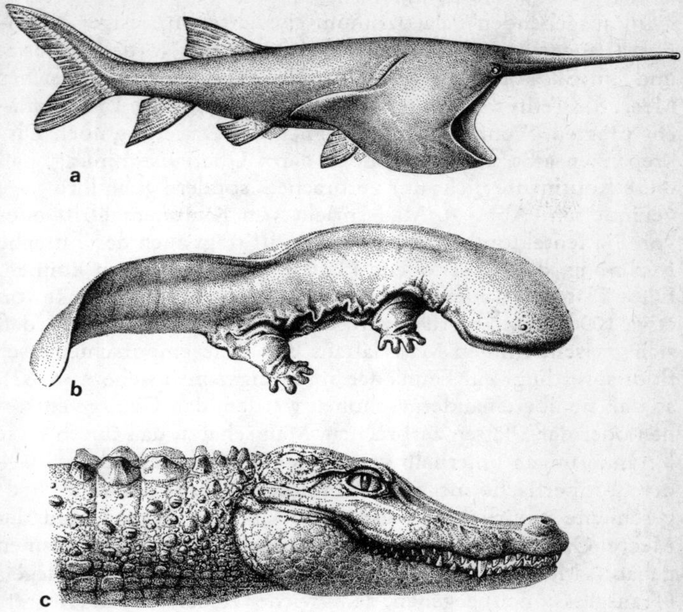

Abb. 3: Tertiärrelikte. a. *Polyodon spathula,* b. *Andrias japonicus,* c. *Alligator sinensis.* Nach Ruß (1988) und Wermuth (1953).

Disjunkte Verbreitung kann auch durch Wanderungen entstehen, so sind die Kamele in Nordamerika – wo es sie heute nicht mehr gibt – entstanden. Von hier wanderten sie nach Südamerika und nach Eurasien ein.

So ist also ein erheblicher Teil der heutigen Verbreitung von Lebewesen nur durch evolutive Veränderungen der Organismen und Veränderungen der Erdoberfläche zu verstehen.

Viele Erkenntnisse der letzten Jahre haben unsere Vorstellungen von der Entwicklung der Kontinente sehr differenziert, so daß sich für die Evolutionstheorie wichtige Ergänzungen und weitere Beweise ergeben haben. Inzwischen ist es sogar gelungen, heutige Bewegungen von Landmassen direkt zu messen, so etwa die von Hawaii gegen Japan oder von Nordamerika und Europa: Hawaii bewegt sich um gut 8 cm Jahr für Jahr in Richtung Japan; Europa und Nordamerika entfernen sich in derselben Zeit um knapp 2 cm voneinander.

Im ausgehenden Palaeozoikum existierte ein riesiger Kontinent (Pangaea), im Mesozoikum waren es ein Nord- (Laurasia) und ein Südkontinent (Gondwana) sowie ein umfangreiches Meer, die Tethys, zwischen den beiden, welche die Erdoberfläche prägten. Wenn es auch bezüglich der Datierung noch Diskrepanzen gibt, so besteht doch darin Übereinstimmung, daß diese Kontinente nicht nur zerbrachen, sondern auch ihre Lage veränderten (Abb. 4). Man spricht von Kontinentaldrift oder von Plattentektonik; der zweite Begriff trägt auch der Tatsache Rechnung, daß verschobene Platten unterseeisch sein können. Diese Platten, von denen es über 10 gibt, haben eine Dicke von etwa 100 km und werden z.B. dadurch dauernd verlagert, daß sich zwischen ihnen Material aus der Tiefe emporschiebt (sea floor spreading; zur Fauna der Spreitungszonen siehe Abb. 62), so daß sie übereinandergeschoben werden, daß Gebirge entstehen oder daß Platten zerbrechen. Man schätzt, daß durch diese Veränderungen innerhalb von etwa 400 Millionen Jahren 70% der Erdoberfläche ausgetauscht werden. All das hat in der Erdgeschichte natürlich Auswirkungen auf den Wasserstand der Meere, Ozeanströme, Klima und Verbreitung von Organismen gehabt. Mehrfach hat es einen Anstieg des Meeresspiegels (Transgressionen) gegeben, dann wieder Absenkungen (Regressionen). Die stärkste Absenkung erfolgte am Ende des Perm.

Aus Laurasia gingen Nordamerika, Grönland und Eurasien hervor, Gondwana zerfiel fortschreitend von Osten nach Westen und ist heute durch Australien, die Antarktis, Indien, Afrika und Südamerika repräsentiert. Australien war schon im Paläozoikum fast vollständig vom Meer umgeben und behielt weitgehend seine ursprüngliche Fauna, die Antarktis driftete südwärts und verlor viele ihrer Lebensformen. Unter Berücksichtigung der heutigen Verhältnisse ist interessant, daß auch Indien aus Gondwana hervorgegangen ist (Abb. 4). Es nahm einen Teil der Südkontinent-Fauna mit. Vielleicht gehören auch Teile Südostasiens dazu, dann wären wohl auch die Gymnophionen (Blindwühlen) Gondwana-Formen. Afrika und Südamerika schließlich waren lange in kontinentaler Verbindung und haben sich wohl erst in der Kreide getrennt. Desgleichen blieb im Bereich von Laurasia die Verbindung zwischen Nordamerika und Eurasien lange bestehen.

Natürlich änderte sich mit der Kontinentaldrift auch die Gestalt der Ozeane. Die Tethys wurde durch die Norddrift Afrikas eingeengt und hier zum Binnenmeer, dem heutigen

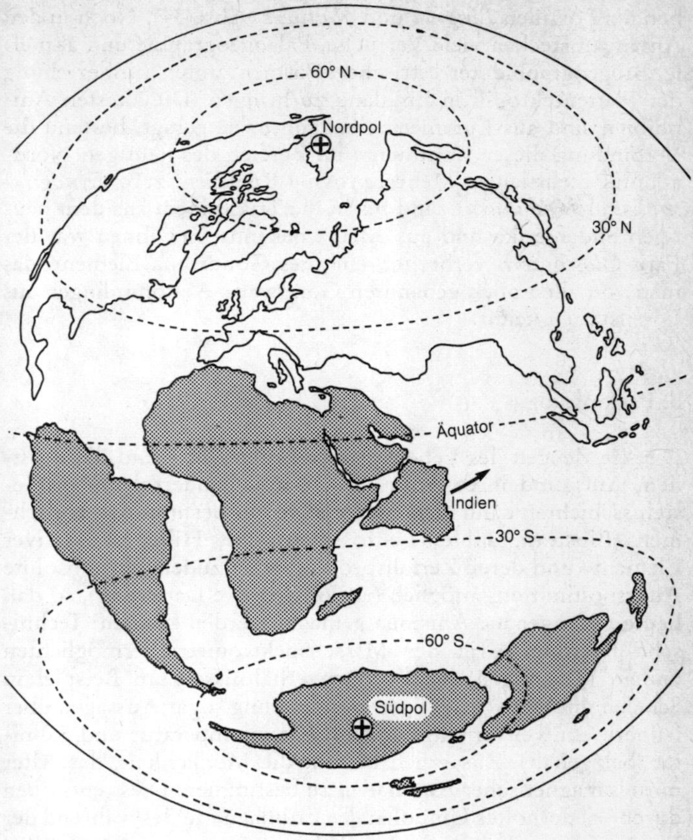

Abb. 4: Vermutete Lage der Kontinente und Pole in der Kreide. Die aus dem alten Südkontinent Gondwana hervorgegangenen Kontinente sind gerastert dargestellt. Nach Seyfert und Sirkin (1973).

Mittelmeer. Am ehesten vermittelt die rezente Meeresfauna des Indo-Westpazifik einen Eindruck von der Vielfalt der Tierwelt der Tethys. Hier kommen noch zahlreiche Tiergruppen vor, die aus anderen Gebieten der Erde, z. B. auch aus marinen Ablagerungen Mitteleuropas, nur fossil bekannt sind. Tethys-Relikte im Indo-Westpazifik sind zum Beispiel die lebenden Fossilien *Lingula* und *Nautilus* (Abb. 34). Noch in den Anfängen stecken viele Versuche, Paläogeographie und aktuelle Biogeographie terrestrischer Formen unter Einbeziehung der Plattentektonik in Einklang zu bringen. Die ältesten Amphibien sind aus Euramerika bekannt; wie gesagt, bestand die Verbindung dieser Kontinente im Bereich des heutigen Nordatlantik recht lange. Mehrere fossile Reptilien, z.B. *Cynognathus* und *Mesosaurus,* sind bis in die Trias hinein aus dem heutigen Südamerika und aus Afrika bekannt; mit ihnen war der Farn *Glossopteris* verbreitet, ein altes Gondwana-Element, das man von allen oben genannten Gondwana-Abkömmlingen aus Fossilstätten kennt.

b. Paläontologie

Direkte Zeugen des Lebens früher Erdepochen sind die Fossilien. Aufgrund ihres Auftretens in aufeinanderfolgenden Gesteinsschichten kann man eine relative Zeitbestimmung vornehmen (Biostratigraphie; Leitfossilien); mit Hilfe radioaktiver Elemente und deren Zerfallsprodukten ist zudem eine absolute Altersbestimmung möglich (radiometrische Datierung), so daß heute recht genaue Angaben gemacht werden können. Technische Fortschritte in der Massenspektrometrie ermöglichten zudem Messungen der Isotopenverhältnisse zum Beispiel in Schalen und bei vorsichtiger Handhabung sogar Aussagen über frühere Umweltverhältnisse wie Wassertemperatur und Salinität (Salzgehalt). Zusätzlich besteht die Möglichkeit, das Alter mittels magnetischer Anomalien zu bestimmen. Diese entstehen durch wiederholtes Umpolen des Erdmagnetfeldes während der Erdgeschichte. Durch die Lage kleinster magnetischer Partikel in vulkanischen, aber auch in Sedimentgesteinen wurden die Paläomagnetfelder und damit die Umpolungen konserviert. Die einander ergänzenden Methoden erlauben heute eine gute Gliederung vor allem der jüngeren Erdgeschichte.

Zur Zeit sind fast 200000 fossile Organismen-Arten bekannt. Diese Zahl liegt wesentlich unter der der rezenten Arten, aber sie vermittelt uns bei Tierstämmen, die Hartteile ausgebildet hatten, doch ein vergleichsweise gutes Bild ihrer Verteilung in Raum und Zeit. Zu den faszinierendsten Fortschritten der letzten Jahre gehört zweifellos die Entdeckung von verschieden hoch differenzierten Organismen in den Gesteinen des Präkambriums (Abb. 57). Früher hatte man das »plötzliche« Auftreten von Tierstämmen im Paläozoikum als großes Rätsel angesehen.

Unter der Voraussetzung, daß keine tektonischen Veränderungen erfolgt sind, kann man davon ausgehen, daß die untersten Gesteinsschichten früher abgelagert sein müssen als die weiter oben liegenden. Sind sie durch Fossilien gekennzeichnet, so kann man diese und die entsprechenden Schichten zeitlich ordnen. Man spricht von Leitfossilien, wenn die fossilen Organismen einen bestimmten Raum-Zeit-Abschnitt kennzeichnen. Abgesehen vom wissenschaftlichen Interesse hat die genaue Altersbestimmung heute erhebliche praktische Bedeutung bei der Suche nach Bodenschätzen (v.a. Erdgas und Erdöl) gewonnen. Hier arbeitet man vorwiegend mit Mikrofossilien.

Die absolute Altersbestimmung beruht auf dem Zerfall radioaktiver Elemente. Voraussetzung ist, daß Ausgangselemente und Zerfallsprodukte in einem geschlossenen System vorliegen. Bei bekannter Halbwertszeit kann aus der Konzentration beider Anteile das Alter berechnet werden. Als Beispiel sei das radioaktive Kohlenstoffisotop ^{14}C genannt, das in einem bestimmten Prozentsatz in biogene organische Substanzen eingebaut wird und bei der Altersbestimmung aus jüngster Zeit besonders wichtig ist. Nach dem Tod eines Organismus wird dieses Isotop nicht mehr erneuert, sondern nimmt durch radioaktiven Zerfall gesetzmäßig ab (Halbwertzeit 5760 Jahre). Eine recht genaue Altersbestimmung ist bis zum Erreichen dieser Halbwertzeit möglich, eine weniger exakte danach, ihre Grenze findet die Methode bei 50000 Jahren.

Fossilien hat man schon seit Jahrhunderten beobachtet und gesammelt. Zuerst wurden sie – leider – als Heilmittel, speziell als Aphrodisiaka, angesehen und in Apotheken verkauft, so z.B. in China und Europa, dann als unvollkommene Versuche eines Gestaltungstriebes der Natur auf dem Weg zur Schaffung von Lebewesen angesehen. Die wirkliche Erforschung der Fossilien begann mit Cuvier zu Beginn des 19. Jahrhunderts, der die fossilen Säugetiere des Gipses vom Montmartre anatomisch genau beschrieb und ihre Skelete rekonstruierte. Er sah aber in ihnen nicht eventuelle Vorfahren heutiger Arten, sondern Lebewesen vergangener Erdepochen, die durch Katastrophen vernichtet worden waren (Katastrophentheorie). Auf solche Katastrophen sollten Neuschöpfungen von Lebewesen erfolgen; Mensch und Affen waren danach erst Schöpfungen der jetzigen Erdepoche und daher fossil nicht vorhanden: »L'homme fossile n'existe pas.« Erst um die Mitte des vorigen Jahrhunderts begann die Auswertung der Fossilfunde im Sinne der Evolutionslehre.

Sie ergab zunächst folgende Tatsachen: Zahlreiche Arten, Gattungen und sogar Ordnungen früherer Erdepochen sind nicht die Ahnen heutiger Arten, sondern gehören zu ausgestorbenen Seitengruppen, beispielsweise die Flugechsen (Pterosaurier). Diese ausgestorbenen Seitenäste sind keineswegs immer kurzlebig, im Gegenteil, die meisten haben viele, oft Hunderte von Millionen Jahren gelebt, ehe sie ausstarben. Bei dieser Vielfalt von erloschenen Seitenlinien ist die Entscheidung oft schwer, ob eine fossile Art in die Ahnenreihe einer rezenten Gruppe gehört oder ein ausgestorbener Seitenzweig ist. Die dreizehigen Pferde der tertiären Gattung *Hipparion*, die in der Alten Welt verbreitet waren, hielt man lange Zeit für die Ahnen unserer heutigen, einzehigen Pferde (Abb. 5, 8). Morphologisch wäre das durchaus möglich; aber mit der Zunahme der Fossilfunde, durch die die Lücken in den Reihen immer mehr geschlossen wurden, ergab sich, daß die rezenten Pferde nicht von *Hipparion*, sondern von der amerikanischen Gattung *Pliohippus* abzuleiten sind. Der Phylogenetiker muß für die Lösung mancher Einzelfragen Geduld aufbringen, bis neue Funde die Linienführung der Stammesentwicklung sichern. Es geht ihm wie dem Archäologen, dessen historische Schlüsse von den Fundmaterialien abhängen. Erfreulicherweise wächst dieses Fundmaterial in Archäologie und Paläontologie noch von Jahr zu Jahr. Die zeitweise oder ganz bestehende Unsicherheit in der Ermittlung der direkten Ahnenarten hat manche Autoren zu der Ansicht verleitet, die Paläontologie erfülle nicht die Anforderungen der Evolutionslehre. Das trifft nicht zu, denn

1. diese Unsicherheit ist nur durch Lücken in der Überlieferung bedingt, und

2. nur die Ahnenart ist besonders schwer nachzuweisen. Es ist leichter, die Ahnengattung festzustellen, noch leichter, die Ahnenfamilie usw.

Folgende Tatsachen der Paläontologie fordern die Annahme einer Evolution:

1. Verfolgen wir von der heutigen Fauna und Flora aus die Erdzeitalter, so ergibt sich kein chaotischer Wechsel der Formen, sondern eine strenge Gesetzmäßigkeit. Je älter Flora und Fauna sind, desto mehr weichen sie von den heutigen Verhältnissen ab; von den ältesten Fossilschichten aus betrachtet,

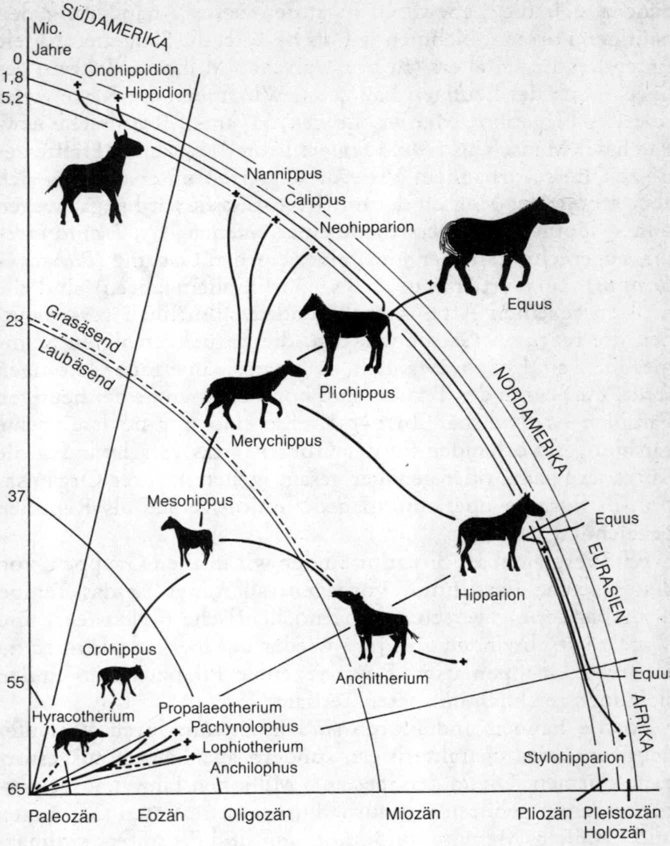

Abb. 5: Die Stammesgeschichte der Pferde vollzog sich vorwiegend in Nordamerika, von wo verschiedene Linien die Alte Welt und Südamerika erreichten. Als Entwicklungstrends fallen die Rückbildung der Seitenzehen und die Ausprägung hochkroniger Zähne auf. Diese Umbildungen erfolgten parallel zur Ausbildung der Grasländer in Nordamerika. Die modernen Pferde der Gattung *Equus* gehen auf *Pliohippus* zurück und entstanden in Nordamerika, wo sie jedoch – nachdem sie sich nach Eurasien, Afrika und auch Südamerika ausgebreitet hatten – wieder ausstarben. Erst die Spanier brachten im 16. Jahrhundert wieder Pferde in die Neue Welt. *Hyracotherium* = »Eohippus«. Nach Franzen aus Remane, Storch, Welsch (1986).

nähern sich die Lebewesen in stufenweiser Abänderung den heutigen Formen. Nehmen wir als Beispiel die Säugetiere: Viele Arten des Eiszeitalters (Beginn vor ca. 3 Millionen Jahren) gehören noch der heutigen Fauna an. Wir finden die Reste vieler rezenter Nagetiere, Marder, Löwen, Hyänen, Rothirsche usw. Auch der Mensch als *Homo sapiens* ist in der zweiten Hälfte des Eiszeitalters vorhanden. Viele dieser Arten unterscheiden sich aber schon; der Mensch der mittleren Eiszeit wird sogar wegen seiner deutlichen Unterschiede einer eigenen Art, *Homo erectus,* zugerechnet, früher sogar einer eigenen Gattung *(Pithecanthropus).* Im Tertiär (vor 3 bis 65 Millionen Jahren) sind die meisten rezenten Arten verschwunden, allmählich verschwinden die rezenten Gattungen, d.h. die zurückverfolgten Stammeslinien sind so abgewandelt, daß man sie in eigene Gattungen stellt. Zu Beginn des Tertiärs sind nur noch wenige der heutigen Familien nachweisbar. In der Kreide sind nur noch einzelne Ordnungen vorhanden, in der Oberen Trias verschwinden die Säugetiere ganz, oder genauer gesagt, gehen in ihrer Organisation in Formen über, die man definitionsgemäß als Reptilien bezeichnet.

Eine vergleichbare Situation finden wir in allen Gruppen, von denen reiche Fossilfunde vorliegen; allerdings ist das Tempo der Abänderung verschieden: Knochenfische (Teleosteer) und Vögel »verschwinden« im Jura wieder in Übergangsformen zu niederen Gruppen usw. Reste rezenter Pflanzenarten finden sich noch reichlich im späten Tertiär.

Fossile Faunen und Floren sind nicht nur durch Vorläufer heutiger Arten charakterisiert, sondern auch durch ausgestorbene Formen. Die in den letzten 3 Millionen Jahren ausgestorbenen Arten gehören fast ausnahmslos zu rezenten Gattungen und Familien. Mammut und *Mastodon* sind Elefanten, wollhaariges und Merksches Nashorn sind Nashörner, die Riesengürteltiere Südamerikas Gürteltiere. Im Tertiär finden wir schon viele ausgestorbene Familien und eine Reihe aussterbender Ordnungen. Von den Paarhufern (Artiodactyla) leben noch neun Familien in der Jetztzeit, im Tertiär starben sechzehn aus, von den Unpaarhufern (Perissodactyla) mit Pferden, Nashörnern und Tapiren leben heute drei Familien, acht starben im Tertiär aus, aber alle diese ausgestorbenen Familien gehören zu rezenten Ordnungen. In Nordamerika waren die bizarren Amblypoda, Dinocerata, Tillodontia, in Südamerika die Astrapotheria, in der Alten Welt die Embrithopoda mit *Arsinoitherium*

Abb. 6: Dinosaurier. a. *Cetiosaurus* (20 m lang), b. *Triceratops* (9 m lang). Nach Parker (1984).

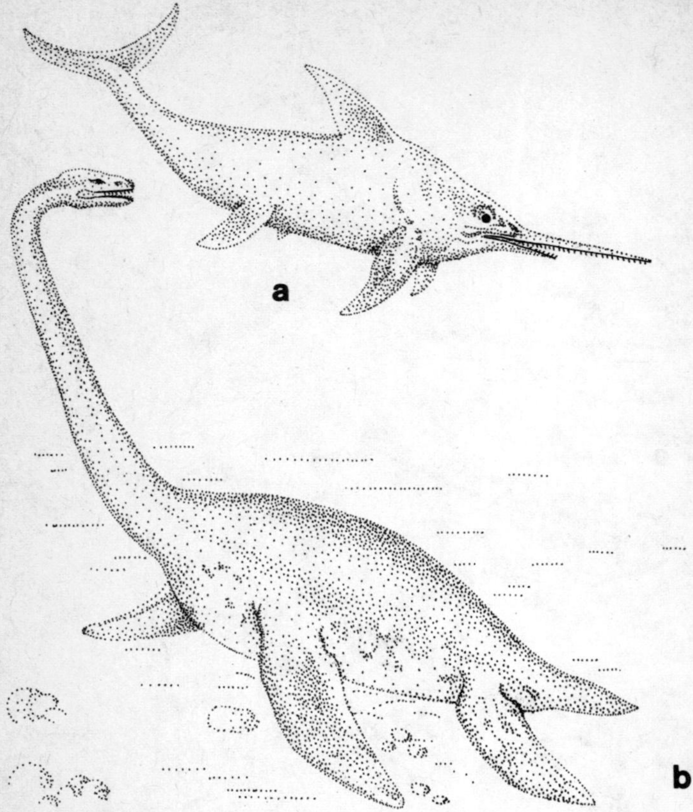

Abb. 7: Wasserlebende jurassische Saurier. a. Ichthyosaurier, b. Plesiosaurier. Nach Andrews aus Romer (1965).

eigene Ordnungen. All diese Formen waren placentale Säugetiere.

Im Mesozoikum, einem Zeitraum von etwa 150 Millionen Jahren, starben viele Ordnungen und Überordnungen aus, die den rezenten Formen ferner stehen, z.B. die Ichthyosaurier (Abb. 7), Plesiosaurier, Pterosaurier, Dinosaurier (Abb. 6), Labyrinthodontier usw. Im Paläozoikum starben viele Ordnungen und Klassen aus, die den rezenten Wirbeltieren noch ferner stehen, z. B. die Fischgruppen der Acanthodi, Heterostraci, Anaspida, Placodermen usw. Dasselbe Phänomen finden wir bei Echinodermen, Mollusken, Pflanzen u. a. Diese Korrelation zwischen der geologischen Zeit und einer stufenweisen Abänderung der Organismen kann ohne weiteres durch die Evolutionstheorie erklärt werden.

2. Die Evolutionslehre stellt bestimmte Forderungen an die Paläontologie. Da die Evolution eine kontinuierliche Abänderung von Organen und Strukturen darstellt, müssen heute isoliert stehende Formen mit Fossilien in einer zeitlichen Abfolge schrittweise zu verbinden sein. Das gilt nicht nur für Einzelorgane, sondern auch für ganze Gruppen des Systems. Beispiele hierfür gibt es in großer Anzahl. Das Musterbeispiel ist der Pferdefuß: Vorder- und Hinterextremitäten haben bei rezenten Formen nur eine Zehe und einen Huf. Goethe nahm an, daß hier alle fünf Finger bzw. Zehen zu einer Einheit verschmolzen seien. Die fossilen Funde zeigen aber in Stufen drei- und vierzehige Pferde, so daß im Alttertiär der Anschluß an die fünfzehige Grundstruktur der Säugerextremität gewonnen ist (Abb. 8).

Die so verschiedenen Zähne und Zahnformeln der placentalen Säuger streben rückwärts alle einer Grundformel zu, nämlich

$$\frac{3.1.4.3}{3.1.4.3},$$

d. h. in jeder Ober- und Unterkieferhälfte sind drei Schneidezähne, ein Eckzahn, vier Prämolaren und drei Molaren eingepflanzt. Die verschiedenartige Form der Molaren – man denke an die der Elefanten, vieler Nagetiere, der Katzen und Wale – entstammen einem gemeinsamen Muster, dem tritubercularen (= tribosphenischen).

Ein Beispiel für Umwandlungen liefern die Kiefergelenkknochen der Säugetiere. Diese haben ein sekundäres Kiefergelenk aus den Hautknochen Squamosum und Dentale erworben, während alle übrigen Landwirbeltiere ein primäres Kiefergelenk aus den Ersatzknochen Articulare und Quadratum besitzen. Diese beiden Ersatzknochen fehlen allerdings den Säugern nicht, sie sind ins Mittelohr gewandert und wurden dort zu Hammer (Malleus) und Amboß (Incus). Fossile Formen zeigen alle wünschenswerten Zwischenstadien zwischen primärem und sekundärem Kiefergelenk, Ausdehnung der Hautknochen

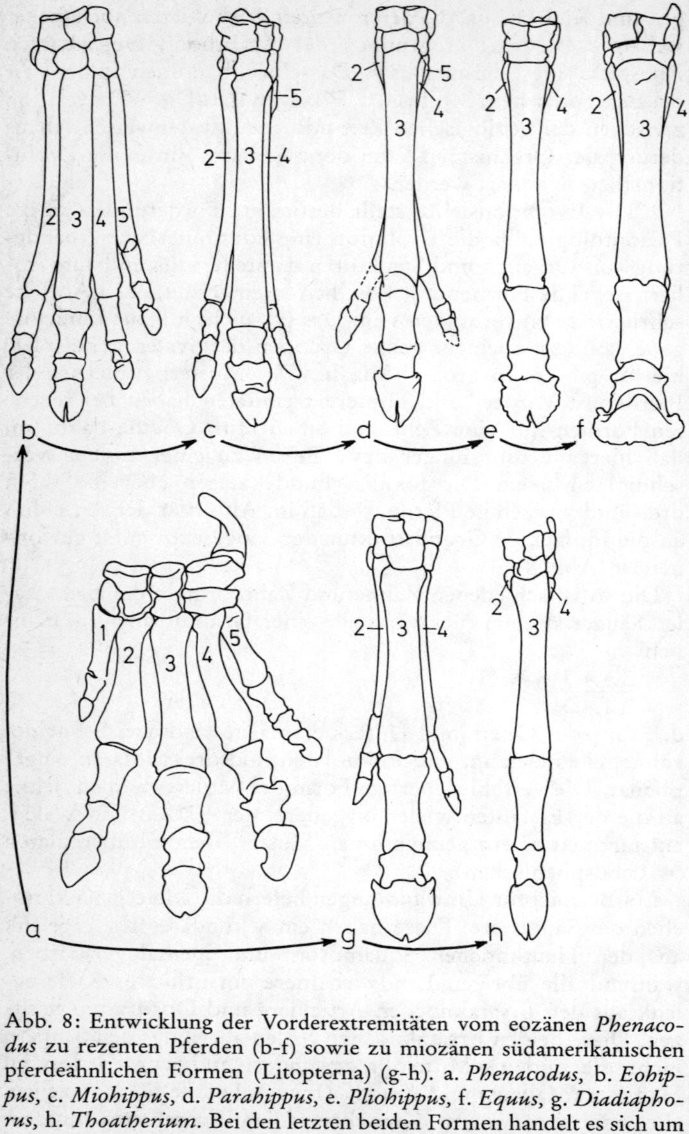

Abb. 8: Entwicklung der Vorderextremitäten vom eozänen *Phenacodus* zu rezenten Pferden (b-f) sowie zu miozänen südamerikanischen pferdeähnlichen Formen (Litopterna) (g-h). a. *Phenacodus,* b. *Eohippus,* c. *Miohippus,* d. *Parahippus,* e. *Pliohippus,* f. *Equus,* g. *Diadiaphorus,* h. *Thoatherium.* Bei den letzten beiden Formen handelt es sich um eine Parallelentwicklung zu den echten Pferden. Aus Gregory (1951).

Squamosum und Dentale in die Gelenkregion, bis sie sich am Gelenk beteiligen (Abb. 9), so daß Formen mit beiden Kiefergelenken nebeneinander entstehen, wie *Diarthrognathus* in der Oberen Trias (Abb. 10), bis schließlich das primäre Kiefergelenk ins Mittelohr gelangt und dem sekundären die Alleinherrschaft im Kieferbereich überläßt. Die Säuger sind übrigens auch ein Beispiel dafür, wie eine ganze Gruppe sich über ausgestorbene Formen bis zu ihrer Vereinigung mit ihrer Nachbargruppe, den Sauropsiden (Reptilien und Vögel), verfolgen läßt. Zahlreiche Gattungen verbinden die Organisation der Säuger über die Ictidosaurier, Theriodontier und Pelycosaurier mit der der primitiven Reptilien (Gephyrostegida), die an der Grenze zwischen Amphibien und Reptilien stehen und in deren Nähe auch die Sauropsiden einmünden. Das ist nicht ein Einzelfall, sondern die Norm bei Gruppen, die fossil gut belegt sind. Das gilt unter den Säugern für Elefanten mit der primitiven Form *Moeritherium* (Abb. 11), die Wale mit *Protocetus*, die Nashörner u.a., unter den Reptilien für die Krokodile, Dinosaurier usw.

Die bisherigen Reihen verbanden entfernte Formen über lange erdgeschichtliche Zeiträume. Ebenfalls von Interesse ist die allmähliche Umwandlung von Arten innerhalb kurzer Epochen. Entsprechende Untersuchungen wurden anhand der Zähne von Säugetieren, der Schalen von Muschelkrebsen (Ostracoden) (Abb. 12) und Mollusken sowie der Panzer von Trilobiten durchgeführt. Ein sehr genau untersuchter Umwandlungsprozeß ist die Entwicklung der Bären im Diluvium einerseits zum Höhlenbären und andererseits zum Braunbären. Die schrittweise Umbildung der Molaren von Elefanten konnte von *Elephas planifrons* in Waldgebieten zu *Elephas maximus* und *Elephas antiquus* und nach Übergang in kalte Steppen zum Mammut *(Elephas primigenius)* verfolgt werden. Noch reicheres Material liefern Molluskenschalen. Bekannt sind die gradweisen Umbildungen von Deckelschnecken *(Paludina* bzw. *Tolutoma)* in den Schichten eines pliozänen Sees in Slovenien (Jugoslawien). Die glatten Schalen aus den Tiefenschichten des Sees *(Paludina hoernesi)* wandeln sich allmählich in die mit Ornamenten versehenen Schalen von *Paludina neumayri.* Austernschalen zeigen, durch verschiedene Zonen verfolgt, eine Wandlung von der schwach gewölbten Schale des *Ostrea*-Typs *(Ostrea irregularis)* zu der eingerollten Schale des *Gryphea*-Typs. Man hat gegen den Wert solcher Reihen eingewendet, es

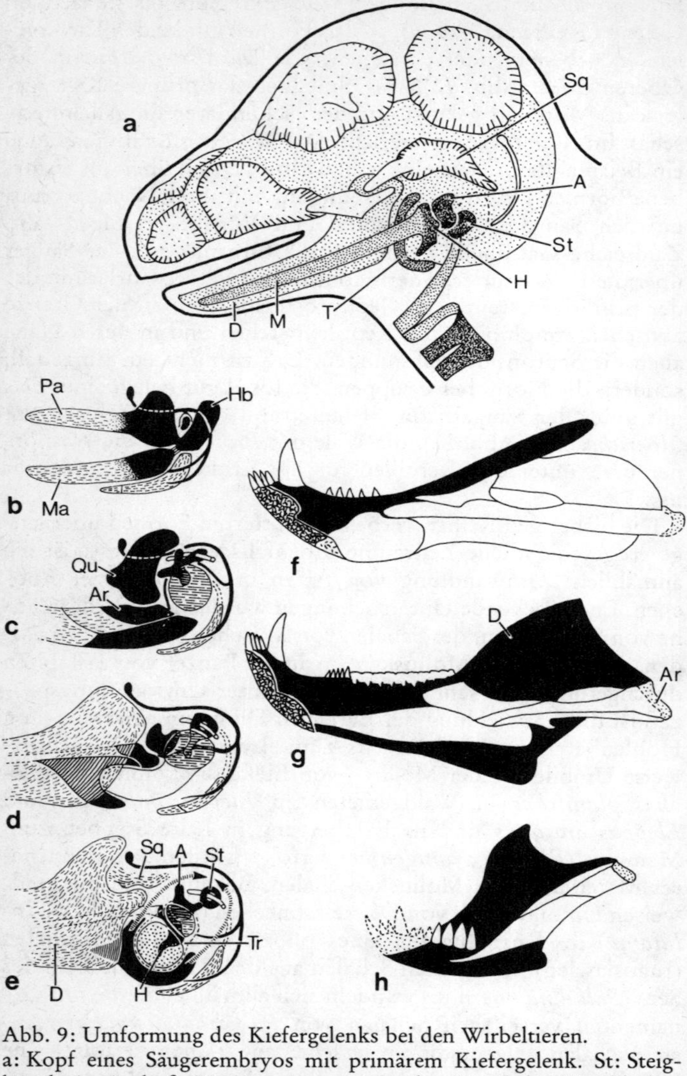

Abb. 9: Umformung des Kiefergelenks bei den Wirbeltieren.
a: Kopf eines Säugerembryos mit primärem Kiefergelenk. St: Steigbügel, A: Amboß, H: Hammer (proximaler Anteil des Mandibulare [= Meckelscher Knorpel M]), T: Tympanicum, Sq: Squamosum, D: Dentale. Das primäre Kiefergelenk liegt zwischen Hammer und Am-

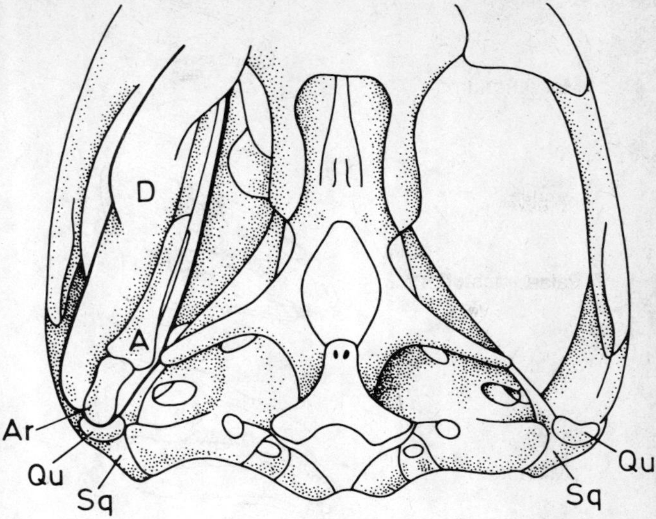

Abb. 10: Rekonstruktion des hinteren Abschnittes des Schädels von *Diarthrognathus broomi,* Ventralansicht: Obere Trias, Südafrika. Auf der linken Schädelseite ist der Unterkiefer entfernt, auf der rechten ist er durch verstärkte Konturen hervorgehoben. D: Dentale, A: Angulare, Ar: Articulare, Qu: Quadratum, Sq: Squamosum. Nach Crompton (1958).

boß, die bei erwachsenen Säugern Gehörknöchelchen bilden, das sekundäre zwischen Dentale und Squamosum.
b–e: Kieferapparate von Fischen, primitiven Tetrapoden, säugerähnlichen Reptilien und Säugern. Zuerst wird das Kiefergelenk von Palatoquadratum (Pa), welches dem Quadratum (Qu) entspricht, und Mandibulare (Ma), das dem Articulare (Ar) entspricht, gebildet, bei Säugern von Squamosum (Sq) und Dentale (D). Bei den Säugern bilden Quadratum und Articulare Amboß (A) und Hammer (H); das dritte Gehörknöchelchen, der Steigbügel (St), das innerhalb der Wirbeltiere als erstes schalleitende Funktion übernimmt, entspricht dem Hyomandibulare (Hb); Tr: Trommelfell.
f-h: Unterkiefer in der Ansicht von innen (primitiver Tetrapode, säugerähnliches Reptil, hochentwickeltes säugerähnliches Reptil). Beachte die Vergrößerung des Dentale (D, schwarz) und die Reduktion der anderen Deckknochen; Ar: Articulare. Nach Portmann (1950).

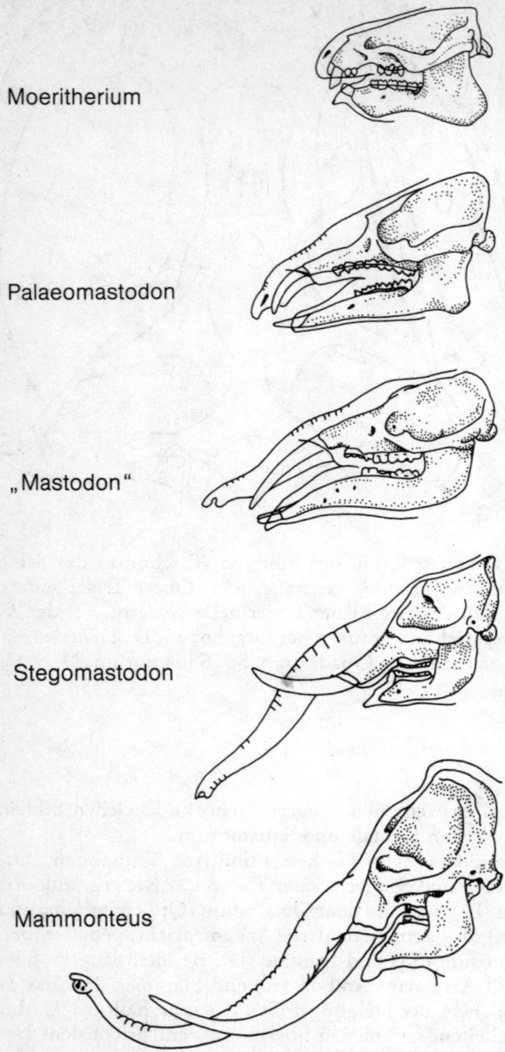

Abb. 11: Entstehung des Rüssels und der Stoßzähne bei den Proboscidiern: *Moeritherium* (Eozän), *Palaeomastodon* (Oligozän), *»Mastodon«* (Miozän), *Stegomastodon* (Pliozän, Pleistozän), *Mammonteus* (Pleistozän). Nach Thenius und Hofer (1960).

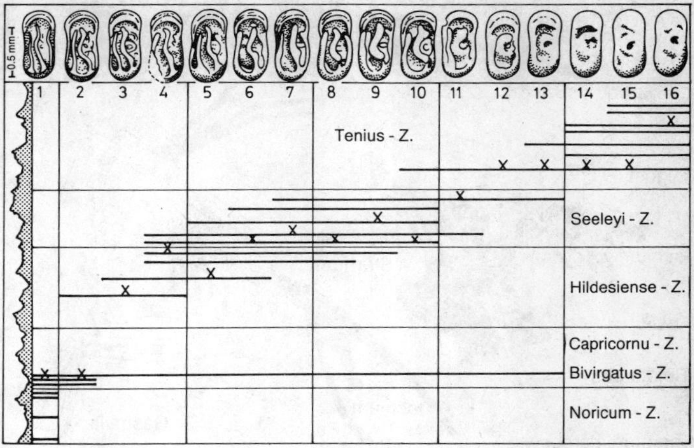

Abb. 12: Evolution der Ostracodengattung *Cytherelloidea* in der Unteren Kreide Deutschlands. Die horizontalen Linien bezeichnen die Variationsbreite in aufeinanderfolgenden Schichten. Jeweils ein Morphotyp ist durch ein Kreuz gekennzeichnet. Oben ist die entsprechende Schale dargestellt, zunächst sind sie außen skulpturiert, später geglättet. Nach Bettenstaedt (1958).

könnten nichterbliche Modifikationen sein, die für die Evolution ohne Bedeutung sind. In der Tat sind Schnecken- und Muschelschalen, besonders die der festsitzenden Arten, stark durch die jeweiligen Umweltbedingungen formbar, aber bei genauer Kenntnis dieser Umbildungen bei Muscheln und den Seepocken (Balaniden) erscheint die Deutung dieser Reihen als Modifikation ganz unwahrscheinlich. Das gilt in besonderem Maße für die Reihen der Muschelkrebse (Ostracoden). Ihre Schale ist sehr wenig modifikativ abzuändern (Buckelbildungen im Brackwasser).

3. Die fossilen Übergangsformen (missing oder connecting links) wurden heftig diskutiert. Ihre Existenz wurde oft bejaht, aber auch oft verneint. Dieser Gegensatz beruht auf verschiedenen Anforderungen an die Feststellung einer Übergangsform. Die bisweilen erhobene Forderung, sie müßte in allen Charakteren eine Mittelstellung einnehmen, ist kaum erfüllbar, da die Umbildung der einzelnen Organe in unterschiedlichem Tempo erfolgt und viele Lebewesen gleichzeitig ursprüngliche (= pri-

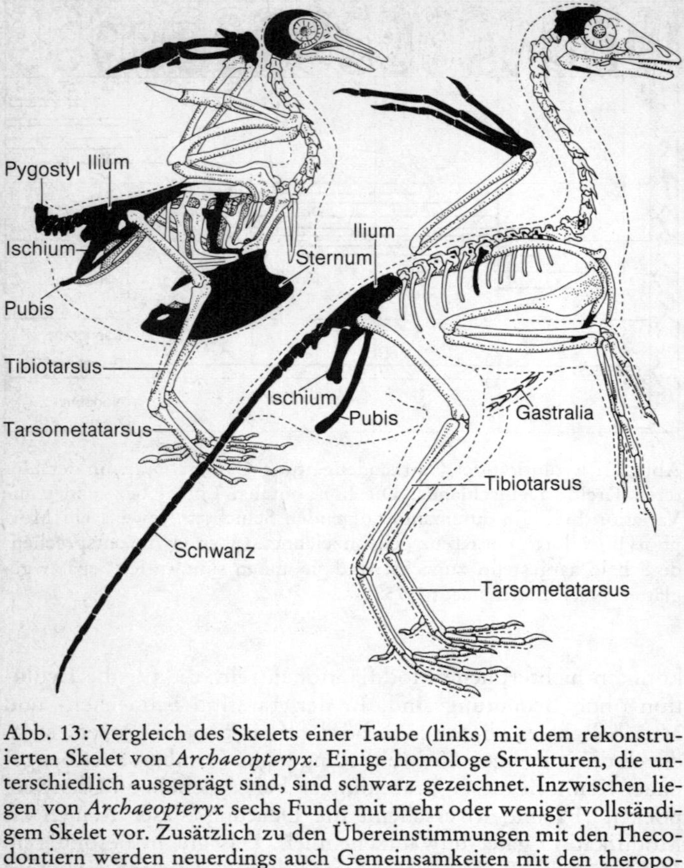

Abb. 13: Vergleich des Skelets einer Taube (links) mit dem rekonstruierten Skelet von *Archaeopteryx*. Einige homologe Strukturen, die unterschiedlich ausgeprägt sind, sind schwarz gezeichnet. Inzwischen liegen von *Archaeopteryx* sechs Funde mit mehr oder weniger vollständigem Skelet vor. Zusätzlich zu den Übereinstimmungen mit den Thecodontiern werden neuerdings auch Gemeinsamkeiten mit den theropoden Dinosauriern betont. Da sich auch die Dinosaurier von den Thecodontiern ableiten, sind solche Übereinstimmungen nicht überraschend. Die Thecodontier sind die Grundgruppe der fossilen Archosaurier, denen die Vögel entstammen. Nach Heilmann (1926).

mitive, plesiomorphe) und abgeleitete (apomorphe) Merkmale aufweisen; das gilt auch für den Menschen. Übergangsformen werden also stets neben primitiven Charakteren, die sie mit der älteren Gruppe teilen, abgeleitete, d. h. fortschrittliche Organisationszüge besitzen. Das gilt für fast jedes Lebewesen. Andere

Autoren lehnen die Existenz von missing links ab, weil man immer irgendwie spezialisierte Seitenzweige findet und nicht die zu fordernden in jeder Richtung unspezialisierten Ahnenformen. Daß diese Forderung auf einer falschen Voraussetzung beruht, wird später näher ausgeführt.

Wenn wir das fossile Material überschauen, müssen wir eher erstaunt sein, wie viele missing links uns die Paläontologie schon gebracht hat. Das bekannteste Beispiel ist der berühmte *Archaeopteryx*, der Urvogel aus dem Jura Solnhofens (Abb. 13). Sein Skelet trägt viele Merkmale fossiler Reptilien, speziell der Thecodontier, das Flügelskelet und zum Teil der Schädel nehmen eine Zwischenstellung ein, die Federn sind echte Vogelmerkmale. Die Ichthyostegiden, speziell *Ichthyostega* aus dem Devon Grönlands, sind Zwischenformen von Fischen und Amphibien (Abb. 14). Diese ältesten Landwirbeltiere haben in der Schwanzflosse noch Flossenstrahlen wie Fische. Der Schädel ist dem der fossilen Crossopterygier (Fische) noch ganz ähnlich. Die Extremitäten besitzen aber bereits primitive Hände und Füße, wie sie für Landwirbeltiere typisch sind. Daß die Säugetiere über eine Kette von Formen mit primitiven Reptilien ver-

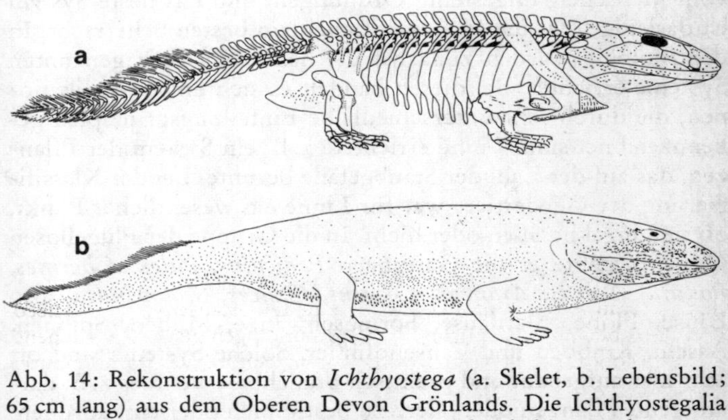

Abb. 14: Rekonstruktion von *Ichthyostega* (a. Skelet, b. Lebensbild; 65 cm lang) aus dem Oberen Devon Grönlands. Die Ichthyostegalia sind die ältesten bekannten vierfüßigen Landwirbeltiere und entsprechen in vieler Hinsicht Formen, die zwischen Crossopterygiern und ursprünglichen Amphibien vermitteln. An die Fische erinnern unter anderem die Struktur des Schädels und des Schwanzes; Amphibienmerkmale sind die fünfstrahlige Extremität und die Ausbildung eines Beckengürtels, der Anschluß an die Wirbelsäule gefunden hat. Nach Jarvik (1955).

bunden sind, wurde bereits erwähnt. Auch innerhalb der Säuger gibt es viele Reihen verbundener Formen; Elefanten beginnen mit *Moeritherium* (Abb. 11), Pferde mit *Hyracotherium* (Abb. 5), Nashörner mit *Caenopinen,* Wale mit *Protocetus.* Das gleiche gilt für viele Sauriergruppen. Unter den Wirbellosen nähern sich die recht verschiedenen Echinodermenklassen der Seesterne (Asteroidea) und der Schlangensterne (Ophiuroidea) im Paläozoikum stark. Die Schwertschwänze (Xiphosura) zeigen im Paläozoikum Annäherungen an Trilobiten. Nur für die ganz großen Gruppen, die bereits im Kambrium zu Beginn des Paläozoikums vorhanden sind, kennen wir rückwärts kaum Verbindungen, weil uns aus präkambrischen Schichten nicht viele Fossilien bekannt sind. Insgesamt erfüllt die Paläontologie nicht nur die Forderungen der Evolutionslehre, diese ist ohne sie gar nicht zu verstehen.

c. Systematik

Ein System ist die Gliederung einer Mannigfaltigkeit mit der Zielsetzung, eine Übersicht zu gewinnen. Systeme sind primär vom Menschen aufgestellte Ordnungen, und das beste System ist dasjenige, das die Mannigfaltigkeit am besten beherrscht. In der Biologie wurden zunächst die heute künstlich genannten Systeme errichtet. Bei diesen handelt es sich um Klassifikationen, die durch sehr unterschiedliche Einteilungsprinzipien gekennzeichnet sind. Linné errichtete z.B. ein System der Pflanzen, das auf der Zahl der Staubgefäße beruhte. Bei der Klassifizierung der Gliedertiere war für Linné ein wesentlicher Punkt, ob sie Flügel besaßen oder nicht. In die Gruppe der Flügellosen (Aptera) stellte er die Gattungen *Pediculus, Pulex, Chermes, Podura, Acarus, Araneus, Oniscus, Cancer, Scolopendra,* also Läuse, Flöhe, Blattläuse, Springschwänze, Milben, Spinnen, Asseln, Krabben und Tausendfüßler. Solche Systeme sind oft sehr klar aufgebaut und praktisch brauchbar, wenn es z.B. darum geht, Pflanzen oder Tiere zu bestimmen oder einzuordnen. Aber schon Linné erkannte, daß es eine andere Gruppierung gibt, die auf einer in der Natur gegebenen Übereinstimmung beruht. Ein System, welches diese Gruppierungen ordnet, nennt man »Natürliches System«. Ein solches ist dem künstlichen in vieler Hinsicht überlegen (s.u.) und spiegelt die Verwandtschaft der untersuchten Organismen wider. Linné stellte

67 Pflanzenfamilien auf, wie z. B. die Schmetterlingsblütler, die in ihrem Bau zwar eine Zusammengehörigkeit zeigen, aber in sich verschiedenartig sind, so daß sie eine klare Charakterisierung sehr erschweren. Tschulok schildert die Konfliktsituation, die auftritt, wenn einerseits eine natürliche Gruppe erkannt wird, man sich andererseits aber künstlicher Einteilungsprinzipien bedient, wie folgt: »Die Hahnenfußgewächse haben in der Blüte mehrere getrennte Stempel. Da ist aber eine Art von Rittersporn, die nur einen Stempel in der Blüte hat. Also hinaus mit ihm, er ist kein Hahnenfußgewächs. Oder: Diese Familie hat mehrere getrennte Stempel, da ist aber eine *Nigella damascena* mit einem aus mehreren verwachsenen Fruchtblättern bestehenden einheitlichen Stempel. Also hinaus mit ihr, sie ist kein Hahnenfußgewächs. Oder: die Hahnenfußgewächse haben trockene Früchte. Da ist eine *Actaea spicata* mit einer saftigen Frucht, also hinaus mit ihr, sie ist kein Hahnenfußgewächs.« Wie wir heute sicher wissen, gehören sie alle zur natürlichen Gruppe der echten Hahnenfußgewächse, die sich in einem künstlichen System, das keine Ausnahmen kennt, nicht einheitlich unterbringen lassen.

Solche Diskrepanzen zwischen einer reinen Klassifikation und den natürlichen Systemgruppen gibt es in Fülle. Sie beruhen darauf, daß ein praktisches System getrennte Einzelmerkmale fordert, die die Klassen, Ordnungen usw. völlig isolieren und möglichst in Zahlen ausdrückbar sind, und natürliche Systeme auf zahlreichen korreliert auftretenden Merkmalen beruhen. Diese Korrelation ist aber in der Natur selten vollständig, so daß in einzelnen Charakteren Außenseiter vorhanden sind, wie es das gegebene Beispiel der Hahnenfußgewächse zeigt. Die durch eine ganze Anzahl von Merkmalen gekennzeichneten Einheiten sind »natürliche Einheiten« oder Typen.

Auf welchen methodischen Grundlagen wird nun das natürliche System begründet, das von Biologen heute als das einzig objektive System angesehen wird? Verbreitet sind zwei Ansichten, die jedoch beide nicht zutreffen: 1. auf dem Grad der Ähnlichkeit und 2. auf phylogenetischen Zusammenhängen.

Ähnlichkeiten lassen sich in verschieden abgestuften Graden erfassen und letzten Endes oft in Maß und Zahl ausdrücken. Versuche, über Ähnlichkeitsforschung zu einem natürlichen System zu gelangen, scheitern aber im allgemeinen. Sie kranken grundsätzlich an dem Fehler, die einzelnen Merkmale als gleichwertige Größen zu betrachten, während die Verwandtschaftsforschung die einzelnen Merkmale unterschiedlich bewertet. Schon de Jussieu hob 1791 hervor, daß Merkmale nicht zu zählen, sondern abzuwägen seien. Zwischen dem Grad der Ähnlichkeit und dem Grad der ermittelten natürlichen Verwandtschaft bestehen oft erhebliche Inkongruenzen. Schon bei der Errichtung der Grundeinheit des Systems, der Art (Species), wird das Ähnlichkeitsprinzip oft durchbrochen. Man denke nur an Sexualdimorphismus und Generationsunterschiede (Polyp-Meduse oder Gametophyt-Sporophyt). Ähnlichkeit und Verwandtschaft sind also in der Biologie nicht gleiche Begriffe. Die Verwandtschaftsforschung verzichtet natürlich nicht prinzipiell auf Ähnlichkeitsfeststellungen, sie hat aber die Aufgabe, wesentliche und unwesentliche Ähnlichkeiten zu trennen.

Die Auffassung, das natürliche System müsse aufgrund phylogenetischer Erkenntnisse aufgebaut werden, ist seit Haeckel weit verbreitet. Dazu ist zu sagen, daß das natürliche System nicht nur unabhängig von der Phylogenetik, sondern auch zeitlich vor ihr entwickelt wurde. Es ist sogar so, daß die Phylogenetik, also die Stammbaumforschung, sich zunächst der Ergebnisse der natürlichen Systematik bemächtigte und diese umdeutete. Der Satz der natürlichen Systematik: »Die Vögel bilden eine natürliche Verwandtschaftsgruppe«, wird umformuliert in die phylogenetische Aussage »Alle Vögel stammen von einer gemeinsamen Stammart ab«. Von einer Reihe von Wissenschaftlern, vor allem von Naef und Tschulok, wurden die Beziehungen von natürlichem System und Phylogenetik zu Beginn des 20. Jahrhunderts gedanklich geklärt. Zusammenfassend läßt sich sagen, daß das natürliche System die Grundlage der Phylogenetik bildet.

Die Erkenntnis der Existenz des natürlichen Systems wurde auf drei Wegen gewonnen: 1. über die Klassifikation, 2. über die Stufenleiter der Dinge und 3. über die vergleichende Anatomie.

Es ist schwer zu entscheiden, wann zum ersten Mal die Erkenntnis auftauchte, daß es ein objektives System, eben das natürliche, gibt. In manchen künstlichen Systemen des 18. und 19. Jahrhunderts kommen zwar natürliche Gruppen vor, wie die der Vögel oder Schmetterlingsblütler, aber den nötigen methodischen Unterbau konnte die rein klassifikatorische Systematik nicht liefern.

Während diese Systematik nur eine Nebeneinanderstellung der einzelnen Gruppen kennt, existieren in der Stufenleiter höhere und niedere Lebewesen. Diese Forschungsrichtung ge-

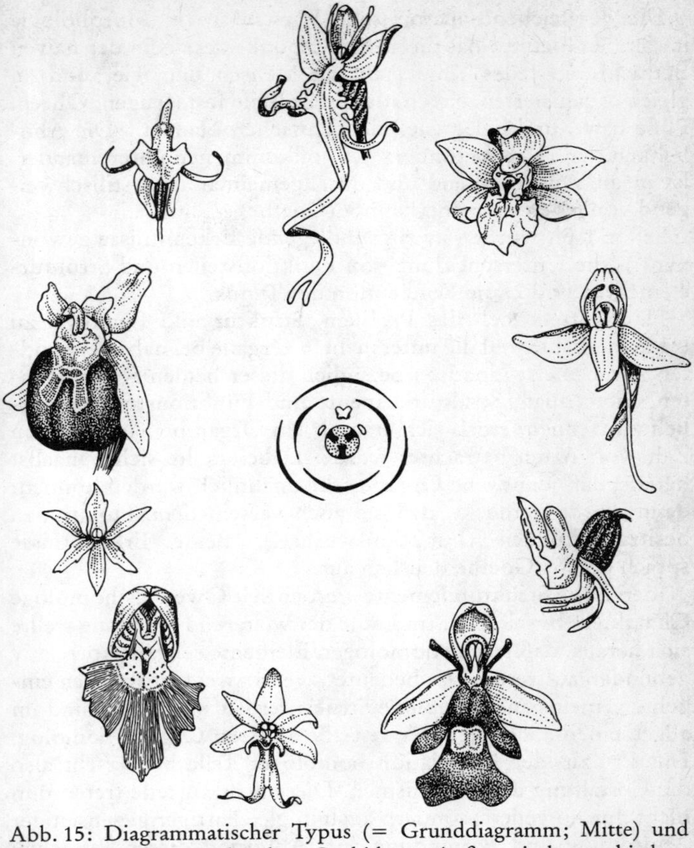

Abb. 15: Diagrammatischer Typus (= Grunddiagramm; Mitte) und Einzelformen monandrischer Orchideen. Außen sind verschiedene Blüten europäischer Orchideen dargestellt. Nach Remane (1956).

wann im 19. Jahrhundert Anschluß an die klassifikatorische Systematik und entwickelte ein Gabel- bzw. Stammbaumschema. Das beruht darauf, daß der Gedanke der höheren und niederen Organisation und die Vorstellung der aufsteigenden Entfaltung in einer Darstellung zum Ausdruck gebracht werden sollte. Viele Gedanken der Stufenfolge haben später die Phylogenetik stark beeinflußt, z. B. die Vervollkommnungsgesetze.

Die vergleichend-anatomische Forschung (= Morphologie im Sinne Goethes) hat ihren Ansatzpunkt bereits in der naiven Betrachtung. Jedes Kind stellt an Mensch und Tier und an gleich organisierten Tieren identische Teile fest (Augen, Ohren, Füße usw.) und belegt sie mit identischen Namen. »Die Ähnlichkeit der Tiere, besonders der vollkommenen untereinander, ist in die Augen fallend und im allgemeinen auch stillschweigend von jedermann anerkannt« (Goethe).

Schon früh wurden zwei grundlegende Erkenntnisse gewonnen: 1. die Unterscheidung von Funktionsteilen und Strukturelementen und 2. die Konzeption des Typus.

Häufig stellt sich das Problem, Struktur und Funktion zu trennen, nicht, weil die untersuchten Organe bei nahe verwandten Arten meist identisch bezüglich dieser beiden Komponenten sind. Anlaß, Strukturelemente und Funktionsteile begrifflich zu trennen, ergab sich erst, als ein Organ bei einer großen Zahl von Arten betrachtet wurde. Dabei stellte sich zunächst heraus, daß identische Organe sehr unähnlich werden können; dann wurde entdeckt, daß sie auch verschiedene Funktionen besitzen können (Funktionswechsel). Beide Erkenntnisse sprach bereits Goethe deutlich aus.

Identische Strukturelemente werden seit Owen als homologe Charaktere bezeichnet. Im Laufe der weiteren Forschung stellte sich heraus, daß solche homologen Elemente sehr oft korrelativ gebunden auftreten. Das bedeutet, wenn zwei Organismen einzelne gemeinsame homologe Strukturen aufweisen, so sind im allgemeinen auch alle oder fast alle anderen Organe homolog. Das Prinzip der Korrelation homologer Teile beherrscht also die Gestaltung der Organismen. Diese Strukturteile treten nun nicht nur korreliert, sondern auch in gleichartiger gegenseitiger Anordnung und Verbindung auf. Aufgrund dieser Tatsachen entstand die Vorstellung des Typus oder Bauplans, da sich nunmehr eine Vielzahl von Arten in ihren Organisationen unter einem gemeinsamen Bilde darstellen ließ. Die Aufstellung eines Typus erlaubte, die Existenz bestimmter Charaktere vorauszusagen. Goethes Arbeit über den Zwischenkiefer ist ein Beispiel hierfür. Aufgrund seiner Vorstellungen vom Typus des Säugetierschädels, zu dem ein Zwischenkiefer (Prämaxillare) mit Schneidezähnen gehört, vermutete er, daß auch dem Menschen dieser Knochen zukomme, und es gelang ihm auch, diesen Nachweis zu führen.

Diese Einheit des Typus gestattet es einem Metzger, der bis-

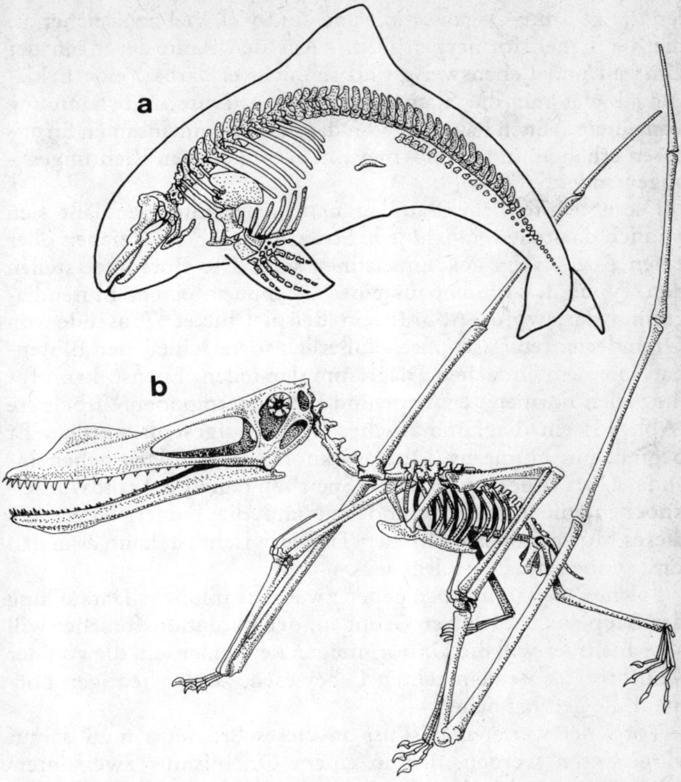

Abb. 16: Die Extremitäten der Wirbeltiere wurden vielfältig abgewandelt und erfüllten ganz verschiedene Funktionen, z.B. als Flossen, Lauf- oder Grabbeine sowie als Flügel. a. Delphin, b. *Anhanguera* (Pterosaurier), Flügelspannweite 4,5 m. Nach Schäfer (1972), Wellnhofer (1988).

her nur Hühner ausgenommen hat, sich sofort in der Anatomie einer Ente zurechtzufinden. Die griechischen Ärzte lernten die Anatomie des Menschen durch Sektion von Schweinen, und die berühmte Anatomie des Galen, eines griechischen Arztes der römischen Kaiserzeit, wurde nach Präparation von Affen geschrieben und enthielt nur wenige Fehler (Brustbein, Oberschenkel). Diese Gemeinsamkeiten natürlicher Gruppen betreffen die gesamte Organisation und sind viel, viel zahlreicher als die der Lebensformtypen (s. u.). Aus den Anforderungen der Umwelt und Lebensweise sind sie nicht erklärbar, eine Erklärung bietet nur die Stammesgeschichte. Durch Abstammung von einem Ahnen haben sie von diesem die gemeinsamen Strukturen erhalten und dann – meist in verschiedenen Richtungen – abgewandelt.

Dieser einheitliche Bauplan natürlicher Gruppen läßt sich bildlich darstellen, indem jede Struktur durch ein Zeichen oder einen Buchstaben gekennzeichnet wird. Die Botaniker stellen den Typus des Blütenbaus einer Gruppe in einem Blütendiagramm dar, wofür Abb. 15 ein Beispiel bietet. Tausende von Orchideenarten lassen ihren äußerlich so verschiedenen Blütenbau in einem einfachen Diagramm darstellen. Ebenso kann für die vielen Formen der Arme und Hände tetrapoder Wirbeltiere (Abb. 16) ein diagrammatischer Typus aufgestellt werden. Er beginnt mit Humerus (Oberarmknochen), es folgen nebeneinander Ulna (Elle) und Radius (Speiche), dann die Handwurzelknochen, die Mittelhandknochen und die Fingerglieder. Wo dieses Muster am erwachsenen Tier verwischt ist, kann es in den Embryonen noch angelegt sein.

Solche Diagrammtypen geben zwar eine bildliche Darstellung des Bauplans natürlicher Gruppen, der Evolutionsforscher will aber mehr, er will die Umformungen kennenlernen, die von der Ahnform, also einem echten Lebewesen, zu der heutigen Formenfülle geführt haben.

Vor einer weiteren Diskussion dieses Problems muß darauf hingewiesen werden, daß in einem Organismus zwei unterschiedliche Merkmalszusammenhänge existieren, einmal funktionelle, und zum andern morphologische. Erstere lassen sich an einzelnen Individuen feststellen. Für die Lösung bestimmter biologischer Tätigkeiten, z. B. Festheften, gibt es immer nur eine begrenzte Zahl technischer Möglichkeiten (Abb. 17). Daher wird man bei Organismen mit gleichen funktionellen Eigenheiten einige sich wiederholende Konstruktionstypen finden. Diese ermöglichen es, bestimmte Arten zu einer Gruppe, also wieder einem Typus, einem sog. Lebensformtypus, zusammenzufassen (Abb. 40). Wir kennen das z. B. von Pflanzen in Trockengebieten: Ihre Gestalt ist oft so ähnlich, daß Kakteen, Wolfsmilchgewächse (Euphorbiaceen), Stapeliaceen u. a. auf den ersten Blick oft verwechselt werden. Auch unterirdisch lebende Säugetiere wie Maulwurf, Goldmull, Blindmull und

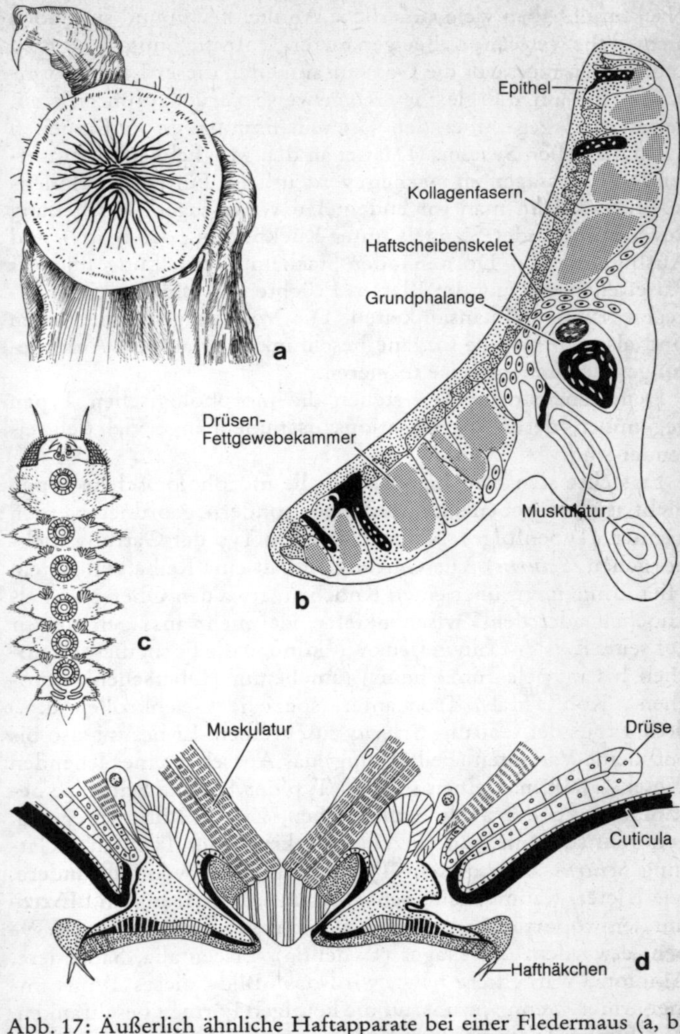

Abb. 17: Äußerlich ähnliche Haftapparate bei einer Fledermaus (a, b) und einer Mücke (c, d). a und c zeigen den Saugnapf der Fledermaus *Thyroptera* an der Vorderextremität und eine in Fließgewässern lebende Mückenlarve mit sechs Saugnäpfen (Blepharoceridae); b und d entsprechen histologischen Schnitten und zeigen den völlig verschiedenen Aufbau. a, b nach Schliemann (1970); c, d nach Weber (1954).

Nacktmull haben viele äußerliche Ähnlichkeiten und sind doch nicht nahe verwandt. Bei genauerer Untersuchung zeigt sich auch fast immer, daß die Gemeinsamkeiten dieser Lebensformtypen, die auf die gleiche Lebensweise zurückzuführen sind, gering sind gegenüber den Übereinstimmungen in Einheiten des natürlichen Systems. Das sei an den Möglichkeiten, zutreffende Voraussagen zu machen, verdeutlicht. Für eine sukkulente Pflanze kann man folgenden Bau voraussagen: Verdickung des Stammes oder Stengels unter Rückbildung der Blätter und Ausbildung von Dornen oder Stacheln, Verdickung und oft Rosettenanordnung der Blätter. Früchte und Blüten zeigen dagegen kaum Gemeinsamkeiten. Die Voraussagemöglichkeiten sind also auf wenige Organe beschränkt, die auf die Anforderungen der Lebensweise reagieren.

Den Lebensformtypen stehen die morphologischen Typen gegenüber, deren Organisationszusammenhänge viel tiefgreifender sind.

Es stellte sich bald heraus, daß die morphologischen Typen nicht isoliert nebeneinanderstehen, sondern geordnet werden können (Typenfolge). Nehmen wir den Typ der Gattung Eichhörnchen *(Sciurus).* Die Gattung enthält eine Reihe von Arten. Hier können wir über einen Knochen, etwa den Oberschenkelknochen oder den Zwischenkiefer, viel mehr aussagen als nur auf seine Existenz hinweisen. Wir können die Form dieser Knochen bis in viele Einzelheiten (am Femur [Oberschenkelknochen], Kopf, Hals, Trochanter, spezielle Gelenkrollen u.a.) dem Typus der Gattung *Sciurus* zuschreiben. Er besitzt also bis auf kleine Varianten (Fellfärbung) das Aussehen eines lebenden Wesens. Will man einen solchen Typ der Familie Sciuridae bestimmen, zu der auch Erdhörnchen, Ziesel, Murmeltier u.a. gehören, so kann man einzelne Merkmale des Typus der Gattung *Sciurus* auch diesem Typ zuschreiben, während andere, wie Kiefer, Kaumuskeln, Schwanzlänge, Behaarung und Extremitätenproportionen unsicher werden. Bei umfassenderen Typen, etwa dem der Nager (Rodentia), Placentalia, Säugetiere, Amniota, Wirbeltiere usw., wird das »Bild« dieses Typus immer ärmer, wenn wir uns auf die heutigen Formen beschränken. Wir können aber das erste Auftreten von Organen festlegen, z.B. das der Milchdrüsen der Säugetiere, das der echten Nagezähne der Rodentia usw. Es läßt sich also aus der Typenfolge das Nacheinander des Erscheinens von Organen ablesen. Bei Gruppen mit engverwandten Arten läßt sich die Ahnenform bis in viele Einzelheiten rekonstruieren, für weiter zurückliegende Ahnenformen wird die Rekonstruktion immer lückenhafter. Aber je mehr fossiles Material gefunden wird, desto genauer wird die Rekonstruktion der Ahnen.

Die Entdeckung des Mollusks *Neopilina* hat viele neue Aufschlüsse über die Ahnenform der Mollusken gebracht. Die Hauptfortschritte liefert hier aber die Paläontologie, deren zeitlich geordnete Reihen die Aufstellung der Ahnenreihen im Sinne der Entfaltung der Organisation zunehmend erhellen. Diese Abhängigkeit vom Fundmaterial mit seinen Zufälligkeiten stellt den Phylogenetiker allerdings oft vor eine Geduldsprobe.

Bei der Verschmelzung der Typenforschung mit der »Natürlichen Systematik« wird der Typus also Ausdruck für die morphologischen Grundstrukturen einer natürlichen Systemgruppe.

Im folgenden sollen kurz die Kriterien aufgeführt werden, die bei der Ermittlung von Homologien angewendet werden und die im vorhergehenden Text bereits kurz erwähnt wurden.

Während bereits in der Mitte des 19. Jahrhunderts zahlreiche Forscher sich methodischer Probleme bei der Homologisierung von Strukturen und Organen bewußt waren, setzte am Ende des 19. und im 20. Jahrhundert eine methodische Verwilderung ein, die zu absurden Behauptungen führte. Beispiele sind die Ableitung der Wale von Ichthyosauriern und die getrennte Zurückführung verschiedener Wirbeltiere auf verschiedene Flagellaten aufgrund bestimmter Spermienmerkmale.

Die Kriterien zur Ermittlung von Homologien werden in drei Haupt- und einige Hilfskriterien untergliedert. Unter den Hauptkriterien ist (1) das *Kriterium der Lage* am längsten bekannt. Bereits Goethe schrieb 1795: »Dagegen ist das Beständigste der Platz.«

Ein Vergleich der Lage von bestimmten Strukturen ist auf verschiedenen Wegen möglich; in der Biologie ist davon nur einer gangbar, nämlich der Vergleich von Lageähnlichkeiten in einem Gefügesystem. Selbst in komplizierten Gebilden läßt sich noch objektiv eine Lageidentität ermitteln, auch wenn sie nicht geometrisch ähnlich sind, nämlich dann, wenn die Teilstrukturen in gleicher Zahl und gleicher relativer Verknüpfung vorhanden sind (»principe des connexions« von Geoffroy St. Hilaire). Mit Hilfe dieses Kriteriums lassen sich in vielen Fällen homologe Strukturen erkennen. Beispiele sind die Flügeladern vieler Insekten, die Schädelknochen von Wirbeltieren, die Zahnhökker vieler Säuger sowie Sproß- und Blattdornen der Pflanzen. Solange die gegenseitigen Verbindungen der einzelnen Strukturen gewahrt bleiben, können sie auch bei ungleicher Lage als homolog erkannt werden. Ein Beispiel sind die an sehr unterschiedlichen Stellen im Körper liegenden Genitalorgane der Trematoden, die meist in gleicher Verbindung auftreten.

Ausfall oder Hinzutreten eines Elementes des Gefügesystems kann die Homologisierung nach diesem Prinzip unsicher machen. Ein Beispiel für solche Schwierigkeiten ist die Beurteilung des am medialen Vorderrand der Orbita der Säuger gelegenen Knochens. Bei Reptilien befinden sich hier zwei Knochen: Präfrontale und Lacrimale. Die Homologisierung des einen Knochens der Säugetiere gilt auch heute noch als unsicher. Auch die gegenseitigen Verbindungen der einzelnen Elemente des Gefüges können sich verändern, wie die Verlagerungen von Blutgefäßen, Muskeln und Nerven bei Wirbeltieren zeigen.

Das zweite Kriterium ist das (2) *Kriterium der speziellen Qualität der Strukturen.* Hier werden Gebilde für homolog erklärt, die in spezifischen Sondercharakteren übereinstimmen, auch wenn sie nicht die gleiche Lage einnehmen. Die Bedeutung dieses Prinzips ist in der Biologie sehr groß, denn dadurch lassen sich auch Einzelorgane homologisieren; ein Beispiel sind wieder Organe der Plathelminthen wie Hoden und Ovarien, die aufgrund gleichartigen Baues und auch gleicher Funktion trotz ganz unterschiedlicher Lage homologisiert werden. In der Paläontologie kann sogar umgekehrt aus isolierten Teilen von Organismen der Gesamtorganismus wieder aufgebaut werden. Aber auch hier gibt es Bereiche, wo die Anwendung dieses Kriteriums schwierig wird, denn die Ausbildung von Übereinstimmungen in den Sondercharakteren kann gering sein, wie ein Vergleich der Ausprägung von Knochen bei verschiedenen Wirbeltieren zeigt, z. B. des Humerus von Crossopterygiern bis zum Menschen. Unsicherheiten können auch beim Beurteilen von Blütenblättern auftreten, zumal wenn sie ähnliche Form, Farbe, Größe und Funktion besitzen (Abb. 18).

Das dritte Kriterium wird (3) *Kriterium der Verknüpfung durch Zwischenformen (Stetigkeitskriterium)* genannt. Dieses Kriterium besagt, daß extreme Ausbildungsformen eines Organs durch Übergangs- oder Zwischenformen verbunden sein können, die eine Identität der Extremformen erkennbar machen. Solche Zwischenformen können durch den ontogenetischen Entwicklungsprozeß (Beispiele vgl. biogenetisches Ge-

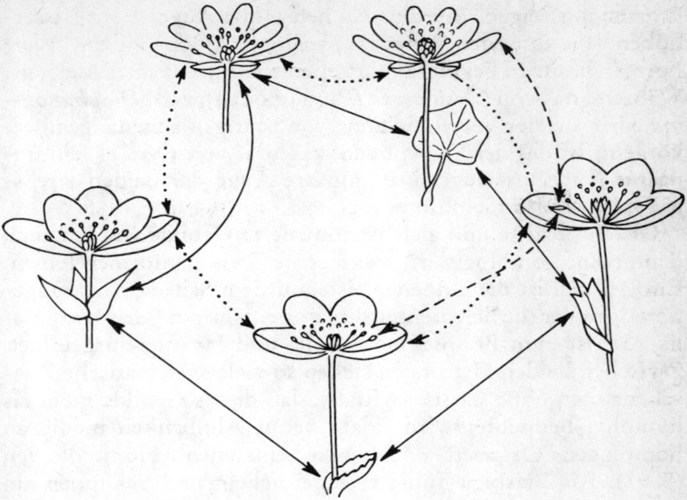

Abb. 18: Zwei Blüten von Ranunculaceen (oben links: *Hepatica nobilis,* oben rechts: *Ranunculus ficaria*), die auf den ersten Blick homologe Blüten- und Kelchblätter zu besitzen scheinen. Die Kelchblätter von *Hepatica* entsprechen jedoch Hochblättern von *Ranunculus,* die Blütenblätter von *Hepatica* sind den Kelchblättern von *Ranunculus* homolog. Die Pfeile verbinden verschiedene homologe Gebilde. Nach Remane (1956).

setz, S. 120) oder durch Formenreihen ausgebildeter Strukturen geliefert werden. Letztere Möglichkeit kann zu Vieldeutigkeiten Anlaß geben, denn zwischen einem Dreieck und einem Viereck können z.B. auf verschiedenen Wegen Übergangsformen konstruiert werden. Hier können also, besonders bei einfachen Strukturen wie Blattadern oder Zahnhöckern, Unsicherheiten auftreten. Wünschenswert ist, daß die verwendeten Zwischenformen sich in ihrer gesamten Organisation intermediär verhalten oder daß sich wenigstens die Organe der verglichenen Reihe gleitend abändern. Von Wichtigkeit ist auch der Grad der Dichte, mit dem die Zwischenformen aneinanderschließen.

In manchen Fällen ist die Beurteilung von Zwischenformen sogar den zwei ersten Kriterien übergeordnet, nämlich dann, wenn sich zeigt, daß die Organe zweier Organismen trotz gleicher Lage und sehr ähnlicher Struktur eine unterschiedliche

Entstehung zeigen. Ein Beispiel liefern die Augen von Wasserflöhen (Phyllopoden) und Hüpferlingen (Copepoden). Viele Formen besitzen bei diesen Gruppen ein unpaares Scheitelauge. Während das von Cladoceren (Phyllopoden), z.B. *Diaphanosoma*, aber aus der Verschmelzung von paarigen Seitenaugen hervorgeht, ist das der Copepoden, z.B. das von *Cyclops*, ein unpaares Nauplius-Auge. Das unpaare Auge der beiden Krebsgruppen ist also nicht homolog.

Gleichgelegene und gleichstrukturierte Gebilde werden auch dann nicht homologisiert, wenn echte Zwischenformen fehlen. Ein Beispiel ist die Knochenleiste auf dem Schädel von Säugetieren, an der die Schläfenmuskulatur entspringt (Crista sagittalis). Sie ist zum Beispiel bei Gorilla und Hyänen ausgebildet. Zwischen beiden Gattungen stehen so viele systematische Zwischenstufen ohne Crista sagittalis, daß dieses Gebilde nicht als homolog betrachtet wird. Plate nennt Ähnlichkeiten, die an homologen Organen unabhängig entstehen, Homoiologien (S. 91). Als Beispiele führt er die Stacheln und Schuppen am Mantelrand von Chitonen, die in vielen Familien unabhängig entstehen, oder die Atemhöhle von Pulmonaten und Prosobranchiern an. Mivart bezeichnete solche Fälle als »homologous analogues«. Diese Homoiologien sind in der Praxis im allgemeinen leicht zu erkennen und von Homologien zu unterscheiden. Es handelt sich meist um einfache Leisten, Knochenkämme, Stachelbildungen oder Strukturen, die nur oberflächlich gleich aussehen wie die Atemhöhlen der Schnecken.

Mit Hilfe der genannten Hauptkriterien lassen sich in zahllosen Fällen Homologien ermitteln, besonders bei kompliziert gebauten oder ähnlichen Organismen einer Gattung oder Familie. Wo größere Lücken auftreten, wird die Beurteilung unsicher, z.B. beim Vergleich von Ringelwürmern und Wirbeltieren, auch bei einfacher gebauten Organismen wie Algen und Cnidariern sind Homologieermittlungen schwierig. Hier können einige Hilfskriterien herangezogen werden:

1. Selbst einfache Gebilde können als homolog erklärt werden, wenn sie bei einer großen Zahl nächstähnlicher Arten auftreten. Ein Beispiel liefern die Querleisten der Molaren der cynomorphen Primaten. Dieses Hilfskriterium beruht auf einem einfachen Wahrscheinlichkeitsschluß: Gehäuftes Auftreten einer einfachen Struktur bei nächstähnlichen Arten sowie dessen Fehlen bei benachbarten Gruppen läßt Parallelentwicklung unwahrscheinlich erscheinen.

2. Die Wahrscheinlichkeit der Homologie einfacher Gebilde wächst mit dem Vorhandensein weiterer Ähnlichkeiten von gleicher Verbreitung bei nächstähnlichen Arten. Hier muß beachtet werden, daß funktionell zusammengehörige Merkmale, wie der Komplex Kaumuskulatur-Knochenleisten am Schädel der Säugetiere, nur als ein Merkmal gewertet werden.

3. Die Wahrscheinlichkeit der Homologie von Merkmalen sinkt mit der Häufigkeit des Auftretens dieses Merkmals bei sicher nicht verwandten Arten. Dieses Hilfskriterium zeigt z.B., daß Hämoglobin, das bei sicher nicht nahe verwandten Gruppen wie Schnecken, Chironomiden und Wirbeltieren auftritt, nicht als Zeuge von Homologie und Verwandtschaft herangezogen werden darf, wenn es um großsystematische Zusammenhänge geht.

Leider wurde in der Biologie versäumt, die zahllosen als homolog erkannten Strukturen konsequent mit einheitlichen Namen zu belegen.

Ganz kurz sei hier auf das Problem der Beziehungen von ontogenetischer Entwicklung von Organen und Homologie eingegangen. Ursprünglich wurde gefordert, daß homologe Organe auch gleiche Entwicklung haben müßten. Es hat sich jedoch herausgestellt, daß dieser Forderung nicht immer Genüge geleistet werden kann: 1. Für viele homologe Organe liefern unterschiedliche Keimbezirke das Bildungsmaterial. 2. Auch der Entwicklungsablauf, z.B. die Neuralrohrbildung bei Wirbeltieren, kann verschieden sein, ohne daß davon die Homologie berührt zu werden braucht. Aus einer großen Fülle von Befunden ergibt sich also der Schluß, daß ontogenetische Übereinstimmung nicht als Definition oder Kriterium der Homologie eingesetzt werden darf. Gegenbaur schrieb 1898: »Dagegen eröffnet sich bei der ausschließlichen Begründung der Homologien auf der Ontogenese ein bedeutender Irrweg, der weit vom Ziele abführt.«

Seit Darwin und Haeckel finden wir das Bestreben, auch stammesgeschichtliche Entwicklungsvorgänge in die Homologiedefinition einzuschalten, etwa in dem Sinne, daß Strukturen gemeinsamer phylogenetischer Herkunft homolog seien. Diese Definition ist auch kritisiert worden, zunächst von O. Hertwig. Hierzu ist zu sagen, daß Homologie durch die Phylogenie erklärt wird, und zwar handelt es sich um die einzige zur Zeit mögliche Erklärung von Homologien. Ihr liegt zu Recht die

Annahme zugrunde, daß die homologen Ähnlichkeiten auf gemeinsamem Erbgut eines gemeinsamen Ahnen beruhen.

Auch gleichartig gebaute Teile an ein und demselben Organismus können identifiziert und »homologisiert« werden. Solche »homologen« Gebilde sind z.B. die Blätter einer Pflanze, die Wirbel eines Wirbeltiers und die Haare eines Säugers. Seit Bronn bezeichnet man diesen Typ der Homologie als Homonomie und gebraucht den Begriff Homologie nur für die Identifizierung von Strukturen verschiedener Organismen (Individuen, Arten, Gattungen usw.). Bei Streitfragen, ob Organe – z.B. die Mundwerkzeuge und Schreitbeine eines Krebses – homonom seien, muß häufig auf das Kriterium der Zwischenformen zurückgegriffen werden.

Analogie und Konvergenz. Der Begriff Analogie geht auf Owen (1848) zurück. Er definiert ihn folgendermaßen: »An analogue is a part or organ in one animal which has the same function as a part or organ in another animal.« Diese Fassung des Begriffes Analogie ist sehr weit und braucht gar nicht im Gegensatz zur Bedeutung der Homologie zu stehen; denn homologe Organe haben ja oft die gleiche Funktion. Beispiele sind die Lungen von Spitzmaus und Giraffe oder die Flügel von Biene und Schmetterling. Daher wurde der Analogiebegriff bald eingeengt. Man beschränkte ihn auf strukturelle Ähnlichkeiten, die nur durch gleiche Funktion bedingt erschienen. Es erfolgte bald eine phylogenetische Interpretation der Analogie, die durch gleiche Anforderungen des Lebensraumes oder der Funktion unabhängig von phylogenetischer Verwandtschaft entstanden war. Die Analogien beruhten also auf konvergenter oder paralleler Evolution (Analogie = Konvergenz; Abb. 19). In diesem Sinne gebrauchte Darwin den Analogiebegriff, der von ihm und auch heute von vielen Wissenschaftlern mit »Anpassungsähnlichkeit« gleichgesetzt wurde.

Die Analogie besitzt zwei Kennzeichen:

1. Sie weist immer eine Beziehung zur Funktion und Lebensweise auf.

2. Sie steht immer im Gegensatz zur Homologie im Sinne eines entweder–oder.

Untersuchungen von verschiedenen Tieren gleicher Lebensräume zeigen aber, daß Analogie eine Vielzahl von Erscheinungen umfaßt, für die sich nur schwer einheitliche Kriterien geben lassen. Es können jedoch zwei Hauptgruppen von Analogien unterschieden werden:

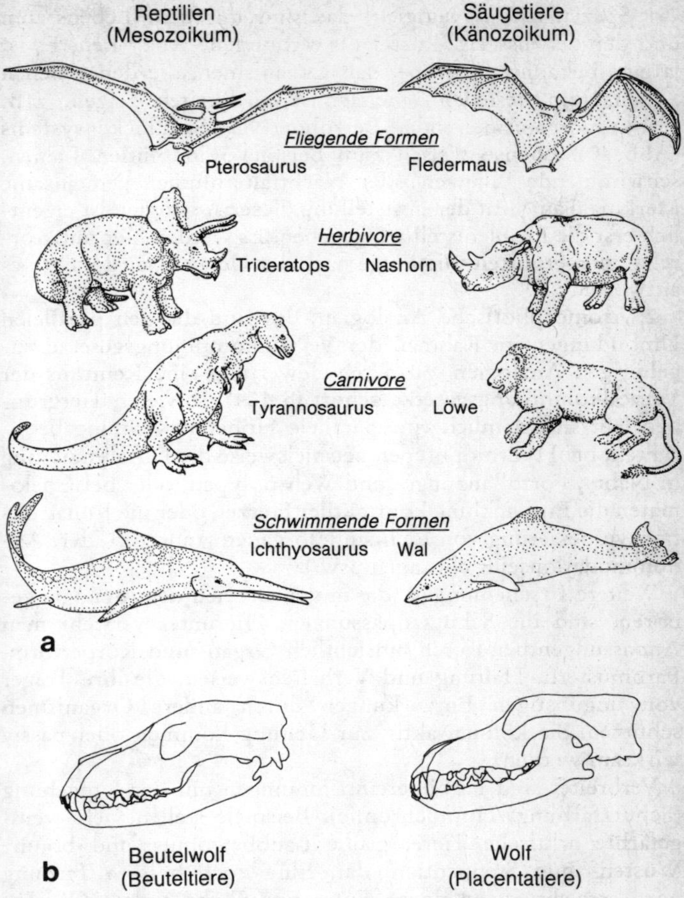

Abb. 19: Parallelentwicklungen und adaptive Radiation. a. Im Mesozoikum hat es unter den Reptilien (linke Reihe) ähnliche Lebensformen gegeben wie in der Erdneuzeit (Känozoikum) unter Säugern (rechte Reihe). b. Beutelwolf und Wolf haben ganz ähnliche Schädel, obwohl es sich beim ersteren um ein Beuteltier handelt (das in Australien lebte und vom Menschen ausgerottet wurde), bei letzterem um ein Placentatier. Nach Purves und Orians (1987).

1. Spezialisationsanalogien, das sind mit dem Lebensraum und der Lebensweise korrelativ verbundene Analogien. Es ist ja eine bekannte Tatsache, daß Organismen, die den gleichen Lebensraum besiedeln, vielfach Ähnlichkeiten zeigen, z.B. Planktonorganismen oder Bewohner des Sandlückensystems (Abb. 40). Ebenso weisen zum Beispiel Windblütler, Lianen, schwimmende Pflanzen oder Nachtfalterblumen gemeinsame Merkmale auf. Mit der Feststellung dieser Analogien ist eigentlich erst die Problemstellung gegeben. Es werden hier nur Korrelationen ermittelt, die Frage nach der Ursache wird nicht beantwortet.

2. Aromorphotische Analogien, das sind die den parallelen Umbildungen im Rahmen der Vervollkommnungsgesetze zugehörigen Analogien, zu deren Bewertung eine Kenntnis der Vervollkommnungsgesetze gehört (S. 104). In vielen Tiergruppen läßt sich nämlich eine parallele Höherentwicklung beobachten, bei Hydroidpolypen beispielsweise die Differenzierung in Nähr-, Fortpflanzungs- und Wehrpolypen, oder bei Coelomaten die Entwicklung kontraktiler Herzen oder die Konstruktionsverbesserung von Lichtsinnesorganen (Linsen, Lider, Akkommodationseinrichtungen usw.).

Weitere Erscheinungen, die in den Bereich der Analogie gehören, sind die Schutzanpassungen. Hierunter versteht man Anpassungen bei Tieren hinsichtlich Organ- und Körperform, Farbmustern, Haltung und Verhaltensweisen, die ihre Träger von ungünstigen Einwirkungen durch andere Organismen schützen. Sie können aktiv zur Geltung kommen oder passiv wirksam werden.

Verbreitet sind Farbübereinstimmungen mit der Umgebung (Schutzfärbung, Homochromie). Beispiele stellen viele weißgefärbte arktische Tiere, grüne Laubbewohner und braune Wüsten- und Steppentiere dar. Eine noch bessere Tarnung wird erreicht, wenn durch Form und Farbe andere Objekte nachgeahmt werden (Mimese, Abb. 20). Unter Zoomimese versteht man eine Ähnlichkeit, die sich auf ein anderes Tier bezieht, Phytomimese liegt vor, wenn Pflanzenteile nachgeahmt werden, Allomimese, wenn tote Gegenstände (Steine, Kot) kopiert werden. Die Farbanpassungen werden vielfach in ihrer Wirksamkeit durch unauffällige Körperhaltung unterstützt.

Schutzanpassungen, die ein Abschrecken des Angreifers bewirken sollen, sind die Droh-, Schreck- und Warntrachten, die

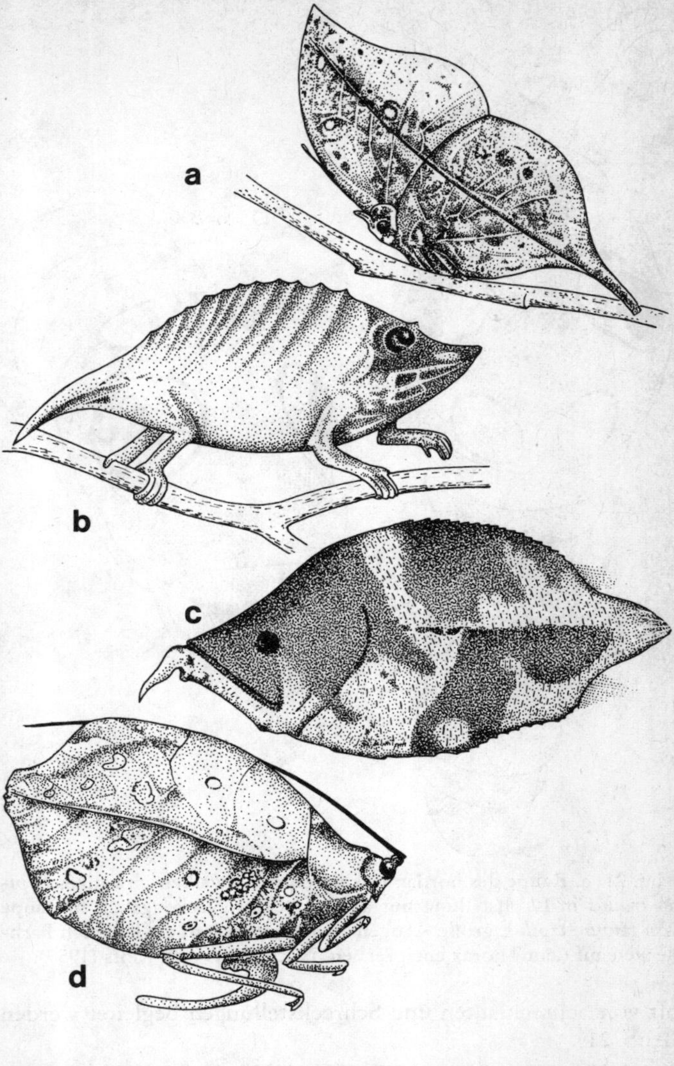

Abb. 20: Tarntrachten. a. *Kallima* (Blattschmetterling), b. *Rhampholeon* (Reptil), c. *Monocirrhus* (Fisch), d. *Cycloptera* (Heuschrecke). Alle Formen täuschen ein Blatt vor. Nach Grant (1960).

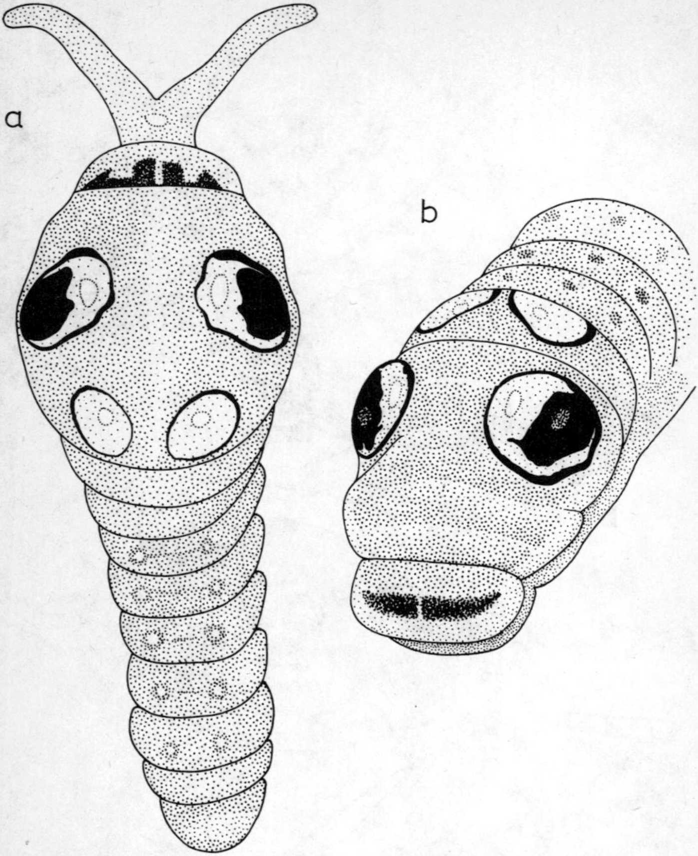

Abb. 21: a. Raupe des nordamerikanischen Schwalbenschwanzes *Papilio troilus* in Drohstellung mit ausgestreckter Nackengabel. b. Raupe von *Papilio troilus,* große »Augen« demonstrierend, die lediglich Farbflecken auf dem Thorax entsprechen. Nach Klots und Klots (1959).

oft von Schrecklauten und Schreckstellungen begleitet werden (Abb. 21).

Ein Sonderfall der Schutzanpassungen liegt in der Mimikry vor. Hier wird ein gut geschütztes Tier, z. B. eine wehrhafte Wespe oder eine Giftschlange, das über eine Warntracht verfügt, von einem ungeschützten Tier einer anderen Art so gut imitiert, daß dieses von der Ähnlichkeit profitiert. Das Problem der Entstehung der Mimikry ist viel diskutiert, aber bisher nicht gelöst worden.

Homologien und Analogien können in allen Lebensäußerungen von Organismen nachgewiesen werden. Beispiele aus Chemie und Verhaltenslehre werden in den Kapiteln 2e und 2f gesondert behandelt.

d. Entwicklungsgeschichte

Die Entwicklung der Lebewesen vom Ei bis zum fertigen Organismus unterliegt ganz bestimmten Gesetzmäßigkeiten. Daß Organe aus einfacheren Vorstadien geformt werden, ist eine Selbstverständlichkeit, aber sehr oft machen die Lebewesen Umwege der Entwicklung durch.

Vielfach haben die Jugendstadien eine andere Lebensweise als die Adulten und bewohnen einen anderen Lebensraum – wie die Larven der meisten Insekten, z.B. der Libellen, Schmetterlinge und vieler Käfer, sowie die planktischen Larven vieler am Boden des Meeres lebender Tiere. In diesem Falle besitzen die Larven Strukturen, die den Erwachsenen fehlen. Darüber hinaus findet man aber häufig Umwegsentwicklungen von Organen, die nicht mit der Lebensweise erklärbar sind, wohl aber durch die Evolution. Wir erwähnten die merkwürdige Umbildung des Kiefergelenks im Vorfahrenbereich der Säugetiere. Ein primäres Kiefergelenk wird hier durch ein sekundäres ersetzt. Dieser Vorgang läuft auch in den Embryonen der Säugetiere ab (Abb. 9). Bei den Beutelratten ist im Säuglingsstadium sogar noch das primäre Kiefergelenk in Aktion.

In den Embryonen werden vielfach auch Organe angelegt und entwickelt, die vor Erreichen des erwachsenen Stadiums wieder abgebaut oder abgestoßen werden. Auch das ist zum Teil aus den Anforderungen der Lebewesen verständlich. Ein solches embryonal funktionierendes Organ ist die Placenta. Bei Larven haben pelagische Stadien oft spezielle Schwebeorgane (Pluteus-Larve der Seeigel, Larven mariner Krebse usw.), wasserlebende Larven landbewohnender Imagines besitzen spezielle Atmungsorgane (Eintagsfliegen, Libellen, Köcherfliegen u.a.). Auch hier gibt es aber Fälle embryonaler Organe, deren Vorhandensein nur aus der Evolution verständlich wird. Die

Chorda dorsalis (Rückensaite) ist beim Lanzettfischchen, bei Neunaugen und Copelaten ein Dauerorgan mit Stützfunktion, bei den meisten Wirbeltieren wird sie aber nur embryonal angelegt. Ihre Funktion liegt in der Induktion des Neuralrohres. In gleicher Weise sind die Kiementaschen, die embryonal noch bei den Landwirbeltieren angelegt, aber niemals zu Atmungsorganen werden, wichtig für die Ausbildung des Thymus und der inkretorischen Organe Epithelkörperchen (Nebenschilddrüse) und Ultimobranchialkörper (Abb. 22).

Für manche embryonalen Organe aber ist eine spezielle Funktion unwahrscheinlich, z.B. für die embryonalen Zahnanlagen, die bei vielen Säugetieren vorübergehend in den Kiefern erscheinen, bei den Erwachsenen jedoch fehlen (Abb. 23), oder für die embryonalen Rückenmuskeln der Schildkröten, die sich wieder auflösen. Ausführlich wird die Bedeutung embryonaler Strukturen bei der Besprechung des Biogenetischen Gesetzes auf S. 120 behandelt.

Eine ähnliche Situation wie bei den eben genannten Embryonalorganen findet sich bei rudimentären Organen. Sie spielen in der Literatur des vorigen Jahrhunderts eine große Rolle. Man hielt sie für funktionslose Strukturen, deren Anwesenheit nur

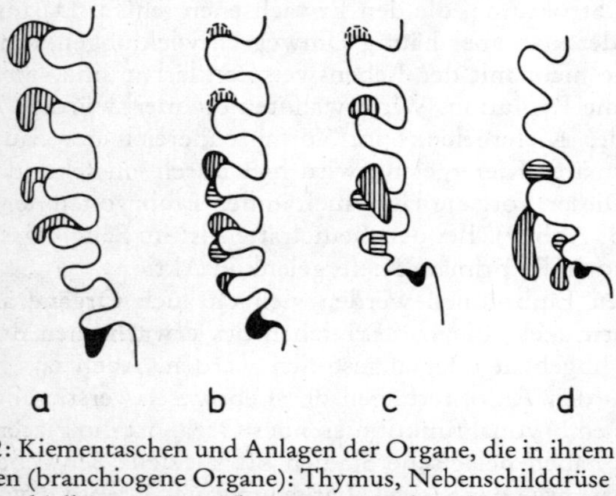

Abb. 22: Kiementaschen und Anlagen der Organe, die in ihrem Bereich entstehen (branchiogene Organe): Thymus, Nebenschilddrüse und Ultimobranchialkörper. Der Thymus ist ein lymphatisches Organ, die beiden anderen sind endokrine Drüsen. a. Hai, b. Schwanzlurch, c. Eidechse, d. Säuger. Unterbrochene Kontur: variable Thymusderivate; vertikale Schraffur: Thymus; horizontale Schraffur: Nebenschilddrüse; schwarz: Ultimobranchialkörper. Nach Maurer aus Romer (1972).

mit funktionierenden Organen der Vorfahren zu begründen sei. Aber wann ist ein Organ funktionslos? Für manche der Fälle wurde später doch eine Funktion nachgewiesen. So hielt man beim Menschen den Wurmfortsatz des Blinddarms für funktionslos. Er ist aber ein lymphatisches Organ, und seinen Verlust ertragen wir, weil der Körper über viele solcher Organe verfügt. Selbst die Schilddrüse hielt man für funktionslos. Uexküll, der bei der Kammuschel (Pilgermuschel) *Pecten* entdeckte, daß der für ein rudimentäres Organ gehaltene Fuß, der nicht aus den Schalen hervorgestreckt wird, doch bei der Beseitigung von Fremdkörpern eine Hilfestellung leistet, forderte daraufhin, man solle die rudimentären Organe zugleich mit dem Darwinismus begraben.

Auf mehreren Wegen lassen sich Begriff und Bedeutung der rudimentären Organe noch retten. Der afrikanische Strauß hat, wie alle flugunfähigen Vögel, noch rudimentäre Flügel, die unter bestimmten Bedingungen sogar noch – allerdings erfolglose – Flugbewegungen ausführen. Sie dienen noch als Balanceorgane und werden bei der Balz bewegt. Sie sind also nicht total rudimentäre Organe, aber rudimentäre Flugorgane, also rudimentär in bezug auf *eine* Funktion. Daß die Flügel im Prinzip Flugorgane sind, beweist ihre Konstruktion.

Die isolierten Beckenknochen der Wale sind noch Ansatzstellen für Muskeln des Penis und der Afterregion, aber ursprünglich waren sie vor allem Traggerüst für die Hinterextremitäten.

Noch weiter sind oft Systeme rückgebildet, die sich als desorganisierte Apparate erweisen. Organe sind meist zusammengesetzt aus Teilen oft verschiedener Herkunft, die funktionell als Apparate zusammenarbeiten. Ein gutes Beispiel sind die Augen mancher unterirdisch lebender Wirbeltiere, die zwar ihre wesentlichen Bestandteile noch aufweisen, aber in einer Anordnung, die ein hinreichendes Funktionieren nicht gewährleistet: Eine kleine Linse kann seitlich in Beziehung zur Netzhaut liegen, die zudem histologisch oft nicht ausdifferenziert ist. Der optische Apparat kann als solcher nicht funktionieren.

Bei vielen Insekten sind Vorder- und Hinterflügel durch einen Haftapparat verbunden. Bei manchen Wanzen, z. B. Arten der Gattung *Nabis,* sind die Hinterflügel rückgebildet. Die Vorderflügel tragen aber noch ihren Anteil des Haftapparates, also einen halben Apparat. Es gibt auch flugunfähige Insekten, deren Flügel noch erhalten sind, aber die Flugmuskulatur ist reduziert, und es gibt Insekten mit reduzierten Flügeln, aber

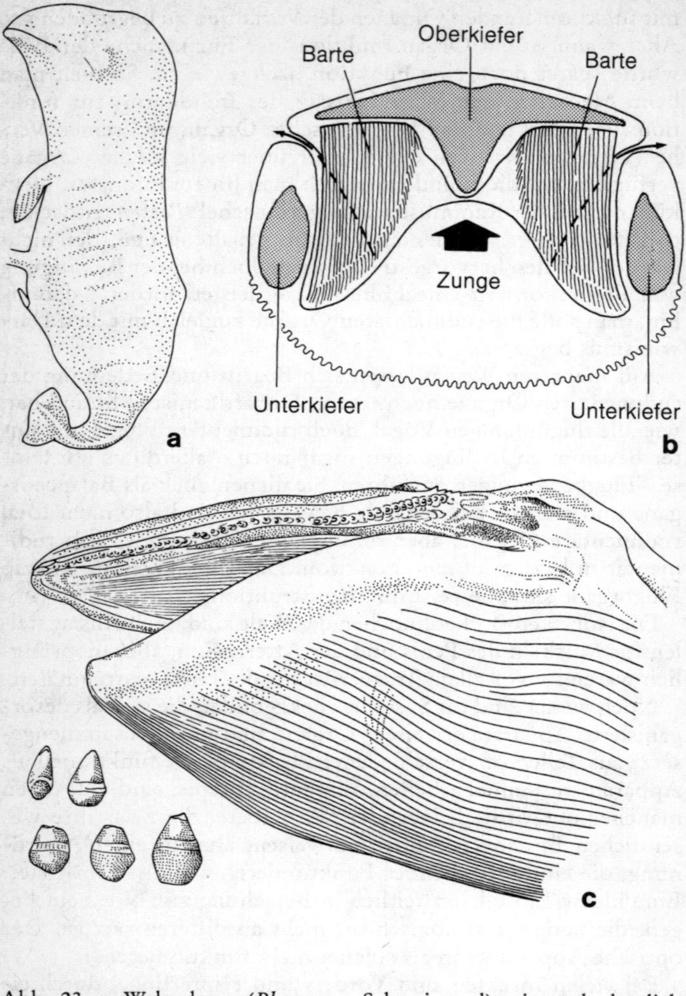

Abb. 23: a. Walembryo (*Phocoena*, Schweinswal) mit noch deutlich erkennbarer Halsregion. b. Querschnitt durch den vorderen Teil des Kopfes von einem Bartenwal *(Balaenoptera)*. Beachte das Fehlen von Zähnen. c. Kopf eines 1,2 m langen Embryo von einem Bartenwal *(Balaenoptera)* mit freigelegter Zahnreihe des Oberkiefers, die im Laufe der weiteren Entwicklung vollständig resorbiert wird. Links unten herauspräparierte Zahnanlagen. Nach Kükenthal aus Tschulok (1922).

erhaltener Flugmuskulatur. In solchen Fällen wird man schwer noch eine andere Funktion nachweisen können.

Das gilt auch für den letzten Typ rudimentärer Organe, der durch mangelnde histologische Ausdifferenzierung gekennzeichnet ist. In der Entwicklung wird embryonal zuerst die Form ausgebildet. In diesem Stadium sind die Gewebe und Zellen noch undifferenziert. Erst in der letzten Phase, der Differenzierung der Gewebe, erreichen die Zellen die Struktur, die für die Funktion des Organs notwendig ist. Wir erwähnten die unterentwickelten Sehzellen rudimentärer Augen.

Rudimentäre Organe können also 1. embryonal noch eine Funktion erfüllen (Chorda dorsalis der Vögel), 2. Organen entsprechen, die ihre Hauptfunktion eingestellt haben (Flügel der Strauße), 3. desorganisierte Apparate darstellen (Augen unterirdisch lebender Säugetiere) oder 4. der histologischen Ausdifferenzierung entbehren (Sinneszellen von Augen unterirdisch lebender Tiere).

In der ersten Zeit der Evolutionslehre spielten auch Atavismen eine große Rolle. Atavismen sind Rückschläge auf Merkmale eines Ahnen, die als einzelne Varianten innerhalb einer Art auftreten. Dreizehige Pferde, Wale mit Hinterextremitäten, Menschen mit Vollbehaarung des Körpers, mit einem kurzen Schwanz, mit einer Kiemenspalte am Hals, Frauen mit überzähligen Brustwarzen oder Vollbart (Abb. 47) sind Beispiele dafür. Die oben genannten Beispiele von Flügelbewegungen bei flugunfähigen Tieren zeigen, daß es auch rudimentäre Verhaltensweisen gibt, die zum Teil erst ausgelöst werden, wenn man den Tieren ihre alten, jetzt aber abnormen, Umweltsituationen bietet. Raben und Tauben, die sekundär Baumbrüter geworden sind, rollen noch ihre Eier ins Nest, wenn man durch ein Stück Pappe eine Ebene um ihr Nest schafft. Haussperlinge bauen gelegentlich Kugelnester wie Webervögel, mit denen sie verwandt sind. Wüstenchamäleons, die in buschloser Wüste leben, setzen sich in Terrarien sofort auf Büsche. Für den Menschen hat man eine Reihe von Verhaltensrudimenten registriert. Das Sträuben der Haare in Gefahr (Gänsehaut) bewirkt bei Schimpansen eine Vergrößerung des Körpers, ist also Imponiermittel. Beim Menschen verfehlt die Aufrichtung der meist sehr spärlichen Behaarung allerdings ihre Wirkung in dieser Hinsicht. Viele Menschen ziehen in prekären Lagen, oft schon bei Schilderung grausamer Situationen, Muskeln des hinteren Beckens zusammen – eine rudimentäre Verhaltensweise, die dem

Schwanzeinziehen entspricht. Weitere rudimentäre Verhaltensweisen beziehen sich auf die Rangordnung beim Menschen (Sitzordnung an Tafeln, Passierenlassen durch Türen usw.).

Atavismen können auf Mutationen beruhen oder sind modifikatorische Entwicklungsanomalien, die in einzelnen Fällen auch experimentell induziert werden können (Hall, 1984). Bei Vögeln kann unter bestimmten Versuchsbedingungen die Entwicklung einer vollständigen Fibula erreicht werden, die wiederum die Ausbildung von Metatarsalia zur Folge hat, so daß ein Muster entsteht, welches dem der Hinterextremität von *Archaeopteryx* entspricht.

Atavismen zeigen, daß Entwicklungsmechanismen in der Evolution sehr konservativ sein können. Hierfür bildet auch die Epidermis der Wirbeltiere Beispiele: Transplantiert man die Epidermis einer Eidechse auf die Dermis einer Maus, so bildet sie Schuppen aus, allerdings in dem Muster der Mäusehaare. Das Signal der Dermis ist offenbar so konservativ, daß es von der Reptilienepidermis erkannt wird.

Zahnschmelz von Wirbeltieren wird vom Mundepithel durch die Induktion des Kiefermesenchyms gebildet, das sich von der Neuralleiste herleitet. Entsprechendes Mundepithel vom Hühnchen kann auf Mäusekiefermesenchym noch Zähne entwickeln, ähnlich wie die Vorläufer der heutigen Vögel. Das Mundepithel antwortet also noch auf ein Signal, das anscheinend in der Entwicklung der Vögel vor über 80 Millionen Jahren verlorenging.

Man nimmt an, daß die Gene, die an diesen Vorgängen beteiligt sind, weitere Funktionen haben, die noch benötigt werden.

e. Biochemie

Die Evolution läßt sich auch an Änderungen auf molekularer Ebene nachweisen. In der Pflanzensystematik haben sich Sekundärstoffe (natural products der angelsächsischen Literatur) als besonders hilfreich erwiesen. Der Zweig der Chemie bzw. Botanik, der sich mit der Strukturanalyse von Stoffen und deren Verteilung im System der Pflanzen beschäftigt, wird in der neueren Literatur Phytochemie, Chemotaxonomie, biochemische Systematik oder systematische Chemie der Pflanzen genannt. Seine Wurzeln sind weit zurück zu verfolgen, wesentliche Erkenntnisse der Chemotaxonomie waren schon in der frühen Volksmedizin geläufig. Jeder mit Pflanzen Vertraute weiß, daß man Arten der Gattungen *Datura* (Stechapfel), *Senecio* (Kreuzkraut), *Colchicum* (Herbstzeitlose), *Veratrum* (Germer) u.a. als giftig ansehen sollte. *Veratrum* wurde aufgrund seiner möglichen Verwendbarkeit auch Schwiegermutterkraut genannt. Bei eingetretenen Vergiftungen kann man schon nach Ermittlung der Gattung, zu welcher die Giftpflanze gehört, eine zweckmäßige Behandlung einleiten. In entsprechender Weise lassen sich therapeutisch oder technisch wertvolle Pflanzenstoffe, wie beispielsweise Chinin und Reserpin, oft aus manchen Arten einer Gattung oder aus einer Reihe von verwandten Gattungen gewinnen. Das bedeutet also, daß Pflanzen, die aufgrund ihrer strukturellen Ähnlichkeiten als verwandt angesehen werden, auch in ihrem Chemismus übereinstimmen können. Mit der strukturellen Ähnlichkeit kann die chemische verschwinden.

Schon früh waren diese Kenntnisse wegweisend für weitere Forschungen. Als der Botaniker Greshoff 1888 von der holländischen Regierung den Auftrag erhielt, im Labor des Botanischen Gartens von Bogor (früher Buitenzorg) nahe Jakarta (früher Batavia) Medizinalpflanzen des damaligen Niederländisch-Indien zu untersuchen, ließ er sich in starkem Maße durch die systematische Stellung der Pflanzen leiten. So untersuchte er beispielsweise alle verfügbaren Annonaceen und Lauraceen und konnte praktisch in allen Arten Alkaloide nachweisen. Untersuchungen an Giftpflanzen zeigen außerdem, daß nur eine Pflanzengruppe – Pangieae, vorwiegend tropische Holzgewächse aus der Verwandtschaft der Parietales – Blausäure in großen Mengen abgeben kann.

Aus dem inzwischen vorliegenden reichen Wissen über die Verbreitung von chemischen Stoffen soll im folgenden ein Beispiel erläutert werden: die Benzylisochinolinalkaloide (Abb. 24), die für die Polycarpicae (Magnoliales, Ranunculales) typisch sind. Dieser Stoffgruppe wird neben wenigen anderen (Betalaninen, iridoiden Pflanzenstoffen und Ellagitanninen) eine besondere Bedeutung für die Gliederung der Angiospermen zugeordnet.

Die Benzylisochinoline und die davon abgeleiteten Alkaloide werden in der Pflanze aus zwei Molekülen Phenylalanin (oder Tyrosin- bzw. Dihydroxyphenylalanin) synthetisiert. Viele Reaktionen führen zu zahlreichen mehr oder weniger abgeleiteten Alkaloiden. Da der Verbreitungsschwerpunkt der Isochinoline

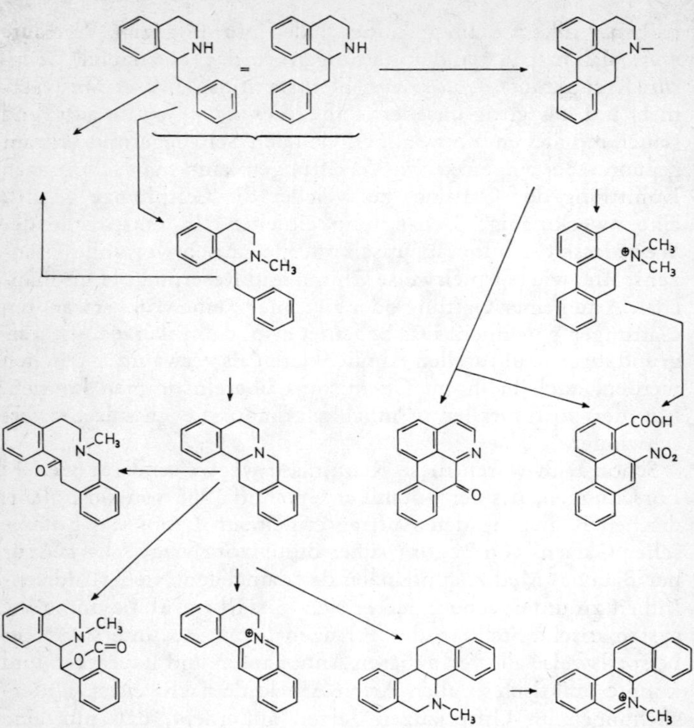

Abb. 24: Einige Alkaloidtypen der Benzylisochinolinfamilie. Aus Hegnauer (1971).

sehr deutlich bei den Polycarpicae liegt, verdienen weitere Vorkommen außerhalb dieser Gruppe besonderes Interesse wie auch Formen innerhalb der Polycarpicae, die nicht durch diese Stoffgruppe gekennzeichnet sind. So werden im Augenblick die Nymphaeales (Seerosen), die ausschließlich Wasserpflanzen sind, als unnatürliche Gruppe angesehen. Der Bestand der Alkaloide bestätigt diesen Befund: nur die Nelumbonaceen (Lotosblumen) stimmen biochemisch mit den Polycarpicae überein. Die Nymphaeaceen im engeren Sinne fallen durch ihre grundsätzlich verschiedenen Alkaloide und durch das starke Auftreten von Galli- sowie Ellagitanninen aus dem Rahmen und stehen dadurch den Polycarpicae fern. Entsprechendes gilt für die gerbstoffreiche Gattung *Paeonia* (Pfingstrose), die offenbar nicht zu den Ranunculaceen gehört.

Betrachtet man nun isochinolinalkaloidhaltige Formen außerhalb der Polycarpicae, so sind zunächst die Papaveraceen (Mohngewächse) zu nennen. In ihren Stoffwechselmerkmalen sind sie, wie in strukturellen, den Polycarpicae so ähnlich, daß ihre nahe Verwandtschaft gesichert ist. Die alte Ordnung der Rhoeadales jedoch, in der Papaveraceen (Mohngewächse), Cruciferen (Kreuzblütler), Capparidaceen (hierher gehören die Kapern) und Resedaceen (mit *Reseda*) zusammengefaßt wurden, ist dagegen wohl keine natürliche Einheit, weil die letzten Familien im Stoffwechselgeschehen und im Bildungsmuster der Blüten von den Polycarpicae deutlich abweichen und untereinander weitgehende Übereinstimmungen zeigen.

Auch für das Tierreich wurden Stoffklassen beschrieben, die eine hohe Spezifität ihrer chemischen Struktur aufweisen. So konnte gezeigt werden, daß die Zusammensetzung der Bürzeldrüsensekrete der Vögel, die mehrheitlich aus Fettsäuren und Alkoholen aufgebaute Esterwachse darstellen, zwar große Unterschiede innerhalb der Klasse der Vögel aufweisen, in eng umschriebenen Verwandtschaftsgruppen dieser Klasse jedoch recht ähnlich oder sogar identisch sind. Die Lipidkomponenten der Sekrete können sich durch folgende Merkmale unterscheiden:

a. unterschiedliche Kettenlängen (Kettenlängenvarianz),

b. einen unterschiedlich hohen Grad der Substitution (Varianz des Verzweigungsgrades),

c. unterschiedliche Position der Substitution (Positionsvarianz) sowie

d. durch unterschiedliche Substituenten (Substituentenvarianz).

Hieraus resultieren Tausende von Strukturvarianzen, deren Zahl durch verschiedene Kombination der Einzelkomponenten nochmals erhöht werden kann.

Besonders deutlich treten Unterschiede in der chemischen Struktur auf der Ebene von Ordnungen und Familien hervor. So findet man bei Spechten (Piciformes) 3-methyl-substituierte Fettsäuren, bei Hühnervögeln (Galliformes) dagegen n-Alkan-2,3-diole-enthaltene Wachse.

Der Vergleich chemischer Strukturen der Bürzeldrüsensekrete hat für Fragen der Vogelsystematik wertvolle Entscheidungshilfen erbracht. So wurde z. B. die Sonderstellung der Schleiereulen (Tytonidae) innerhalb der Eulen (Strigiformes) bestätigt und eine Verwandtschaft der Kiwis (Apterygiformes) mit den Steißhühnern (Tinamiformes) und weiterhin zu den Hühnervögeln (Galliformes) wahrscheinlich gemacht. Auch konnte die umfangreiche Ordnung der Sperlingsvögel (Passeriformes) in zahlreiche »chemische Familien« aufgefächert werden. Ein schönes Beispiel für die Klärung von Verwandtschaftsbeziehungen der Vogelarten mit Hilfe ganz unterschiedlicher Verfahren zeigen neue Ansätze, die systematische Stellung der Neuweltgeier zu klären. Während der Kondor *(Vultur gryphus)* früher in die Nähe der Greifvögel (Falconiformes) gestellt wurde, haben neuere Verhaltensbeobachtungen und auch Untersuchungen der Bürzeldrüsenwachse gezeigt, daß einer Einordnung des Kondors in die Nähe der Störche der Vorzug zu geben ist (Abb. 25). Diese Befunde wurden auch durch DNA/DNA-Hybridisierungsexperimente bestätigt.

Auch Basensequenzen in der DNA und Proteine wurden im Hinblick auf ihren Wert für die Verwandtschaftsforschung untersucht. Die Desoxyribonucleinsäure (DNA, DNS) überträgt die genetische Information bei den Eukaryoten auf die folgende Generation und stellt das Programm für die Proteinsynthese eines Organismus dar. Ihre Moleküle setzen sich aus zwei Polynucleotidsträngen zusammen, die über Wasserstoffbrücken miteinander verknüpft sind. Jeder Polynucleotidstrang besteht aus Desoxyribosen, Phosphatresten und vier spezifischen Basen. Über diese Basen werden die Polynucleotidstränge zusammengehalten. Sie stellen eine Doppelhelix dar, zu deren Zentrum die Basen weisen. In der Folge dieser DNA-Basen liegt nun die Information verschlüsselt, welche Proteine (Eiweiße) und Ribonucleinsäuren im Organismus aufgebaut werden sollen. Solche Abschnitte nennt man Gene. Bekanntlich bestehen die Proteine aus Aminosäureresten. Deren Reihenfolge im Proteinmolekül wird durch die Reihenfolge der DNA-Basen vorgegeben, und zwar nach folgendem Schlüssel: drei aufeinanderfolgende Basen (Triplett, Codon) in einem Abschnitt des Polynucleotidstranges entsprechen einer bestimmten Aminosäure in dem aufzubauenden Protein. Eine Aminosäure kann durch mehrere Tripletts verschlüsselt sein (degenerierter Code). Insgesamt gibt es Codons für 20 Aminosäuren. Stop-Codons sorgen für den Abschluß der Synthese.

Das Ablesen der Information der DNA (Transcription) erfolgt durch Ribonucleinsäuren (Boten- oder m-RNA); die Syn-

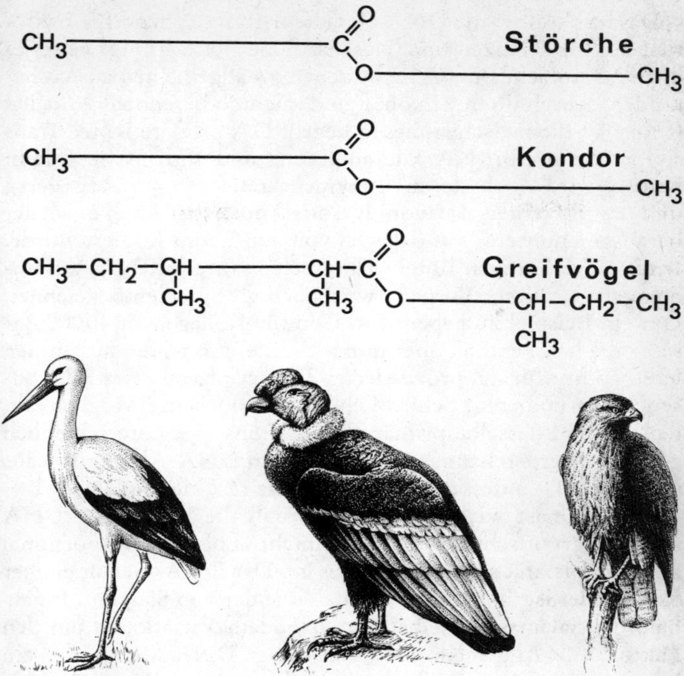

Abb. 25: Verwandtschaft des Kondors mit den Störchen aufgrund der chemischen Struktur der Bürzeldrüsensekrete: Während Greifvögel durch das Vorkommen von 2, (ω-2)-dimethylverzweigten Fettsäuren charakterisiert sind, finden sich unverzweigte Wachse sowohl bei Störchen als auch beim Kondor. Nach Jacob (1983).

these der Proteine findet an Ribosomen statt (Translation), wohin die Aminosäuren durch Transfer- = t-RNA transportiert werden.

Nicht jede Veränderung der DNA-Basensequenz hat eine Veränderung in der Aminosäurensequenz zur Folge. Wenn Mutationen die dritte Position eines Tripletts betreffen, haben sie oft keinerlei Konsequenzen (stille Substitutionen). Außerdem machen Rückmutationen das Bild unklar: Sie sind bei einer Sequenzanalyse gar nicht zu erkennen. Wer also meint, daß ein Vergleich der Basensequenzen der DNA verschiedener Formen über deren Verwandtschaft das letzte Wort hat, täuscht sich.

Das bisher über die DNA Gesagte trifft im Prinzip für Bakterien zu, für Pflanzen und Tiere ist diese Betrachtungsweise jedoch zu einfach. Ihre Gene bestehen im allgemeinen aus codierenden Abschnitten (Exons) und nichtcodierenden Anteilen (Introns), die zwischen diesen liegen. Das primäre RNA-Transcript, die pre-mRNA, die an Exons und Introns hergestellt wurde, wird noch durch Enzyme verändert (= prozessiert), und zwar werden die von Introns kopierten Anteile wieder herausgeschnitten. Was dagegen von den Exons kopiert wurde, wird zur definitiven Boten-Ribonucleinsäure (mRNA) zusammengefügt. Dieser Vorgang wird auch als Spleißen bezeichnet. Um ein Beispiel zu geben: Ein Gen für Kollagen ist 40000 Basenpaare lang, enthält aber nur 50 kurze Exons, die zusammen letztlich nur für ein prozessiertes Transcript von etwa 5000 Basenpaaren codieren. Schließlich gibt es noch die Möglichkeit, daß ein und dasselbe primäre RNA-Transcript unterschiedlich gespleißt werden kann, so daß aus einem DNA-Abschnitt – aus einem Gen! – unterschiedliche Proteine resultieren.

Weiterhin ist wichtig zu wissen, daß die Menge der DNA eines eukaryotischen Organismus nicht unbedingt proportional zur Komplexität seines Bauplanes ist. Der DNA-Gehalt einiger Salamander ist über 10mal so hoch wie der von Säugern. Innerhalb der Salamander selbst gibt es zudem Variationen um den Faktor 100. Allgemein wird von dieser DNA-Menge nur ein kleiner Teil, einige Prozent, transcribiert. Im Falle des Seeigels *Strongylocentrotus purpureus* sind es nur 3%. Dieses Paradoxon ist darauf zurückzuführen, daß die DNA zum Teil repetitiv angelegt ist, daß also Wiederholungen vorliegen, von denen einige für Genprodukte codieren, andere nicht. Die meisten Sequenzen der Eukaryoten, die für Polypeptide codieren, sind nur einfach vorhanden. Andere Gene jedoch, die ebenfalls für Proteine codieren, z.B. für Histone, kommen in einigen 100 Kopien vor, sie sind mittelrepetitiv; gleiches gilt für Gene, welche für rRNA und für tRNA codieren. Zum Beispiel hat der Krallenfrosch von einem rRNA-Gen 450 Kopien, die hintereinander auf einem Chromosom liegen. Hochrepetitive DNA besteht aus sehr kurzen Einheiten (aus 5–12 Basenpaaren), die hintereinander angeordnet sind. Bei der Fruchtfliege *Drosophila melanogaster* machen allein drei solcher Sequenzen mit Millionen Kopien 40% des Gesamtbestandes der DNA aus. Viel davon liegt im Heterochromatin und wird wohl nicht transcribiert.

Viele Gene, die für Polypeptide codieren (Strukturgene) sind Mitglieder von Genfamilien, d.h. sie haben ähnliche Sequenzen und gehen auf Genduplikation zurück, z.B. besteht das adulte Hämoglobin des erwachsenen Menschen aus zwei Alpha- und zwei Beta-Polypeptidketten. Beide sind ähnlich in ihrer Aminosäurensequenz, und die betreffenden Gene haben drei Exons und zwei Introns.

Aus all dem, was hier über die Gene gesagt wurde, wird deutlich, daß sich unsere Vorstellungen in den letzten Jahren sehr gewandelt haben und daß wir – wenn es um ein tieferes Verständnis geht – erst am Beginn eines langen, aber interessanten Weges stehen. Mehr als über die Evolution der DNA wissen wir derzeit über die der Genprodukte.

Im folgenden sollen daher das Protein Cytochrom c und die Peptidhormone des Zwischenhirns in verschiedenen Wirbeltiergruppen besprochen werden.

Allgemein können Proteine und Peptide durch Hinzufügen, Weglassen oder Ersatz (Substitution) von Aminosäuren verändert werden. Man definiert als einen Variationsschritt eine Änderung, durch die ein Aminosäurerest betroffen wird, und als Variationskoeffizienten das Verhältnis der Zahl der veränderten Reste zur Zahl der nicht modifizierten Reste. Vergleicht man Proteine verschiedener Wirbeltierklassen, die im selben Organ gebildet werden und eine entsprechende Funktion ausüben (homologe Proteine), so stellt man fest, daß bestimmte Teile der Molekülstruktur identisch sind, andere Teile jedoch nicht. Die Strukturteile eines Proteins, die in verschiedenen Tierklassen übereinstimmen, sind für die Erhaltung der Funktion des Proteins unabdingbar. Eine stabile Eigenschaft homologer Proteine ist die Kettenlänge: Alle bisher untersuchten Cytochrom-c-Moleküle der Wirbeltiere bestehen aus 104 Aminosäurenresten, alle Hormone, die im Zwischenhirn gebildet und über die Neurohypophyse ausgeschüttet werden, bestehen bei Fischen, Amphibien, Vögeln und Säugetieren aus neun Aminosäureresten. Veränderungen der Proteine betreffen oft die Substitution von Aminosäureresten. Da Mutationen das Rohmaterial der Evolution darstellen, kann man von einer Aminosäurensubstitution als der Evolutionseinheit sprechen. Das Maß der Übereinstimmung zwischen zwei Proteinen wäre dann ein erstes Kriterium für die Verwandtschaft verschiedener Organismen. Aus der Zahl der Substitutionen könnte man ein Evolutionsschema ableiten, wenn jede Stelle in der Kette die gleiche Substitutionswahrscheinlichkeit hätte. Der Vergleich homologer Proteine von Wirbeltieren zeigt aber, daß manche Stellungen niemals Veränderungen aufweisen, andere dagegen häufig. Der Grund dafür ist sicher darin zu sehen, daß die Funktion des Moleküls nur bestimmte Substitutionen zuläßt. Beim Vergleich homologer Proteine läßt sich feststellen, daß die Zahl von Resten, die offenbar unveränderlich sind, oft größer ist als die der veränderlichen Reste. Dementsprechend wird nicht die Gesamtzahl der Substitutionen in einer Kette, sondern die Art der Reste, die an Stellen mit hoher Variationsfrequenz stehen, die evolutionären Beziehungen zwischen den Proteinen kennzeichnen. Am weitesten fortgeschritten sind die Untersuchungen an Proteinen von Wirbeltieren.

Das Cytochrom c ist ein Hämoprotein vom Molekulargewicht 12000, das bei biologischen Oxidationen mitwirkt. Die Cytochrom-c-Moleküle aus verschiedenen Wirbeltierklassen besitzen alle 104 Aminosäurereste und ein Molekül Häm als prosthetische Gruppe. Jedes Molekül reagiert unabhängig von seiner Herkunft mit der Cytochromoxidase der Säugetiere. Von den 104 Aminosäureresten ist etwa ein Drittel bei den untersuchten Molekülen der Wirbeltiere gleich. Konstant ist weiterhin die Lage der Hämgruppe, die immer an den Aminosäureresten 14 und 17 verankert ist. Das bedeutet, daß sich die Evolution bei den Wirbeltieren offensichtlich nur durch die Substitution von Aminosäuren manifestiert. Allgemein wird die Peptidkette nicht zwischen den Aminosäureresten 70 und 80 verändert. Außerhalb dieser Region sind die substituierten Positionen ziemlich gleichmäßig über die ganze Peptidkette verteilt.

Unterschiede in der Zahl der Substitutionen sind bei Cytochrom-c-Molekülen aus Säugetierarten derselben Ordnung gering, während diese ansteigt, wenn man Arten verschiedener Ordnungen vergleicht. Die folgende Tabelle veranschaulicht diesen Sachverhalt.

Arten	Ordnungen	Zahl der Substitutionen
Mensch-Makak	Primaten-Primaten	1
Rind-Schwein-Schaf	Paarhufer	0
Rind-Pferd	Paarhufer-Unpaarhufer	3
Mensch-Rind	Primaten-Paarhufer	10
Mensch-Pferd	Primaten-Unpaarhufer	12

Die Gesamtzahl der Substitutionen allein genügt jedoch nicht, um Verwandtschaftsbeziehungen zwischen den verschiedenen Wirbeltieren aufzuzeigen. So unterscheidet sich das Cytochrom c des Thunfisches, eines Knochenfisches, von seinem Homologon der Säugetiere nur durch größenordnungsmäßig 20 Substitutionen, während die Cytochrome des Menschen und des Pferdes bereits in 12 Aminosäuren verschieden sind. Die Hämoglobine von Rothirsch *(Cervus elaphus)* und Schaf *(Ovis ammon)* sind sogar identisch. Die Zahl der Substitutionen, die sich während der Evolution von Fischen bis zu Säugetieren ereigneten, ist bedeutend größer als der Vergleich der Sequenzen erkennen läßt. Manche Positionen der Kette können nämlich eine besonders große Veränderlichkeit besitzen, wobei an einer solchen Stelle mehrere Substitutionen während der Evolution aufeinanderfolgten, obwohl der Vergleich des Cytochroms c aus zwei Arten, die am Anfang und am Ende einer solchen Entwicklung stehen, nur eine Substitution zeigt. Die beobachtete Zahl der Substitutionen ist daher nur ein Minimum und ein ziemlich grobes Indiz für die Verwandtschaft zwischen verschiedenen Arten, aber doch ein Indiz, das innerhalb einer begrenzten zoologischen Gruppe von Bedeutung ist.

Der Ersatz einer Aminosäure durch eine andere ist relativ häufig, manche Aminosäuren scheinen überhaupt äquivalent zu sein. Ein derartiger Ersatz ändert die chemischen Eigenschaften eines Proteins im allgemeinen nicht und die biologischen Eigenschaften nur in seltenen Fällen. Dagegen bringt die Substitution eines polaren Restes durch einen hydrophoben, z.B. der Ersatz von Lysin durch Isoleucin, eine tiefgreifende chemische Veränderung mit sich, so daß es bei der Substitution nicht nur um die Quantität, sondern auch um die Qualität geht.

Im Zwischenhirn der meisten Wirbeltiere werden zwei Hormone gebildet, die in der Neurohypophyse in den Blutstrom entlassen werden: Ocytocin und Vasopressin bei den Säugetieren, Mesotocin und Vasotocin bei den Amphibien, Isotocin und Vasotocin bei den Knochenfischen und Glumitocin und wahrscheinlich Vasotocin bei den Knorpelfischen. Alle genannten Zwischenhirnhormone bestehen aus neun Aminosäureresten, zwischen den Resten 1 und 6 besitzen sie eine Disulfidbrücke (Abb. 26). Innerhalb einer Klasse bleibt die Struktur praktisch gleich, Variationen betreffen einen oder höchstens zwei Reste. Diese Veränderungen treten nur in einigen Positionen der Kette auf, vor allem in den Positionen 4 und 8.

Die Dualität der Zwischenhirnhormone deutet auf eine Genduplikation hin. Diese muß schon früh in der Evolution der Wirbeltiere stattgefunden haben, unter den rezenten Wirbeltieren ließ sich bei Neunaugen nur ein Hormon in der Neurohypophyse nachweisen. Es hat pharmakologisch die Eigenschaften des Vasotocins. Nimmt man eine Genverdoppelung an, so hätte diese zu zwei Molekülfamilien geführt: die Familie »Isotocin-Mesotocin-Ocytocin« hat sich auf Reproduktionsfunktionen spezialisiert, während die Familie »Vasotocin-Vasopressin« für die Regulation des Wasser- und Mineralstoffwechsels mitverantwortlich wurde. Von den Hormonen, die den Wasser- und Mineralstoffwechsel beeinflussen, kommt das Vasotocin bei allen Wirbeltieren außer den Säugetieren vor, bei denen es durch das Vasopressin ersetzt ist. Die Umwandlung von Vasotocin in Vasopressin erfordert nur den Ersatz eines Isoleucinrestes durch einen Phenylalaninrest in Position 3. Der Chemiker sieht nur den Austausch zweier hydrophober Reste, der Biologe stellt eine große Änderung in der Funktion fest. Das Vasotocin macht die Froschblase permeabel, kontrahiert den Rattenuterus und stimuliert die Rückresorption von Wasser in der Niere. Die Substitution von Isoleucin durch Phenylalanin läßt die ersten beiden Eigenschaften fast ganz verschwinden, während die dritte deutlich stärker ausgeprägt wird, d.h. das Vasopressin der Säugetiere ist ein starkes Antidiureticum.

Die Transformationen in der Gruppe der Hormone, die in die Fortpflanzungsfunktionen eingreifen, sind zahlreicher. Den drei Klassen der Knochenfische, Amphibien und Säugetiere entsprechen die Hormone Isotocin, Mesotocin und Ocytocin. Sie unterscheiden sich nur in den Stellungen 4 bis 8 (Abb. 26). Beim Übergang des Isotocins der Knochenfische in das Mesotocin der Amphibien wurde der Serinrest in Position 4 durch einen Glutaminsäurerest ersetzt. Bei der Umwandlung des Mesotocins der Amphibien in das Ocytocin der Säugetiere wurde das Isoleucin in Position 8 durch Leucin substituiert.

Die Hormonforschung der letzten Jahre hat weitere Einblikke in die Entwicklung dieser Wirkstoffe geliefert. So zeigten sich z.B. beträchtliche molekulare Übereinstimmungen der Adenohypophysenhormone MSH (melanocytenstimulierendes Hormon: regt bei vielen Wirbeltieren die Pigmentierung der Haut an) und ACTH (adrenocorticotropes Hormon: stimuliert die Bildung der Glucocorticoide und männlichen Sexualhormone in der Nebennierenrinde). Auch in der großen Gruppe der

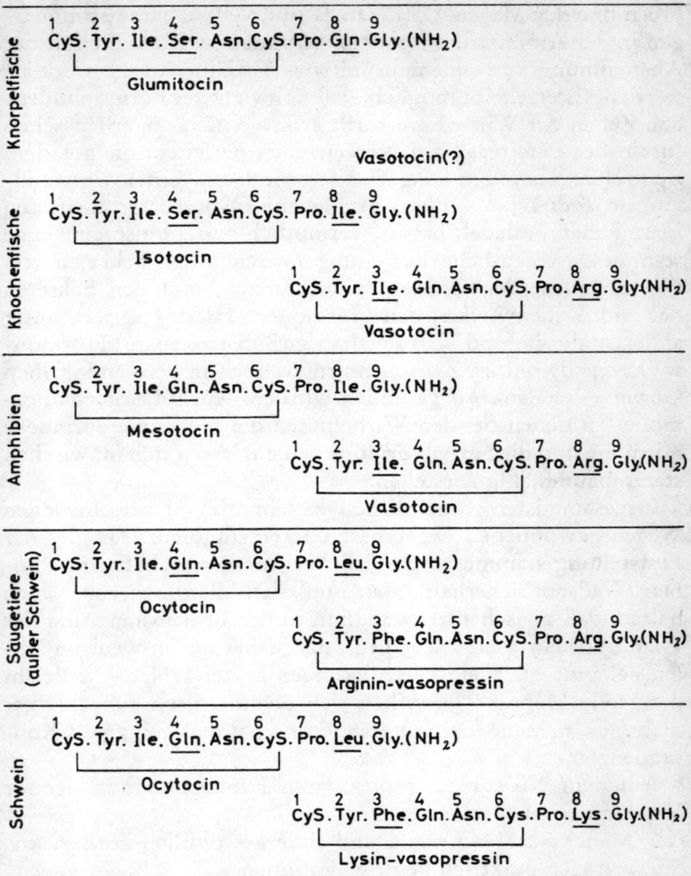

Abb. 26: Zwischenhirnhormone verschiedener Wirbeltiere, die alle aus neun Aminosäureresten bestehen. Nach Acher (1966).

Hormone des Magen-Darmkanals sind viele Übereinstimmungen in der Aminosäurensequenz gefunden worden, die mit der Abstammung von einem primitiven Vorläuferhormon erklärt werden. Es erscheint möglich, daß sich viele der hormonbildenden Zellen der Wirbeltiere, auch z. B. die der Langerhansschen Inseln des Pankreas, von Nervenzellen herleiten, die aus dem Zentralnervensystem ausgewandert sind und unter Umwandlung in endokrine Zellen verschiedene Organe, vor allem den Darmkanal, besiedelt haben. Vermutlich besteht also eine enge stammesgeschichtliche Beziehung zwischen den Sekreten von Nervenzellen, den Transmittersubstanzen, und den Sekreten der endokrinen Zellen, den Hormonen. Hierfür spricht unter anderem der Befund, daß gleichartige Substanzen mit Hormonwirkung sowohl im Zwischenhirn als auch in dem endokrinen Gewebe des Pankreas gefunden wurden. Auch die Steroidhormone, zu denen bei den Wirbeltieren die Nebennierenrindenhormone und die Sexualhormone zählen, lassen sich inzwischen stammbaummäßig darstellen.

Insgesamt ist es beachtlich, wie sehr die auf verschiedenen Wegen gewonnenen Ergebnisse übereinstimmen. Das gibt der Feststellung stammesgeschichtlicher Verwandtschaft einen hohen Grad an Sicherheit. Man muß sich allerdings vor Augen halten, daß zwischen Abwandlungen der Erbsubstanz und des Phänotyps ein weiter Weg liegt, der bisher nur in wenigen Fällen bekannt ist. Viele Veränderungen in der DNA – vielleicht die große Mehrzahl – wirken sich phänotypisch zunächst gar nicht aus, manche kleine Veränderung hat dagegen große Konsequenzen.

Auf dem Niveau der molekularen Evolution sind folgende Phänomene zu beachten:

1. Manche DNA-Anteile sind außergewöhnlich konservativ. Sie vertragen praktisch keine Mutationen.

2. Es gibt sehr viele sogenannte stumme Basensubstitutionen, die sich nicht auf die Proteinstruktur auswirken; das betrifft besonders die dritte Position in den Codons.

3. Berechnet man die Häufigkeit von Basensubstitutionen – etwa um Verwandtschaftsverhältnisse abzuschätzen –, so sind Korrekturen für Mehrfach- und Rückmutationen nötig. Da es nur vier Basenarten in der DNA gibt, stimmen selbst zwei beliebige Sequenzen in durchschnittlich 25 % ihrer Positionen überein.

4. Funktionell wichtige Moleküle oder Molekülteile – Nu-

cleinsäuren wie Proteine – unterliegen einer langsameren Evolution als funktionell weniger wichtige. Introns zeigen größere Artunterschiede als Exons. Die Erklärung hierfür liegt vermutlich einfach darin, daß die funktionell wichtigen Moleküle oder Molekülteile nach fast 4 Milliarden Jahren Evolution so optimiert sind, daß Mutationen praktisch immer negativ sind und frühzeitig eliminiert werden.

5. Genduplikationen spielen eine wichtige kreative Rolle in der Evolution (Ohno, 1970). Während das »alte Gen« weiterhin seine angestammte Funktion erfüllt, kann die Kopie Mutationen unterworfen werden und vielleicht später als neues Gen in Erscheinung treten. In der Tat kennen wir sogenannte Pseudogene, die aus Duplikationen hervorgegangen sind und kein funktionsfähiges Produkt herstellen können. In ihnen treten Basensubstitutionen besonders häufig auf, die sicher meist eine weitere Degeneration des Gens bewirken, aber auch – wenngleich viel seltener – zu einem Gen mit einer nützlichen Funktion führen können. Ein Beispiel für eine Genduplikation sind die schon auf S. 75 dargestellten Neurohypophysen-Hormone. Manche Autoren, z. B. Kimura (1987), meinen, daß beinahe alle Gene der Eukaryota irgendwo im Genom ihre duplizierten Gegenstücke haben.

6. Häufiger bleibt es nicht bei einfachen Duplikationen, sondern es entstehen Genfamilien, die aus vielen repetitiven Genen bestehen. Hierher gehören zum Beispiel Hämoglobin-, Immunglobulin-, rRNA- und Histongene. Solche Genfamilien können vergleichsweise klein sein (das Genom des Menschen enthält einschließlich der Pseudogene wohl gut 10 Nucleotidsequenzen der Hämoglobin-Gen-Familie) oder sehr groß und aus 10^6 Genen bestehen. Sie liegen auf einem oder auf mehreren Chromosomen. Ein Genom kann hunderte solcher Familien aufweisen.

7. Vielleicht die überraschendste Entdeckung der Molekulargenetik war das Auffinden der transponierbaren Elemente. Das sind DNA-Anteile, die selbst oder deren Kopien an verschiedenen Stellen in das nichthomologe DNA-Sequenzen eingebaut werden können. Ihre Replikation erfolgt entweder außerhalb des Chromosoms (Episomen) oder im Chromosom (Transposons). Man hat letztere auch springende Gene genannt. Die verschiedenen Familien von Transposons können über 10 % der DNA einer Art ausmachen (s. S. 179). Die Transposons zeigen, daß die frühere Vermutung, die Sequenzanalyse der DNA-Ba-

sen sei der letzte Schritt zur Aufklärung der stammesgeschichtlichen Verwandtschaft, falsch war.

8. Die großen Unterschiede im DNA-Gehalt der haploiden Chromosomensätze (=C-Wert) verschiedener Tiere haben oft nur geringe Auswirkungen auf den Phänotyp. Höherer C-Wert bedeutet oft langsame Entwicklung und große Zellen. Unter Pflanzen haben einjährige mit rascher Entwicklung oft niedrige C-Werte, ausdauernde dagegen hohe. Der Salamander *Plethodon vehiculum,* mit einem C-Wert, der fast doppelt so hoch ist wie der des Salamanders *Plethodon cinereus,* erreicht dieselbe Größe wie letzterer, aber mit der Hälfte der Zellen.

9. Für jedes Protein scheint die Evolutionsrate in Form von Aminosäure-Substitutionen pro Zeiteinheit und Position annähernd konstant zu sein. Man spricht daher auch von der molekularen Uhr.

f. Verhaltenslehre

Ebenso wie in der Evolution von Strukturen kann man Evolutionsreihen, Funktionswechsel usw. im Verhalten feststellen. Schon Linné nannte die Hühnervögel »Scharrvögel«, verwendete also ein Verhalten zur Namensgebung. Wir tun dasselbe, wenn wir die Bezeichnung »Raubvögel« in »Greifvögel« ändern, weil alle Vögel dieser Gruppe, sofern sie Beute aus der Luft oder aus dem Wasser packen, dieses mit den Greiffüßen tun, auch die insektenfangenden Zwergfalken in Afrika. Die Beispiele lassen sich leicht vermehren: Alle drei Gattungen der Menschenaffen (Orang, Gorilla und Schimpanse) bauen in Bäumen Schlafnester aus zusammengelegten Zweigen. Alle Saturniden und Bombyciden (Seidenspinner) fertigen als Raupen Kokons für das Puppenstadium mit dem Sekret ihrer Spinndrüsen. Es gibt also im Bereich des Verhaltens Homologien, deren Vorkommen sich auf Verwandtschaftsgruppen erstreckt, die anderweitig erschlossen wurden. Tembrock hat sogar Homologiebereiche in den Lauten der Hunde (Canidae) aufgezeigt. Jeder Ornithologe wird solche in den Lauten der Meisen, Finken u.a. entdecken. Die Männchen von räuberischen Tanzfliegen (Empididae) bieten dem Weibchen als Hochzeitsgeschenk eine Beute dar. Andere Arten umhüllen die Beute mit einem Schaumgespinst, so daß die Gabe größer erscheint, und schließlich überbringen Männchen weiterer Arten als

Hochzeitsgabe ein großes Gespinst, also nur die Verpackung ohne Inhalt.

Die Feststellung von Homologien und Verwandtschaft mit Hilfe des Verhaltens allein ist aber schwieriger, als sie es aufgrund des Baues oder des Chemismus ist. Das hat drei Gründe:

1. Parallelentwicklungen und Analogien sind häufig. Viele Insektengruppen bauen Kokons oder Gespinste für ihre Puppen mit einem Sekret der Spinndrüsen. Die sonderbare Art des Maulbrütens, bei dem die Eier bis zum Schlüpfen der Jungtiere in den Mund genommen werden, ist bei Fischen mehrfach entstanden, nach Wickler dreimal. Das »Verleiten«, d.h. das Ablenken eines Feindes von den Jungvögeln durch ein Elterntier, das sich oft flügellahm stellt, ist offenbar bei bodenbrütenden Vögeln mehrfach entstanden. Sogar bei einem Affen, dem Husarenaffen *Erythrocebus patas,* versucht das Männchen, einen Feind von seiner Weibchengruppe weg auf sich zu lenken. Auch der merkwürdige Brutparasitismus unseres Kuckucks hat eine weitgehende Parallele bei dem Stärling *Molothrus,* dessen Jungvögel gleichfalls die Eier und Jungvögel seines Wirtsvogels aus dem Nest befördern. Verhaltensweisen sind also stärker durch die Umwelt und Lebensweise geprägt, als es die meisten Strukturen des Körpers sind.

2. Die Notwendigkeit der Anpassung erfordert eine schnelle Umgestaltung des Verhaltens. So kann für die Aufstellung von Grundtypen das Verhalten nur für kleinere Gruppen des Systems gelten. Bei den Wirbeltieren insgesamt kann man dem Grundtypus nur Leben im Wasser (ob Süß- oder Meerwasser, wird schon unsicher) und Entleerung von Eiern und Spermien ins Wasser zuschreiben, den Vögeln nur Eiablage und Bebrütung (die Flugfähigkeit kann man kaum zum typischen Verhalten zählen); ebenso bleibt kaum etwas für das Verhaltenssystem der Insekten übrig, außer dem Leben an Land. Der Ordnung der Webspinnen kann man allgemein die Beförderung der Spermien in Behältern am zweiten Gliedmaßenpaar (Taster) durch das Männchen und die Übertragung des Spermas in die Geschlechtsöffnung des Weibchens mit diesem Taster zuschreiben. Viel mehr verhaltenstypische Merkmale können wir von Familien der Spinnen nennen, etwa für die Araneidae das bekannte Radnetz, wie es die Kreuzspinne baut. Aber der Verhaltenstypus einer Gruppe bleibt wesentlich enger und spärlicher als der Bautypus.

3. Die dritte Besonderheit der Evolution des Verhaltens ist

die Übernahme von Verhaltensweisen, sogar von anderen Arten. Sie beginnt mit der »Ansteckbarkeit« der Handlung. Sie ist bei soziallebenden Arten verbreitet und kommt in der einfachsten Form in dem Nachlaufen und Nachfliegen schon bei Insekten vor (Prozessionsspinner, Heerwurm [= Wandergesellschaften von Trauermückenlarven], Wanderheuschrecken) und führt bei Fischschwärmen dazu, daß alle Mitglieder einer Gruppe jeweils dasselbe tun: Fressen, Putzen, Ruhen. Bei höheren Wirbeltieren (Vögeln und Säugetieren) kann sich aber auf diesem Wege das neue Verhalten eines »Erfinders« rasch über Angehörige der gleichen Art durch Tradition ausbreiten. Berühmt ist das Öffnen abgestellter Milchflaschen durch Meisen, das sich zuerst von einem Zentrum in England ausbreitete. Genau verfolgt wurde die Entstehung und Ausbreitung neuer Verhaltensweisen bei den japanischen Makaken (*Macaca fuscata*) durch japanische Forscher (Itani u. a.). In einer Gruppe begann ein jüngeres Tier die Nahrung (Bataten = Süßkartoffeln) zu waschen. Andere übernahmen das Verfahren, und so breitete es sich innerhalb der Gruppe aus. Nur alte Tiere, besonders alte Männchen, lehnten die neue Mode ab. In einer anderen Gruppe wurde das Trennen von Sand und Körnern durch Werfen ins Wasser eine neue Verhaltensweise, und manche Sitten von Schimpansen, z. B. das Fangen von Termiten mit Zweigen, die in die Öffnung eines Termitenhügels gesteckt wurden, so in einer Population in Tanzania (Lawick-Goodall), gehen ebenfalls auf Imitation des »Entdeckers« zurück. Ein solches neues Verhalten wird natürlich nicht nur an Altersgenossen, sondern auch an kommende Generationen weitergegeben.

Man hat diesen Prozeß als »neue Evolution« bezeichnet. Während sich die alte Evolution von einer einzelnen Mutation nur langsam in der Generationsfolge ausbreiten kann, besonders durch Selektion, kann die Ausbreitung neuer Moden sehr schnell innerhalb einer Generation erfolgen. Selbst komplizierte Verhaltensweisen können sich so ausbreiten. Betrachtet man solche durch Tradition und Nachahmung entstandenen komplexen Übereinstimmungen auch als Homologien – etwa die Worte »insula, isle, île, Insel« in europäischen Sprachen –, so muß man zwischen phylogenetischen und Traditions-Homologien unterscheiden (vgl. Wickler). Beiden gemeinsam ist, daß sie ihre Übereinstimmung historischen Zusammenhängen verdanken; die phylogenetische Homologie beruht auf Chromosomen bzw. DNA mit ihren Erbinformationen, die traditionelle auf

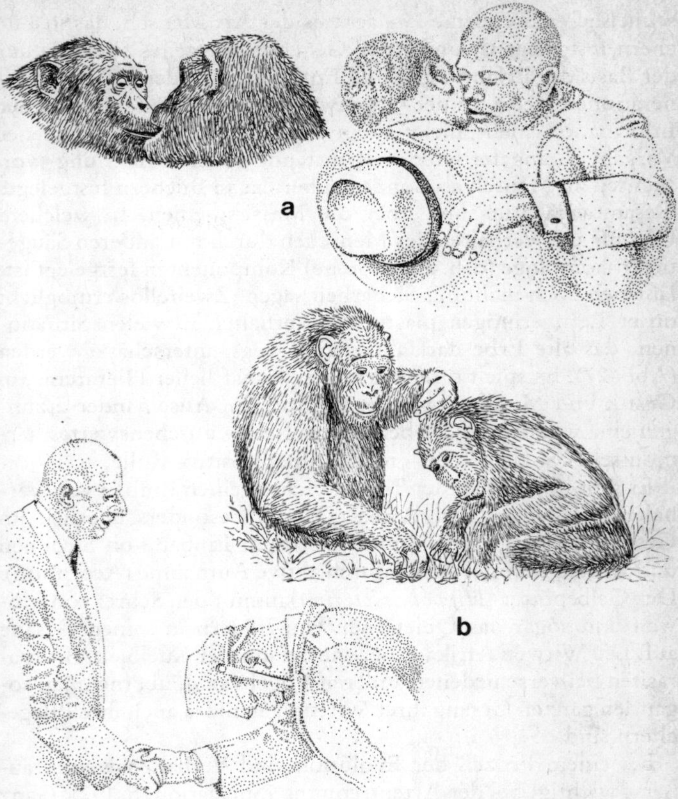

Abb. 27. a. Kußbegrüßung zweier Schimpansen; Parteichef Chruschtschow, seinen amerikanischen Gastgeber durch Wangenkuß begrüßend. b. Schimpansenweibchen, ein Männchen begrüßend; Staatschef de Gaulle, einem deutschen Polizisten die Hand reichend. Nach Fotos von Eibl-Eibesfeldt, Lawick-Goodall, UPI.

Informationen, die von Individuum zu Individuum z. B. durch die Sprache weitergegeben werden. Es ist sicher, daß die neue Evolution über Weitergabe von Information in der Kulturgeschichte der Menschheit eine entscheidende Rolle gespielt hat. So entstanden Sitten, Moden, technische Entwicklungen und schließlich das enorme Gedächtnis der Art Mensch, das in Büchern festgelegt ist und jeder Generation eigenes Schaffen auf der Basis der Erfahrungen und Entdeckungen der früheren Generationen bietet. In der Gegenwart läuft die Weitergabe dieser Information nicht mehr allein über Nachahmung gesehener Vorgänge, angefertigter Gegenstände oder Mitteilung von Mensch zu Mensch ab, sondern über das in Büchern festgelegte Gesamtgedächtnis und über die Massenmedien. In welchem Umfang das Verhalten des Menschen durch mit anderen Säugetieren homologe (d.h. angeborene) Komponenten festgelegt ist, läßt sich noch nicht mit Sicherheit sagen. Zweifellos ermöglicht unser Lernvermögen plastisches Verhalten in vielen Situationen; das alte Erbe darf aber keineswegs unterschätzt werden (Abb. 27). Es spielt offenbar in gesellschaftlicher Hierarchie, in Gestik und Mimik sowie bei territorialen Auseinandersetzungen eine wichtige und – bezogen auf ein wünschenswertes harmonisches Sozialgefüge – nicht immer positive Rolle.

Es gibt im Bereich der Tradition auch einen Einbau von Verhaltensweisen fremder Arten. Das ist besonders deutlich im Gesang der Vögel. Es kommt hier zum Einbau von Strophen und Lauten fremder Arten durch aktive Aufnahme (Acception). Der Gelbspötter *(Hippolais icterina)* nimmt den Schrei von Möwen und sogar das Quietschen von Rädern in seinen Gesang auf. Die Witwen Afrikas, die, wie bei uns der Kuckuck, Brutparasiten bei verschiedenen anderen Vögeln sind, übernehmen sogar den ganzen Gesang ihrer Wirtsvögel, die ja auch ihre Pflegeeltern sind.

Bei einem Prozeß der Evolution sind Verhaltensweisen äußerst wichtig: bei der Artentrennung (Speziation, S. 192). Ganz ähnliche Arten, die man lange Zeit nicht getrennt hatte, unterscheiden sich deutlich im Gesang, z.B. Sumpfmeise *(Parus palustris)* und Weidenmeise *(P. montanus)*, das Sommergoldhähnchen *(Regulus ignicapillus)* und das Wintergoldhähnchen *(R. regulus)* usw. Überhaupt sind es gerade die Balzhandlungen, die recht schnell verschieden werden und so die Isolation von Arten fördern.

3. Ablaufformen der Evolution

a. Stammbaumschema

Die Darstellung der Verwandtschaft und der phylogenetischen Abläufe erfolgt in einem Stammbaum mit sich gabelnden Ästen (Dendrogramm). Diese Darstellung beruht auf folgenden Tatsachen: Arten spalten sich in zwei, selten mehr Tochterarten (S. 192). Wenn diese vollständig ausgebildet sind, findet keine Paarung und damit kein Genaustausch mit der Elternart mehr statt; sie sind und bleiben getrennt. Von diesem Ablauf gibt es bei Tieren nur einige Ausnahmen, bei Pflanzen dagegen viele. Bei letzteren bastardieren Arten einer Gattung, selbst Arten verschiedener, aber nahestehender Gattungen. Die Kreuzungsprodukte haben durchaus nicht immer eine sterile Nachkommenschaft mit Chromosomenanomalien; gelegentlich können fruchtbare Bastarde mit vollständigem Chromosomensatz beider Elternarten entstehen.

Ferner fordert die Verteilung der homologen Merkmale einen solchen Stammbaum. Jede natürliche Gruppe ist durch eine Reihe homologer Strukturen geeint, die Säugetiere durch Haare, Milchdrüsen, sekundäres Kiefergelenk, drei Gehörknöchel usw. Einzelne Merkmale können in mehreren Gruppen auftreten. Ein Beispiel im Tierreich stellen die Monotremen, zu denen Schnabeltier und Schnabeligel gehören. Durch zahlreiche Merkmale sind sie als Säugetiere gekennzeichnet, Eiablage, Kloake und den Schultergürtel mit Interclaviculare haben sie aber mit den Reptilien gemeinsam. Unter den Pflanzen sind die Kakteen über die Gattung *Peireskia,* die echte Blätter trägt, mit anderen normalblättrigen Pflanzen verbunden. Es existieren also Homologiebrücken, die die einzelnen Gruppen verbinden. Zeichnet man diese Verbindungen, dann erhält man wieder das Stammbaumschema. Diese Darstellung ist also gut gesichert. Trotzdem sind andere Darstellungen befürwortet worden. Lubosch ging von der Genealogie aus. Hier hat jedes Lebewesen zwei Eltern, vier Großeltern. Jedes Individuum hat also nicht einen Ahnen, sondern eine Vielzahl, die sich rückwärts in der Generationsfolge steigert.

Nun will die Phylogenetik nicht die Ahnentafel der Individuen ermitteln, das wäre eine unmögliche und zudem überflüssige

Arbeit, sondern die der Arten, Familien usw. des Systems, und hier gilt das Stammbaumschema (Abb. 28a). Dieses ist oft auch dort angewendet worden, wo es nicht brauchbar ist. Die Entfaltung der Rassen oder Subspecies innerhalb einer Art ist oft auf diese Weise dargestellt worden, besonders für die Entstehung der fossilen und rezenten Menschenformen. Innerhalb einer Art können sich Rassen zwar in mehrere aufgliedern, ähnlich wie die Arten selbst, aber bei Kontakt vermischen sie sich früher oder später wieder und fließen zu einer Mischpopulation zusammen, aus der sich wieder neue Rassen entwickeln können. Zerteilung und Verschmelzung wechseln hier in vielfacher Weise ab. Dafür bietet die Geschichte des Menschen ein klares Beispiel (Abb. 28e).

Die Abstammung können wir also in folgenden Schemata darstellen:

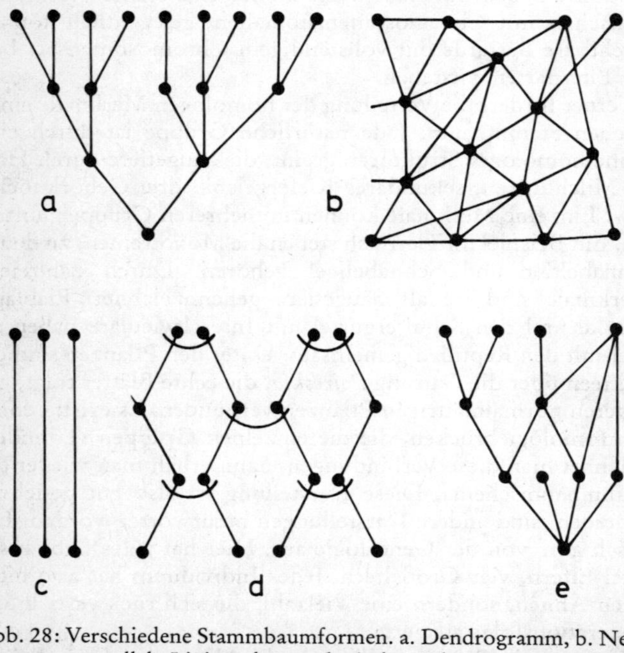

Abb. 28: Verschiedene Stammbaumformen. a. Dendrogramm, b. Netzschema, c. parallele Linien, d. genealogisches Schema, e. unregelmäßiges Netzschema.

1. im genealogischen Schema für die Individuen bei zweigeschlechtlicher Fortpflanzung, wie in unseren Ahnentafeln;
2. im unregelmäßigen Netzschema für die Entwicklung der Rassen oder Subspecies innerhalb einer Art. Hier wechseln unregelmäßig Zerteilungen und Zusammenfließen von Rassen;
3. im Stammbaumschema (Dendrogramm) für Systemeinheiten (Taxa) nach vollständiger Trennung der Arten. Der Rekonstruktion eines Stammbaumes sollte jeweils ein möglichst umfangreiches Material zugrunde liegen, das schematisch in zwei Kategorien verschiedener Merkmale eingeteilt werden kann: ursprüngliche (plesiomorphe) und »neue«, d.h. abgeleitete (apomorphe). Beide Merkmalsarten treten normalerweise in einem Gemisch auf (Heterobathmie). Als Indiz für eine besonders enge Verwandtschaft sieht man Übereinstimmungen in abgeleiteten Merkmalen an (Synapomorphien), als weniger bedeutsam sind dagegen Gemeinsamkeiten in Primitivmerkmalen (Symplesiomorphien) zu veranschlagen (s. Basis- oder Primitivgruppen, Abb. 31 a).

Das entwickelte klare Schema trifft nicht immer zu. Erstens gibt es – wie gesagt – bei Pflanzen verschiedentlich Artbastarde, und die hohen Chromosomenzahlen mancher Pflanzen-Familie geben Anlaß zu der Vermutung, daß diese auf solche Bastardierungen zurückgehen. Hier müßte der Stammbaum also im Netzschema dargestellt werden. Gleiches gilt nach heute vorherrschender Ansicht für die Entstehung der Eucyte (S. 230), die ja offensichtlich durch eine Symbiose von mehreren Prokaryoten zustandekam. Schließlich wissen wir noch nicht, in welchem Umfang Gen-Transfer (S. 186) auf der Ebene der Eukaryoten eine Rolle spielt bzw. in deren Evolution gespielt hat. Allein die bisher bekannten Beispiele, die erst in den letzten Jahren eingehender untersucht wurden, sollten uns vor dogmatischer Handhabung von Verwandtschaftsdiagrammen abhalten.

Polyphylie und Parallelentwicklung. Viele Abstammungslinien reißen ab, wenn wir sie in ihren Fossilfunden rückwärts verfolgen; die erhoffte Vereinigung mit den Nachbargruppen fehlt (besser wäre »fehlt noch«). Aber jede Gruppe war in ihren ersten Anfängen auf eine oder wenige Arten beschränkt und in einem engen Areal vertreten. Die Wahrscheinlichkeit, Reste der Anfangsphase fossil zu finden, ist extrem gering, und ihr Fehlen ist zu erwarten. Entscheidend ist nur, daß sich heute weit entfernt stehende Gruppen in ihren ältesten Formen annähern. Viele Autoren verlegen bei Fehlen solcher Formen die Entstehung der Gruppen immer mehr in die Vergangenheit und kommen so zu der Auffassung einer parallelen Entwicklung ab initio. Das ist ein voreiliger Schluß.

Ein anderer Ansatzpunkt ist der angebliche Nachweis der Vielstämmigkeit einheitlicher Gruppen des Systems. Hierfür ist eine Vorbemerkung notwendig. Wenn eine neue Art von Lebewesen entdeckt wird, muß sie getauft werden, sonst erhält sie kein Bürgerrecht in der Wissenschaft. Ferner muß sie in bestehende Gruppen eingeordnet werden, in eine Gattung, Familie und Ordnung. Damit erhält sie einen Platz in der Gesellschaft der Lebewesen. Diese Vorgänge werden aber oft vollzogen, bevor die hierfür notwendigen Grundlagen vorhanden sind. So wurde z.B. das Okapi zuerst nach einem Fellstück beschrieben, und da dieses ähnlich dem der Zebras gestreift war, als *Equus johnstoni* zu den Pferden gestellt. Erst später erkannte man, daß diese provisorische Einreihung falsch war. In vielen Fällen haben wir aber heute noch nicht das Material, um zu wissen, ob eine vollzogene Einreihung richtig oder falsch ist. Der erfahrene Systematiker kennt diese unsicheren Gruppen, der Fernerstehende sieht sie nicht. So kann eine Gruppe jahrzehntelang als Einheit auch im natürlichen System geführt werden, bis eines Tages mit weiterem Material die Unstimmigkeit gefunden und nun die Gruppe als »vielstämmig« (polyphyletisch) erklärt wird. Für die Nymphaeaceen wurde das auf S. 68 vorgeführt. In Wirklichkeit war nicht eine natürliche Gruppe als polyphyletisch erkannt worden, sondern die Unnatürlichkeit der Gruppe. Diese mußte dann aufgelöst werden.

Schwieriger ist die Diskussion über die ab und zu postulierte Polyphylie der Säugetiere durchzuführen. Diese betrachtet der Systematiker als eine natürliche Gruppe, die durch viele homologe Strukturen geeint ist (Haare, Milchdrüsen, Ohrknöchelchen usw.). Trotzdem neigen manche Paläontologen dazu, sie in mehreren Linien aus Reptilien abzuleiten. Die Situation ist folgende: Die Säugetiere sind durch einen breiten Strom von fossilen Formen mit primitiven Reptilien verbunden. In diesem Entwicklungsstrom sind die Strukturen der Säugetiere sicher nicht auf einmal entstanden. Die Haare waren wohl schon frühzeitig ausgebildet. Gruben im Schädel fossiler Reptilien, z.B. der Bauriamorpha *(Watsoniella)*, lassen vermuten, daß diese Vorsäugetiere Schnurrhaare besaßen. Über Vorhandensein von

Milchdrüsen und den Bau des Herzens können wir an fossilen Formen nichts aussagen. Um die Säugetiere abzugrenzen, muß man hier Merkmale des Skelets wählen, und man verfiel auf das Kiefergelenk (Abb. 9), das bei Reptilien aus Quadratum und Articulare, bei Säugern aus Squamosum und Dentale besteht. Zwischenformen mit beiden Typen von Gelenken sind bekannt (Abb. 10). Von diesem Stadium aus kann die Verdrängung des alten Gelenkes aus dem Bereich der Kiefer mehrfach parallel erfolgen. Dann wären die Säuger polyphyletisch, aber nur in diesem Merkmal, das gerade für die Grenzziehung zwischen Reptil und Säuger ausgewählt wird. Aber die Säuger haben das alte Gelenk nicht einfach rückgebildet – das wäre parallel möglich – sondern sie haben es ins Mittelohr verlagert. Bei der Verlagerung haben sie einen Knochen des Unterkiefers (Angulare) zur Umhüllung des Mittelohrs dem Schädel angefügt; es ist das Tympanicum. Schließlich ist mit dem Hammer noch ein anderer Deckknochen des Unterkiefers (Goniale) ins Mittelohr gewandert und bildet den Processus folianus des Hammers. Alle diese Charaktere sind den Säugern von den primitiven Monotremen bis zum Menschen gemeinsam. Wählt man diesen ganzen Komplex, der bei den Fossilfunden nicht erhalten ist, als Grenze, so sind die Säugetiere sicher eine einheitliche, monophyletische Gruppe.

Parallelbildungen gibt es aber in viel umfangreicherem Maß als man früher annahm. Das hat besonders die Paläontologie gezeigt. Sie treten vor allem in folgenden Situationen auf: Ein Lebewesen besiedelt einen neuen Lebensraum oder ist zu einer neuen Lebensweise gezwungen; es paßt sich stufenweise den neuen Bedingungen an. Schon in den ersten Phasen dieses Vorganges spaltet sich die Art in mehrere. Diese vollziehen dann die weiteren Anpassungsschritte in paralleler Umbildung. Ein ähnlicher, aber weniger gleichlaufender Vorgang tritt ein, wenn schon getrennte Arten, Gattungen und Familien in den Lebensraum einwandern; auch hier kann die Umwelt gleichartige Umbildungen erzwingen.

Beispiele gibt es in großer Zahl. Mehrere Nagetiere sind Springmäuse geworden. Die Umbildung ihres Körpers, besonders der Hinterbeine, verläuft weitgehend parallel; ähnlich, aber weniger übereinstimmend, erfolgt die Umkonstruktion der springenden Känguruhs, noch weniger ähnlich die der bipeden Raubdinosaurier. Ein besonders auffälliges Beispiel liefern fossile Reihen aus der Vorfahrengruppe der Säuger. Zwei verwandte, aber getrennte Linien nähern sich schrittweise den Säugern, die Bauriamorpha und die Cynodontia. Beide vergrößern die Knochen Squamosum und Dentale, die sich dadurch der Region des Kiefergelenkes nähern. Beide differenzieren das Gebiß und bilden Kauzähne; beide entwickeln einen knöchernen sekundären Gaumen zwischen Nasen- und Mundhöhle; beide reduzieren die Zahl der Zahngenerationen; im Fuß verringern beide die Zahl der Zehen- bzw. Fingerglieder der Strahlen 3 und 4 von 4 bzw. 5 auf 3. Die Weiterentwicklung zum Säuger erfolgte aber offenbar nur in einer der Linien, den Cynodontiern. Die Erklärung dieser Parallelität ist nicht schwer. Die Verarbeitung der Nahrung im Mund erforderte eine Differenzierung des Gebisses, die ihrerseits zur Reduktion der Zahngenerationen beitrug. Das zahntragende Dentale wurde vergrößert, Mund und Nasenhöhle knöchern abgegrenzt. Zweitens wirkte sich die Verlagerung der Extremitäten unter den Rumpf aus, wie sie für Säuger charakteristisch ist. Sie führte zu einer anderen Beanspruchung der Zehen, die zu paralleler Reduktion von Zehengliedern führte. Es taucht nun die Frage auf, warum diese Anpassungen an neue Bedingungen nicht in einem Sprung, sondern nur schrittweise erfolgten.

Die Antwort ist ebenfalls nicht schwer. Jede Abänderung von Strukturen muß in Harmonie mit den Leistungen des Gesamtorganismus erfolgen. Diese Harmonie ist bei großen Änderungen in Funktion und Struktur gefährdet, kleine Schritte sind dagegen tragbar, und der Gesamtorganismus kann sich dann der neuen Situation anpassen. Ist das geschehen, kann der nächste Schritt in der Umbildung erfolgen, und so entsteht die Umkonstruktion für eine neue Lebensweise in Etappen. Aus dieser Parallelentwicklung ergibt sich in manchen Fällen die Schwierigkeit, homologe Ähnlichkeiten von analogen zu unterscheiden. Erfolgte die Anpassung an neue Lebensbedingungen in systematisch entfernten Gruppen, so sind sie als Analogien meist leicht zu erkennen. Die parallele Umbildung setzt dann meist an ganz verschiedenen Organen an, und hinter der äußeren Ähnlichkeit verbirgt sich eine recht verschiedene Organisation. Bekannte Beispiele sind die Flügel der Insekten und die der Vögel, die Extremitäten und Kiefer der Arthropoden und die der Wirbeltiere. Selbst wenn die Umbildung von dem gleichen Organ ausgeht, ist bei entfernter Verwandtschaft der Weg der Umbildung meist so verschieden, daß man leicht die wenigen Ähnlichkeiten als Analogien erkennt. Die Flügel der Wirbeltiere sind umgewandelte Vorderextremitäten; bei Pterosauriern, Vögeln und Fledermäusen sind sie aber auf ganz verschiedenen Wegen zu Flugorganen geworden. Das gilt auch für die Grabschaufeln der Maulwürfe und Goldmulle und für die in der Konstruktion so ähnlichen Augen der Tintenfische und der Wirbeltiere. Bei diesen ist die ontogenetische und phylogenetische Herkunft gleicher Teile, etwa von Linse, Cornea, Pupille und Netzhaut ganz verschieden. Je näher sich aber die Organisationen stehen, um so ähnlicher werden die parallelen Umbildungen, weil eine gleiche Organisation auf gleiche Anforderungen meist ähnlich reagiert; dann kann der Entscheid sehr schwer werden, ob die gemeinsamen Anpassungscharaktere zweier Gattungen oder Arten auf gemeinsamer Abstammung beruhen – also homolog sind – oder auf eine parallele Umbildung zurückgeführt werden müssen.

Wie bereits kurz erwähnt wurde, nannte Plate die parallelen Umbildungen an homologen Organen Homoiologien. Sie sind eine Art der Analogie, die oft methodisch schwer von echten Homologien zu trennen sind. Das gelingt noch, wenn die Ausgangsarten sich relativ fern stehen, so daß die Parallelität schon aus der systematischen Entfernung der betreffenden Formen abzulesen ist. Das gilt für die so ähnlichen Lungen der Land-

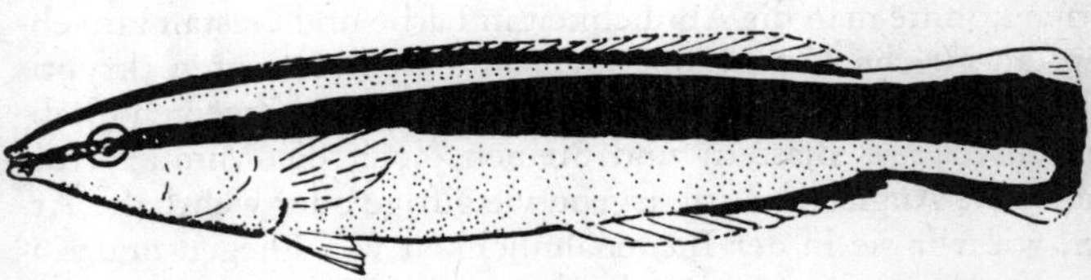

a

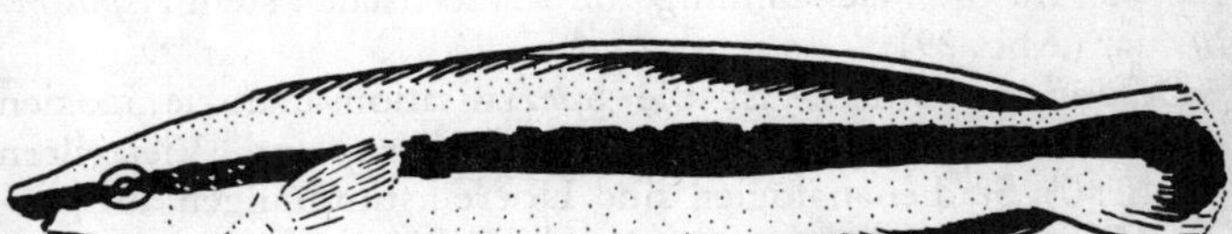

b

Abb. 29: Nachahmung des Farbmusters vom Putzerfisch *Labroides* (a) durch den Raubfisch *Aspidontus* (b), der größeren Fischen Hautstücke herausreißt, während der Putzer diesen Parasiten abnimmt. Nach Eibl-Eibesfeldt (1964).

schnecken, die sich mehrfach aus der Kiemenhöhle wasserlebender Schnecken entwickelt haben. Der Bau ist hier im Gegensatz zu den oben genannten Beispielen (Flügel, Grabschaufeln) sehr ähnlich. Das liegt daran, daß die Umbildung von einer Kiemenhöhle zu einer Lunge sehr einfach durch Rückbildung der Kiemen, Aufnahme von Luft in die Höhle und Vermehrung der Gefäße in der Wand erfolgt. Bei ganz naher Verwandtschaft ist aber ein Entscheid, ob Homoiologie oder Homologie vorliegt, oft praktisch unmöglich. Ob die Rückbildung der Extremitäten bei Eidechsen der Gattung *Lygosoma* einheitlich oder in parallelen Linien erfolgte, läßt sich nicht entscheiden. Man wird hier, bis das Gegenteil erwiesen ist, Homologie annehmen. Der eventuelle Fehler, der dann entsteht, ist gering.

Der Phylogenetiker will in erster Linie die Abstammung der größeren Einheiten, etwa der Gattungen und Familien, klären. Ob in solchen Fällen die herkunftsmäßigen Wurzeln von Strukturen einheitlich sind oder dicht nebeneinander liegen, ist von geringerer Bedeutung. Vielfach wird die Formulierung gewählt, die Stammeslinien leiten sich monophyletisch von der Familie oder Gattung X ab, wobei offengelassen wird, ob innerhalb der Gattung bzw. der Familie Parallelbildungen erfolgten.

Aus den Beispielen geht hervor, daß es verschiedene Analogien gibt. Am verbreitetsten sind die Spezialisationsanalogien. Ihnen könnte man die Ähnlichkeit in Farbe und Gestalt zurechnen, an gleiche Umgebung angepaßte Schutztrachten (kryptische Trachten), wie etwa die Nachahmung von Zweigen (Stabheuschrecken), Blättern und Steinen, auch die Mimikry, die habituelle Angleichung an irgendwie giftige oder wehrhafte Arten, wie wir sie in der Bienenähnlichkeit von Fliegen und Käfern und in der Ameisenähnlichkeit vieler Wanzen kennen. Ein Beispiel für die Nachahmung von Putzerfischen stellt *Aspidontus* dar (Abb. 29).

Besonders auffällig ist die Spezialisationsanalogie in den gleichen Lebensformtypen bei Einzellern und Vielzellern (Abb. 30). Stadienanalogien sind Übereinstimmungen auf gleicher Entwicklungsstufe, etwa bei dreizehigen Pferden und Organismen mit ungleichen Gameten (Protozoen und Algen).

Das natürliche System, das Ziel der Systematik, ist in seiner heutigen Form noch unvollkommen. Die genaue Verwandtschaft der so ähnlichen Ahnen von Familien und Ordnungen ist oft nicht feststellbar. Wir fassen dann alle primitiven Formen, die vielleicht verschiedenen Stammreihen angehören, als Primi-

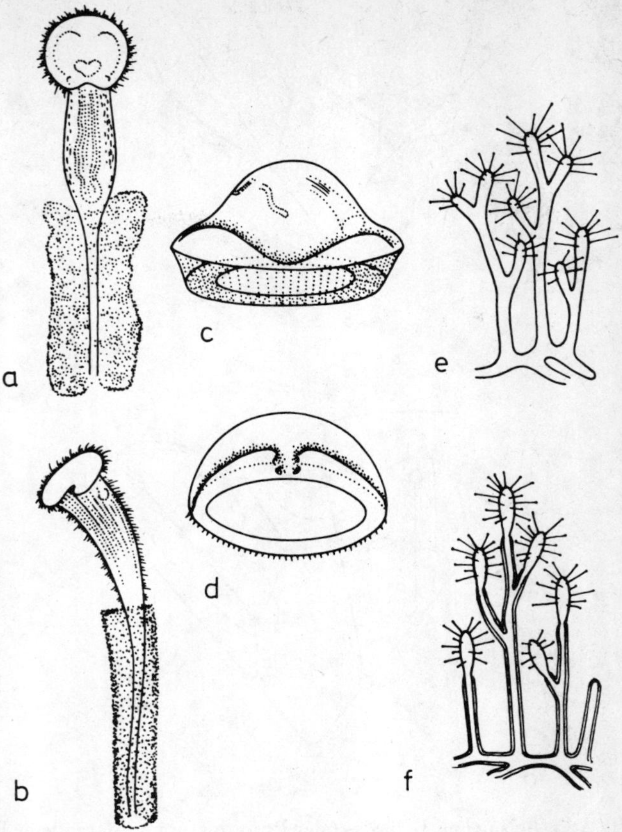

Abb. 30: Gleiche Lebensformtypen bei Einzellern (Protozoen) und Vielzellern (Metazoen): a. das Rotator *Ptygura*, b. das Ciliat *Stentor*, c. das Flagellat *Leptodiscus*, d. die Meduse *Homoeonema*, e. das Akinet *Dendrosoma*, f. der Polyp *Syncoryne*. Nach Remane (1956).

tiv- oder Basisgruppe zusammen. Aus Arten gleicher Entwicklungshöhe sind oft Stadiengruppen gebildet worden, aus Arten mit gleichen Anpassungen Spezialisationsgruppen (Abb. 31).

Es gibt nun auch Parallelbildungen, die nicht auf die Anforderungen der Lebensweise zurückgeführt werden können, sondern reine Differenzierungsprozesse sind. Jedem ist geläufig,

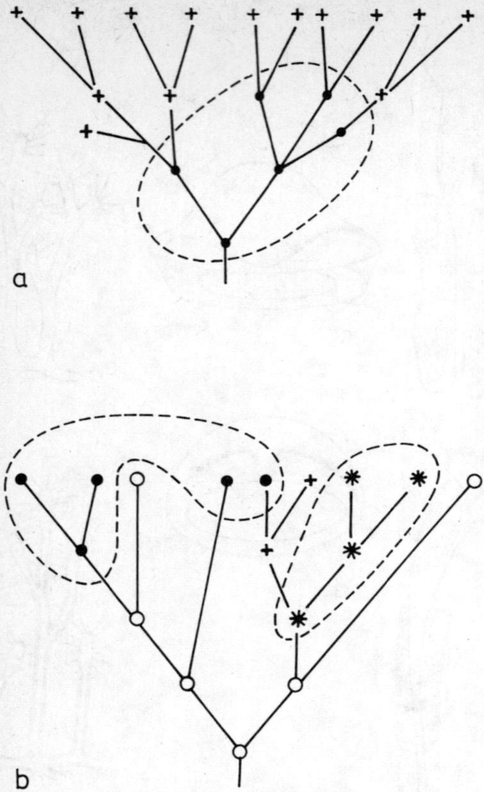

Abb. 31: a. Beispiel einer Basis- oder Primitivgruppe (umrandeter Bezirk). Die primitiven Arten verschiedener Stämme besitzen nur ihnen eigene homologe Charaktere (schwarze Punkte). b. Beispiel zweier Spezialisationsgruppen, rechts einer natürlichen (Sterne), links einer künstlichen (schwarze Punkte). Nach Remane (1956).

daß die Keimzellen ursprünglich gleichgestaltet sind (Isogameten). Sie können physiologisch ungleich sein, wie aus dem Einsetzen oder Ausbleiben gegenseitiger Befruchtung hervorgeht (+ und − Gameten), aber in ihrem Bau sind sie gleichartig. Bei zahlreichen Protozoen und Algen werden sie aber ungleich. Ein Gamet wird größer und weniger beweglich, er wird Makroga-

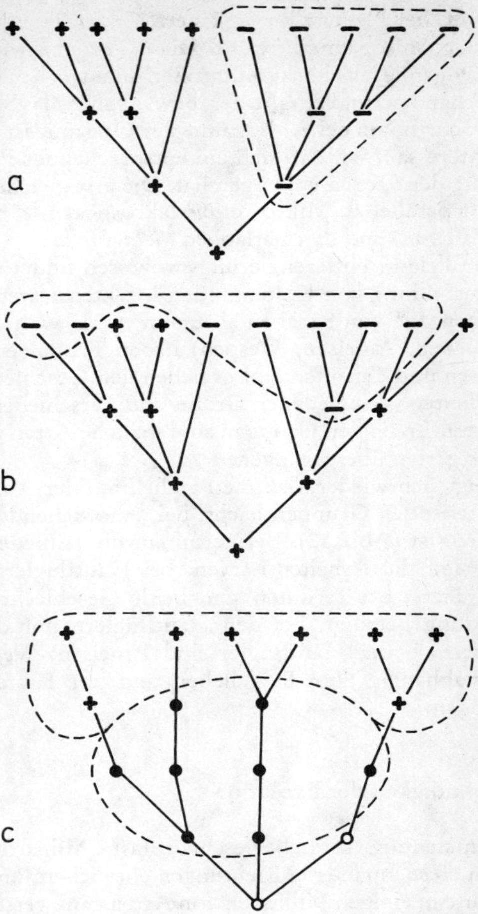

Abb. 32: a, b. Beispiele zweier Negativgruppen, a. einer natürlichen, b. einer künstlichen. c. Beispiel eines Stammbaums mit zwei Stadiengruppen. Die Gruppenbildung ist durch gleiche Kennzeichen und Umrandung dargestellt. Eine Stadiengruppe sind beispielsweise die Halbaffen unter den Primaten. Nach Remane (1956).

met genannt, der kleinere beweglichere Mikrogamet. Es ist das Stadium der Anisogamie erreicht. Diese Tendenz wird gesteigert zur Oogamie, in ihr ist ein großer unbeweglicher Gamet, das Ei, vorhanden, und ein kleiner, beweglicher, das Spermium. Auch der Schritt von der Anisogamie zur Oogamie ist mehrfach erfolgt. Interessant ist, daß sich ein entsprechender Prozeß bei der Bildung der Sporen vollzogen hat. Die erst gleichen Sporen werden oft parallel zu Mikro- und Makrosporen, z. B. bei den Farnen *(Salvinia)* und den Bärlappen *(Selaginella)*.

Eine Parallele in Differenzierungsprozessen findet man auch bei der Ausbildung von Kasten in den Insektenstaaten. Sowohl die Termiten, die von Schaben abstammen, als auch die Hautflügler (Bienen, Ameisen, Wespen) haben Kasten entwickelt. Bei Ameisen und Termiten gibt es neben den Geschlechtstieren sterile Arbeiter verschiedener Größe und verschiedene Typen von Soldaten. In beiden Gruppen sind manche Arten zur Anlage von Pilzgärten übergegangen.

Hier zeigt sich wieder, daß die Parallelität oder Analogie bei entfernt stehenden Gruppen leicht, bei nahe stehenden schwer zu erkennen ist (Abb. 32). Bei Termiten, die ja niedere Insekten sind, sind die Arbeiter Larven, bei Hautflüglern nur erwachsene Tiere; bei Termiten sind beide Geschlechter an der Kastenbildung beteiligt, bei den Hautflüglern nur die Weibchen. Innerhalb der Hautflügler sind Ameisen, Wespen und Bienen unabhängig zum Sozialleben und zur Kastenbildung übergegangen.

b. Geschwindigkeit der Evolution

Seit der Entstehung von Lebewesen vor fast 4 Milliarden Jahren haben sich diese in vielerlei Richtungen entwickelt, und sie existieren heute in einigen Millionen von Arten ganz verschiedener Organisation. Während die Vielzahl der Arten aus der Vielfalt der Lebensmöglichkeiten und Umweltveränderungen leicht ableitbar ist, bietet die Verschiedenheit der Organisationshöhe ein Problem. Alle Lebewesen sind, vom Beginn des Lebens auf der Erde gerechnet, gleich alt, und doch findet man heute einfache und hochkomplizierte Formen nebeneinder.

Das Entwicklungstempo muß also sehr verschieden sein. Das zeigen besonders die lebenden Fossilien. Das sind heute lebende Arten, die in fast identischer Form in weit zurückliegenden

Erdperioden existierten. Beispiele sind unter den Pflanzen der Ginkgobaum, der seit dem Mesozoikum fast unverändert blieb, die Cycadeen u. a. (Abb. 33), unter den Tieren seit dem Paläozoikum der Brachiopode *Lingula* und das Mollusk *Neopilina*, die Schnecke *Pleurotomaria*, der primitive Tintenfisch *Nautilus*, seit dem Mesozoikum der Fisch *Latimeria* und die Brückenechse *Hatteria (Sphenodon)* (Abb. 34, 35). In etwas weiterer Fassung sind noch lebende Fossilien die Fische *Amia* und *Lepisosteus*, die

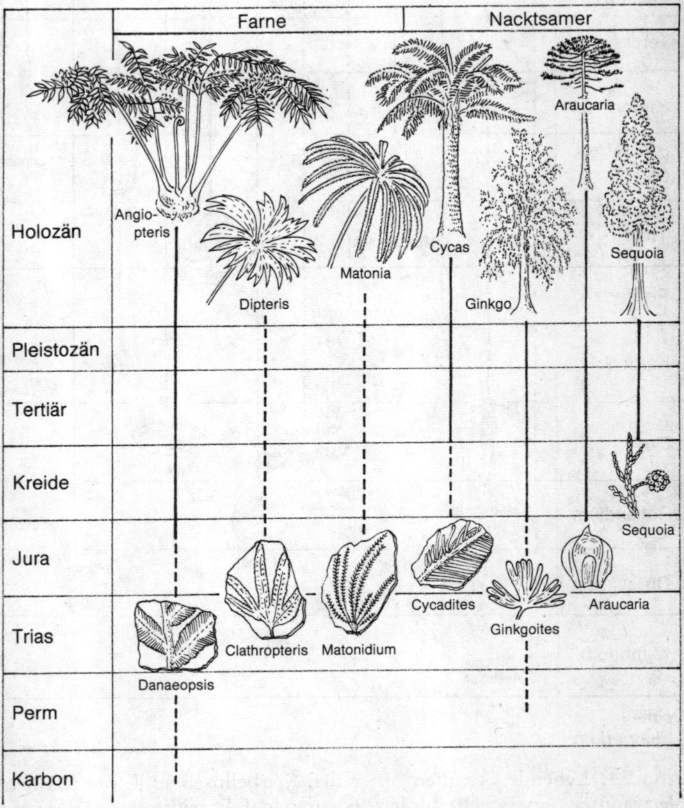

Abb. 33: Lebende Fossilien unter den Pflanzen und ihre fossilen Verwandten. Nach Thenius (1963).

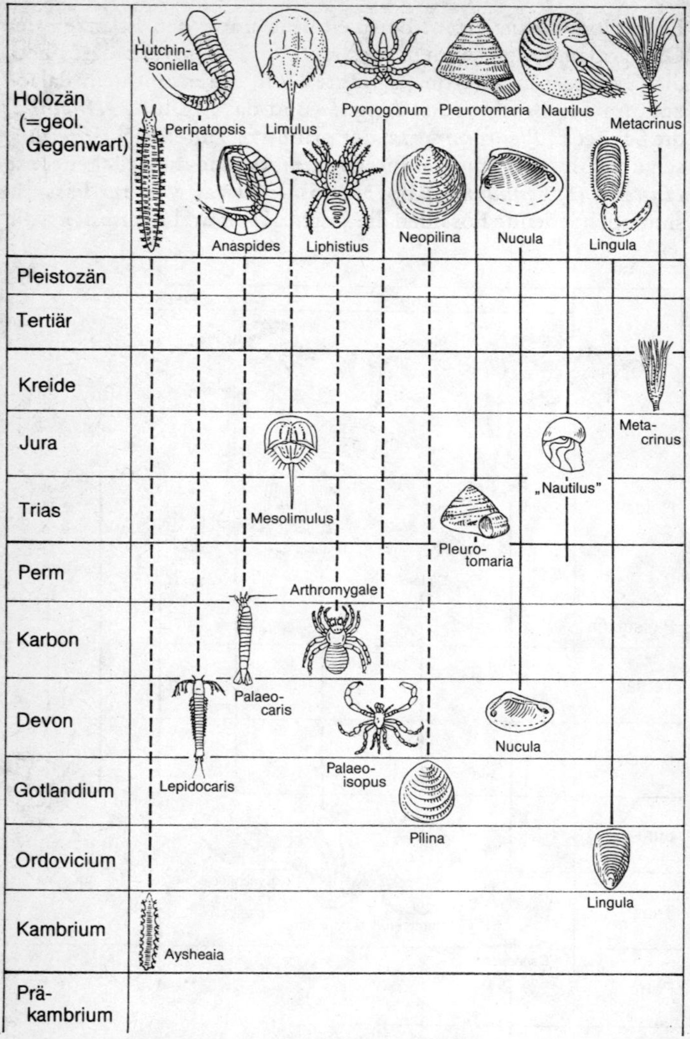

Abb. 34: Lebende Fossilien unter den Wirbellosen und ihre fossilen Verwandten; gestrichelte Linien bedeuten, daß Fossilfunde aus der entsprechenden Zeit nicht nachgewiesen wurden. Die Deutung von *Aysheaia* ist umstritten, möglicherweise handelt es sich um Verwandte der Tardigraden. Nach Thenius (1963).

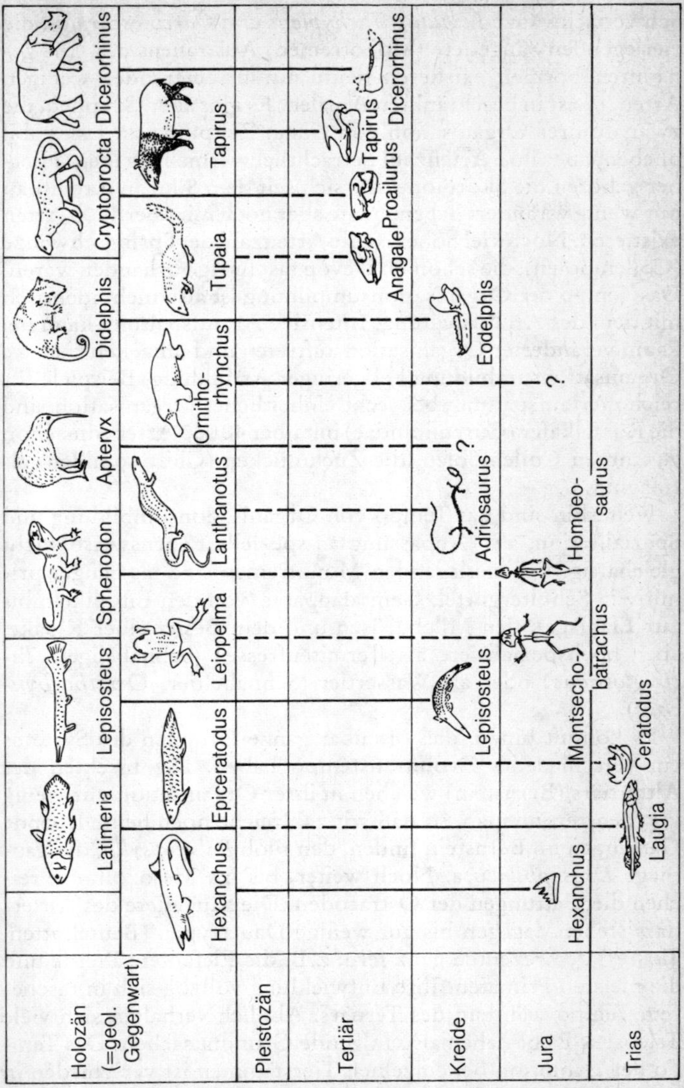

Abb. 35: Lebende Fossilien unter den Wirbeltieren und ihre Verwandten aus älteren geologischen Zeiten. Gestrichelt bedeutet: fossil nicht nachgewiesen. Nach Thenius (1963).

Schwertschwänze *Limulus, Tachypleus* und *Carcinoscorpius,* die eierlegenden Säugetiere (Monotremen) Australiens u.a. Die genannten Formen existieren heute nur in einer oder wenigen Arten, meist in beschränkten Arealen. Es gibt aber Gruppen, die zwar in ihrer Organisation von einem Zeitpunkt an fast stabil blieben, aber ihre Artenzahl beträchtlich vermehrt haben. Hierher gehören die Skorpione, die sich seit dem Silur in ihrem Bau nur wenig verändert haben, heute aber noch mit über 1000 Arten existieren. Noch viel höher ist die Artenzahl der Springschwänze (Collembolen), die schon im Devon fast fertig vorhanden waren. Das Tempo der Organisationsumbildung ist also nicht identisch mit dem der Artaufspaltung. Intensive Artaufspaltung kann bei kaum veränderter Organisation auftreten und umgekehrt starke Organisationsumbildung bei geringer Artbildung. Beispiele für reiche Artaufspaltung bei recht einheitlicher Organisation sind die Rüsselkäfer (Curculionidae) mit über 40000 Arten, die schon genannten Collembolen, die Zuckmücken (Chironomiden) als Imagines u.a.

Weiterhin sind das Tempo von Organisationsumbildung und Spezialisation, also Anpassung an spezielle Lebensweise, nicht gleichartig. Die eierlegenden Monotremen sind als Säuger primitiv in Schultergürtel, Genitalapparat (von den Eifollikeln bis zur Eiablage), den Milchdrüsen und dem Besitz einer Kloake, aber hochspezialisiert als Termitenfresser (Schnabeligel, *Tachyglossidae*) oder als Wassertier (Schnabeltier, *Ornithorhynchus*).

Es kommt hinzu, daß offenbar ganze Gruppen des Systems ein verschiedenes Evolutionstempo haben. Die Insekten des Alttertiärs (Bernstein) weichen in ihrer Organisation nur wenig von den rezenten ab, so daß wir zahlreiche noch heute lebende Gattungen im Bernstein finden, den Floh *Palaeopsylla,* die Taufliege *Drosophila* u.a. Noch weiter, bis ins Mesozoikum, reichen die Gattungen der Ostracoden. Die Säugetiere des Alttertiärs stehen dagegen bis auf wenige Dauertypen (Beutelratten, *Tarsius*) den rezenten ganz fern, z.B. die Elefanten, Pferde und die meisten Primaten. Ihre Entwicklung vollzog sich in rascherem Tempo während des Tertiärs. Ähnlich verhalten sich viele Teleostei. Es bestehen also folgende Grundtatsachen: Das Tempo der Evolution bei einzelnen Tierstämmen ist verschieden in Artspaltung (Speziation), Organisationsumbildung (Aromorphose) und Anpassung an spezielle Lebensweisen (Spezialisation und Idioadaptation).

Sucht man nach Erklärungen für diese Unterschiede, so sind sie relativ leicht für die rasche Artaufspaltung und rasche Spezialisation zu finden, also die Vorgänge, die man als Radiation (Species-Radiation und adaptive Radiation) bezeichnet. Gerät eine Art oder Artengruppe in ein Gebiet mit vielseitigen Lebensmöglichkeiten und geringer Konkurrenz, so sind die Voraussetzungen für eine rasche Radiation gegeben. Beispiele liefern Tiere und Pflanzen von Inseln. Viele Gruppen sind hier in zahlreiche Arten und Anpassungstypen aufgespalten. Bekannt sind unter den Vögeln die Galapagos-Finken (Geospizinen) auf den Galapagos-Inseln und die Drepanididen auf den Hawaii-Inseln (Abb. 36), unter den Insekten die Zikaden-Gattung *Erythroneura* auf den Kanaren, die Wanzengattung *Nabis* auf Hawaii (60 Arten), unter den Pflanzen die Gattung *Aeonium* (Crassulaceen) auf den Kanaren, *Lobelia* auf Hawaii u. a. Besonders auf ozeanischen Inseln, die ganz oder teilweise vulkanischen Ursprungs sind wie die Kanaren, Hawaii und Galapagos-Inseln, sind bei großer Höhe (Kanaren: 3700 m, Hawaii: über 4000 m) auf engem Raum zahlreiche verschiedene Biotope vorhanden, wie sie durch die hier große Variation der Böden, der Höhenschichten, des Niederschlages, der Sonneneinwirkung usw. gegeben sind. Zudem fördern meist Inselgruppen die räumliche Trennung; selbst auf kleinen Felsen können sich Sonderformen ausbilden, z. B. auf dem Faraglioni-Felsen direkt bei Capri eine Sonderform der Eidechse *Podarcis sicula.* Eine neu auf den Inseln ankommende Form unterliegt also der geographischen Aufspaltung auf engem Raum und hat die Möglichkeit, viele noch konkurrenzarme Lebensräume zu erobern. Mindestens in der Anfangsphase der Besiedlung können Feinde fehlen, so daß die Vermehrung stark ist. Der Vermehrungsdruck übersteigt den Vernichtungsdruck, das fördert das Überleben seltener Varianten.

Während sich die Art nach geographischer Trennung in zahlreiche Subspecies und Species aufgliedert, führt die Besetzung neuer ökologischer Nischen zu zahlreichen Anpassungsformen. So sind die Schnäbel des Galapagos-Finken und der Drepanididen sehr verschieden je nach der Nahrung, die sie in verschiedener Weise »besetzt« haben. Sie formen in adaptiver Radiation ihren Körper und besonders ihren Schnabel um. Nicht immer ist diese ökologische Aufspaltung äußerlich sichtbar. Bei den pflanzensaugenden Zikaden der Gattung *Erythroneura* haben sich auf den Kanaren viele Arten auf bestimmte Pflanzenarten

Abb. 36: Verschiedene Vertreter der Kleidervögel (Drepanididen) Hawaiis. Die auffallendsten Unterschiede betreffen Gefiederfarbe und Schnabelform. Diese ist Ausdruck je einer Anpassung an einen besonderen Nahrungserwerb (Körnerfresser bis Nektarfresser). Nach Eibl-Eibesfeldt (1960).

spezialisiert, ihr Körperbau blieb aber fast gleichartig. Dieser Weg über schnelle geographische und ökologische Isolation kann also zu einer besonders schnellen Artaufspaltung und Anpassung führen, er muß es natürlich nicht. Eine Gefahrenzone ist die geringe Anzahl von Genen, also der kleine Gen-pool (gene pool), den die wenigen Ersteinwanderer mitbringen. Er bedingt zunächst eine geringe Variabilität. Die häufige Isolation kleiner Gruppen kann ferner noch zu Genverlust führen. Inzucht, die bei der geringen Anfangszahl gegeben ist, kann ein weiteres Hindernis sein. Es muß also nicht jede Besiedlung zu einer Radiation führen, sie kann es aber. Fördernd ist noch eine erhöhte Mutabilität der Einwanderer, um das Genmaterial zu bereichern. Durch Auslese in einem kleinen Genbestand kann kaum die starke Umbildung des Schnabels bei Galapagos-Finken erklärt werden, auch nicht die Änderung der Verhaltensweisen, etwa das Benutzen von Stacheln zum Herausholen von Nahrung aus Ritzen bei einem Galapagos-Finken. Tatsächlich sind Fälle erhöhter Variabilität bei einzelnen Inselbewohnern bekannt. Der Spanner *Lygris testata* zeigt auf der jungen Insel Amrum eine Vielzahl von Farbmustern, wie sie für die kontinentale Normalform nicht existiert.

Eine ähnliche Situation wie bei der raschen Artaufspaltung bei Besiedlung von Inseln kann in großem Umfang auftreten, wenn klimatische Katastrophen Leben und auch Lebensräume vernichten und damit »Ödland« nach Rückkehr normaler Bedingungen zur Neubesiedlung durch die Überlebenden frei wird. Eine große Katastrophe für die Meerestiere war die permokarbonische Eiszeit. Große Gruppen wie die Trilobiten starben völlig aus, die Echinodermen verloren die Mehrzahl ihrer Familien, nur wenige retteten sich unter den Seelilien (Crinoiden), Seeigeln (Echinoiden) und Seesternen (Asteroiden) über diese Katastrophenzeit. Ähnlich verhielten sich die Mollusken, besonders die Cephalopoden. Die Überlebenden entfalteten sich aber in der folgenden Trias-Periode in reichem Maße. Es existieren Zahlen für die neuerscheinenden Gattungen. Sie betragen in Perm und in Trias bei den Pleurotomariiden (Schnekken) 0/16, bei den Euomphaliden (Schnecken) 1/8. Für das Erscheinen neuer Familien gelten ähnliche Zahlen: Muscheln 2/10, Kiemenschnecken 3/14, Crinoiden 0/3. Nach einer Katastrophe erfolgt also eine starke Entfaltung durch Freigabe von Lebensraum.

Es gibt noch einen anderen Weg. Eine Stammlinie kann durch

Erwerb neuer Strukturen oder Reaktionen eine Überlegenheit über ihre Konkurrenten erlangen und diese dadurch verdrängen. Diesen Vorgang hat Sewertzoff Aromorphose und die darauf folgende Anpassung an die vielen neuen Lebensmöglichkeiten Idioadaptation genannt. Aromorphosen sind nach Sewertzoff »solche Veränderungen der Organisation und der Funktion, die eine allgemeine Bedeutung für ihre Träger haben und die Energie ihrer Lebenstätigkeit steigern«. Sie bestehen in einer Leistungssteigerung der Grundfunktion, etwa des Nervensystems und besonders des Gehirns, des Blutgefäßsystems durch Einbau und Vervollkommnung von Herzen usw. In der Technik wären die Konstruktion und Verbesserung des Motors eine Aromorphose, die Formung der Fahrzeuge für bestimmte Zwecke eine Idioadaptation.

Die Verdrängung der im Mesozoikum zuerst so reich entfalteten Fischgruppe der Holostei, die viele Lebensformtypen, sogar fliegende Fische, entwickelt hatte, ist offenbar durch die höher entwickelten Teleostei erfolgt. Konstruktionsverbesserungen der Teleostei kann man leicht auffinden: Höherentwicklung des Gehirns, Ausbau der Schwimmblase, Beweglichkeit der Kieferknochen, die den Mund auch als Saugapparat verwenden lassen, usw. Nun erfolgte eine Besetzung der Lebensräume durch Idioadaptation, die zu einer raschen Ausbildung von Arten, Gattungen und Lebensformtypen vom Jura an führte. Etwa zur gleichen Zeit verdrängten die Vögel die Pterosaurier infolge ihrer flugtechnischen und auch optischen Überlegenheit und konnten, da nur die Vorderextremitäten zum Flugapparat umgebildet wurden, die Beine aber frei verwendbar blieben, neue Lebensbereiche im Wald und auch auf dem Boden erobern. Die Fledermäuse – ebenso wie die Pterosaurier Flughautflieger mit eingebauten Hinterextremitäten – haben erst im Tertiär, also nach den Vögeln, ihren Aufstieg zu einer artenreichen Säugergruppe vollzogen. Sie konnten die Vögel nicht verdrängen, ihr »Radarsystem« ermöglichte ihnen aber, Beute und Gegenstände nachts zu orten, und so konnten sie sich in einer kaum besetzten Zeitnische (Dämmerung) entfalten, die den Vögeln nur in beschränktem Maße zugänglich war (Eulen). Hier aber erschlossen sie viele Nahrungsquellen, sie sind Insekten- und Fruchtfresser, jagen Fische und Amphibien, einzelne Arten sogar andere Fledermäuse, die sogenannten Vampire *(Desmodus)* sind Blutlecker an Säugetieren einschließlich dem Menschen, mehrere Gattungen wurden zu Blütenbesuchern. Hier haben eine spezielle Aromorphose, die Ultraschallortung, und vielleicht eine besonders hohe Flugwendigkeit eine reiche Entfaltung und Idioadaptation ermöglicht.

Eine solche Radiation kann eine zweite in einer anderen Gruppe ermöglichen, da sie neue Existenzbedingungen schafft. Paläontologen hatten schon darauf hingewiesen, daß eine Massenentfaltung der Vegetation eine solche von Tiergruppen nach sich zieht. In den Steinkohlewäldern, die nicht nur ein reiches Nahrungsangebot, sondern durch verminderte Sonneneinstrahlung und erhöhte Luftfeuchtigkeit für Land- und Kleingewässerbewohner einen wichtigen Lebensraum schufen, erfolgte eine Massenentfaltung der Insekten, Spinnen und kleineren Amphibien, speziell der Lepospondyli.

Eine entsprechende Folgeradiation fand statt, nachdem die Bedecktsamer (Angiospermen) unter den Pflanzen seit dem Jura die Nacktsamer (Gymnospermen) zurückgedrängt hatten. Nur die Nadelhölzer bleiben in kühleren Zonen und in Gebirgen bestandsbildend. Die Angiospermen bilden aber nicht nur Wälder, sondern auch Steppen und Savannen als wichtigen neuen Lebensraum. Sie ermöglichen eine Radiation der Insekten in Artenzahl und Anpassungstypen (Gallenbildner, Minierer, Samenfresser usw.) und sind für die »explosive« Entfaltung der Säugetiere mindestens mitverantwortlich.

Die Grenze zwischen Aromorphose, Steigerung der Grundfunktionen und Idioadaptation als Anpassung an spezielle Lebensbedingungen ist übrigens nicht ganz scharf zu ziehen. Die Schlangen sind aus vierfüßigen Reptilien extremitätenlose »Schlängler« geworden, wohl in Anpassung an die Bewegung in dichter Vegetation. Sie haben ferner die Fähigkeit zur Bewältigung großer Nahrungsobjekte erworben. Trotz dieser Spezialisation haben sie etwa von der Kreide an mit großer Artenzahl die meisten Lebensräume erobert, Steppe und Savanne, Bäume, Süß- und Meerwasser und unterirdische Lebensräume.

Ähnliches zeigen die Frösche. Sie sind spezialisiert für springende Bewegung, die die Flucht erleichtert und den Nahrungsbereich erweitert. Nachdem die Umformung zum »Frosch« von der Trias zum Jura offenbar ziemlich schnell erfolgte, eroberten diese spezialisierten Springtiere die meisten Lebensräume des Landes, des Süßwassers und drangen mit einer Art *(Rana cancrivora)* sogar in das Meer ein. Es gibt Baumfrösche (Hylidae), reine Wasserfrösche *(Xenopus)*, grabende Frösche usw.

Die Grundorganisation der Frösche selbst wurde trotz dieser ökologischen Breite nur wenig abgeändert.

Eine rasche Entfaltung der Artenzahl und der Anpassung an verschiedene Lebensweisen kann also erfolgen, wenn ein vielseitiger Siedlungsraum freigeworden ist. Eine Verzögerung des Tempos kann dann eintreten, wenn die Umwelt stabil und »besetzt« ist.

Ein bekanntes Beispiel für eine Häufung ursprünglicher Arten ist Australien. Durch seine frühzeitige Isolierung von anderen Kontinenten wurde es gegen die Einwanderung fortschrittlicher Typen, die in anderen Kontinenten entstanden, abgeschirmt. Die biologische Konkurrenz war gering; es fehlten die höheren Säugetiere (Placentalia) bis auf einige Nager und Fledermäuse. Infolgedessen blieben die primitiven Beuteltiere und Monotremen erhalten.

Es gibt auch kleine Lebensräume, in denen die Konkurrenz gering ist, weil starke Schwankungen der Umwelt nur wenigen Arten hier die Existenz ermöglichen. Solche Lebensräume sind austrocknende Tümpel. In ihnen haben sich altertümliche Krebse wie *Triops* und die ihm verwandten Conchostraken erhalten, wohl weil in ihnen Fische als Feinde praktisch fehlen und weil sie die Trockenperioden als Dauereier überstehen können. Merkwürdigerweise hat sich aus den Conchostraken eine expansive Gruppe, die die Beinzahl reduzierte und viele Merkmale der Conchostraken-Larven beibehielt, entwickelt: die Cladoceren (Wasserflöhe). Sie leben in großer Artenzahl in Tümpeln, Seen und auch im Meer *(Penilia, Podon, Evadne).* Sie leben filtrierend von Mikroorganismen, aber auch als Räuber *(Leptodora).* Sie besiedeln das freie Wasser, Pflanzenbestände und Schlammboden.

Auch die Tiefen des Meeres hat man vielfach als konkurrenzarmes Gebiet mit stabilen Umweltbedingungen angesehen. Allerdings ist nach neueren Untersuchungen die Besiedlung der Tiefen, auch in bezug auf die Mikrofauna des Meeresbodens, nicht so gering, wie man zunächst aufgrund der vermuteten Ernährungsmöglichkeiten angenommen hatte (S. 250). Der Konkurrenzfaktor ist also nicht klein, aber die chemisch-physikalischen Faktoren der Umwelt sind im allgemeinen weniger wechselnd als in der Flachsee und in Seen. Es kommen hier lebende Fossilien nur vereinzelt vor, z. B. die Urschnecke *Neopilina* in 2500–3000 m Tiefe (Abb. 34).

Eine große Zahl von Primitivformen lebt aber in Räumen, für

die ein solcher »Umweltschutz« nicht sichtbar ist. Die Protarthropoden mit *Peripatus* und anderen leben in der Bodenschicht der Tropen, die Fische *Lepisosteus* und *Amia* in normalen Gewässern Nordamerikas, die primitiven Beuteltiere (Didelphidae) in Südamerika (das eine Fülle höherer Säugetiere hat und besonders im Tertiär hatte), und *Limulus* und *Lingula* leben in Flachmeeren. Die Ableitung eines Evolutionsstops oder eines langsamen Tempos ist zur Zeit nur in einem beschränkten Bereich möglich. Eine Erklärung fehlt auch noch für den Evolutionsstop vieler lebender Fossilien. Die Skorpione waren im Gotlandium vor über 400 Millionen Jahren organisatorisch fast fertig, Collembolen und Milben im Devon. Alle drei Gruppen hatten eine rasche Evolution hinter sich, dann stagnierten sie hinsichtlich ihrer Struktur, nicht hinsichtlich der Artbildung, bei Milben auch nicht hinsichtlich der Spezialisation. Andere blieben in jeder Hinsicht stabil *(Nautilus, Lingula, Neopilina, Ginkgo).*

Eine Abnahme der Mutationsrate ist unsicher; jedenfalls ist *Drosophila* mit ihrer hohen Mutationsrate, ihren zwanzig Generationen pro Jahr und ihrer hohen Nachkommenzahl seit dem frühen Tertiär stabiler als Elefanten mit ihrer langen Generationsdauer und geringen Nachkommenzahl. Hier bestehen noch viele offene Probleme.

Der Versuch, das Evolutionstempo zu messen, hat bisher nur Einzelresultate ergeben. In der Reihe der Pferde verschiebt sich die Proportion Gesichtsschädel–Hirnschädel ganz gleichmäßig, wohl bedingt durch die allmähliche Größenzunahme, da diese Proportion allometrisch mit der Körpergröße zusammenhängt. Gleichfalls hat man bei Pferden die Zunahme der Höhe der Backenzähne (Hypsodontie) gemessen. Sie nahm bei den Laubfressern gleichmäßig zu; die Stämme, die aber zu Grasfressern wurden, steigerten die Höhe nach dem Übergang auf das andere Futter rasch. Wechsel der Lebensweise förderte also das Umbildungstempo eines Anpassungscharakters. Schwieriger ist es, ein Maß für Organisationsänderungen zu finden. Wenn die Lungenfische (Dipnoi) im Paläozoikum rasche Erwerbung neuer Charaktere zeigen, sich aber später nur langsam verändern, so beruht dies darauf, daß im Devon zahlreiche neue Gattungen entstanden, die bald ausstarben. Die Krise im Perm überlebten aber nur zwei Linien. In der einen blieb *Neoceratodus* in Australien primitiv bis auf die unpaare Lunge, die andere mit dem afrikanischen *Protopterus* und der südamerikanischen *Lepidosi-*

ren formte sich in Richtung des Aaltyps um. Hier haben wir eine Aufspaltung in der Anfangsphase und eine langsame Umbildung der wenigen Überlebenden nach einer Katastrophe. Um aber das Evolutionstempo zu messen, brauchen wir sichere phylogenetische Reihen mit dichter Folge fossiler Formen.

Zusammenfassend ergibt sich:

1. Obwohl alle heutigen Lebewesen phylogenetisch gleich alt sind, ist ihre Entwicklungshöhe sehr verschieden. Neben ganz einfachen Formen stehen hochkomplizierte.
2. Das Tempo der Evolution ist verschieden.
3. Die Unterschiede lassen sich zum Teil auf Umweltsituationen zurückführen, das verschiedene Tempo der Organisationsumwandlungen ist noch nicht verstanden.

c. Modellfall Domestikation: Haustiere, Kulturpflanzen

Wie schnell – oder wie langsam – die Evolution ablaufen kann, sehen wir an Haustieren und Kulturpflanzen, die der Mensch züchterisch durch künstliche Selektion umgestaltet hat und noch heute verändert. Die Umwandlung von Wildtieren in Haustiere und von Wildpflanzen in Kulturpflanzen (Domestikation) ist eines der wichtigsten Ereignisse in der Geschichte der Menschheit. Man halte sich nur vor Augen, daß heute die Zahl der Haustiere Rind, Pferd, Schwein, Schaf und Ziege etwa so hoch ist wie die der Menschen. Von ihnen beziehen wir jährlich über 400 Millionen Tonnen Milch und etwa 150 Millionen Tonnen Fleisch.

Die Züchtung ist ein Modellfall für eine gerichtete Evolution, die bei Tieren im allgemeinen innerhalb einer Art abläuft, aber zu einer Aufspaltung in Rassen führt, deren Erscheinungsbilder stärker voneinander abweichen können als die der Arten einer Gattung. Die zur Zeit ältesten Haustierfunde wurden bei Bonn gemacht, gehören zum Hund und sind 14000 Jahre alt, stammen also aus der Altsteinzeit. Die Domestikation der bäuerlichen Wirtschaftstiere im engeren Sinne begann dagegen in der »neolithischen Revolution«, in deren Rahmen eine grundlegende Umgestaltung der Lebensweise des Menschen von der Jäger- und Sammlerkultur zu Ackerbau und Viehzucht erfolgte. Ein besonders wichtiges Zentrum der Domestikation war der »fruchtbare Halbmond«, der sich in weitem Bogen um das Becken von Euphrat und Tigris erstreckt.

Vor etwa 10000 Jahren wurden Schafe und Ziegen domestiziert, vor etwa 8000 Jahren Rinder, vor etwa 6000 Jahren Pferde. Neuerdings kann man ein steigendes Interesse an der Domestikation von Tieren, besonders von Wirbellosen, beobachten. Einerseits zwingt das Wachstum der Menschheit zur Erschließung neuer Proteinquellen, und eine davon ist die Aquakultur, die Züchtung und Nutzung von Wassertieren (v.a. Weichtieren, Krebsen und Fischen), andererseits werden in der biologischen Schädlingsbekämpfung in der Landwirtschaft immer wieder neue Organismen benötigt. Biologische Forschung einschließlich der Entwicklung von Prüfverfahren für mögliche Umweltgifte benötigen schließlich große Mengen von Tieren, v.a. Insekten. Überall hält man Ausschau nach Wirbellosen, die in großer Dichte gut wachsen und sich fortpflanzen, wenig aggressiv und leicht zu füttern sind. Beispiele für Wirbellose, die der Mensch schon lange im Haustierstand hält, sind Bienen und Seidenspinner. Vergleichsweise neue Haustiere sind Austern, die Taufliege *Drosophila* und der Krebs *Macrobrachium*.

Während bis vor kurzer Zeit die künstliche Zuchtwahl die Methode der Wahl war, werden neuerdings auch direkte Eingriffe in den Genbestand durchgeführt. Das hat zum Beispiel zu triploiden Fischen und Muscheln geführt, die dadurch zustande kommen, daß man die Meiose hemmt. An der Pazifikküste der USA sind die meisten Austern in Zuchten inzwischen triploid: Sie erreichen größere Körperausmaße und bleiben weitgehend steril. Das Einsetzen von Genen in Haus- und Labortiere bedeutet eine weitere Neuerung. Sie hat zur ersten Patentierung eines Tieres geführt: einer Maus, der man ein Oncogen – welches eine Tumorbildung zur Folge haben kann – implantiert hatte. Man hofft, mit solchen transgenen Tieren Modelle schaffen zu können, die zum Beispiel bei der Herstellung für den Menschen wichtiger Substanzen helfen können oder an denen man Krankheiten aufklären kann. Weiterhin arbeitet man an der Steigerung der Leistungen von Nutztieren. Schweinen und Schafen beispielsweise hat man Gene übertragen, die Wachstumshormone produzieren. Die Folge ist rascheres Wachstum. Vom Standpunkt der Evolutionsbiologie betrachtet, setzt der Mensch jetzt also auch den Evolutionsfaktor Gen-Transfer ein (S. 186).

Die Kulturentwicklung des Menschen ist ohne Zucht von Haustieren und Nutzpflanzen nicht denkbar. Das rasche Bevölkerungswachstum erforderte zudem eine immer konsequentere

Verfolgung eigennütziger Ziele, die schließlich zu einer industriellen Tierproduktion mit weitgehend automatisiertem Ablauf wurde. Entsprechend kam es zu hohen Leistungssteigerungen: Während das wilde Bankivahuhn pro Jahr etwa zehn Eier à 35 g legt, können gegenwärtige Haushuhnrassen täglich ein Ei von 50–70 g legen. Wildrinder produzieren während der Saugzeit 600 Liter Milch, leistungsstarke Kühe in Mitteleuropa geben derzeit 6000 Liter pro Jahr, über 20000 Liter werden im Augenblick als Spitzenleistung geführt.

Besonders einschneidende Veränderungen sind in den letzten Jahrzehnten in der Hühnerzucht und -haltung erfolgt. Man unterscheidet prinzipiell Rassen für Mast und Eiproduktion. In der Mast werden beide Geschlechter genutzt: In bewegungsarmer Aufzucht und bei vollmechanischer Fütterung kommt es zu einem maximalen Wachstum, so daß die Tiere etwa sechs Wochen nach dem Schlüpfen an Schlachtereien geliefert werden. Bei für die Eiproduktion gezüchteten Rassen werden die Weibchenküken ausgewählt, die Männchen werden vergast oder zerhackt und zu Futter verarbeitet. Ein Blick zurück zeigt, daß um 1870 etwa 80 Eier pro Huhn und Jahr zu erwarten waren; ähnlich hat sich die Futterverwertung gesteigert. Sicher sind die Leistungsgrenzen noch nicht erreicht, aber – und das ist für die Evolutionsbiologie wichtig – eine neue Art ist immer noch nicht entstanden. Ebenfalls vom Standpunkt der Evolutionsbiologie ist wichtig zu sehen, daß eine überlegene Art, der Mensch, andere aus- und übernutzt, sogar zerstört, um die eigene zu fördern. Etwa ein Drittel des Weltfischfanges wird zu Tierfutter und Dünger verarbeitet.

Bei der Entstehung von Kulturpflanzen spielten im Unterschied zur Haustierzucht Bastardierung und Polyploidisierung eine bedeutende Rolle. Polyploide Formen übertreffen diploide meist an Wachstum und Fruchtgröße. Bastarde können Hybride zwischen Arten einer oder verschiedener Gattungen sein.

Die erste Domestizierung von Pflanzen dürfte ähnlich weit zurückreichen wie die der Tiere: Für Weizen und Gerste nimmt man eine Zeit von etwa 8000 Jahren an. Beide stammen aus Asien. Mais und Kartoffel wurden vor etwa 7000 Jahren in Südamerika domestiziert. Kulturpflanzen, deren Produkte heute in Europa die Ernährungsgrundlage bilden, sind also nicht hier beheimatet.

Als Beispiel für einen polyploiden Bastard, dessen Genom

aus denen verschiedener Arten hervorgegangen ist (Allopolyploidie, Alloploidie), soll der Weizen *(Triticum)*, der eine besonders abwechlungsreiche Geschichte hinter sich hat, besprochen werden.

Weizen ist eine der wichtigsten Getreidearten. Seine erste Kultivierung erfolgte vermutlich im Vorderen Orient, wo er auch heute noch als Wildform *(Triticum boeoticum)* wächst, die einen diploiden Chromosomensatz (2n = 14) besitzt. Dieser Wildweizen wird heute noch auf manchen sehr armen Böden angebaut. Seine Erträge werden jedoch von einem allotetraploiden Bastard mit dem Ziegenweizen *(Aegilops)* übertroffen (2n = 28), der Emmer genannt wird. Dieser war die einzige Getreidesorte der alten Ägypter. Er befindet sich heute noch in manchen Gebieten Nordafrikas und Asiens im Anbau, in Mitteleuropa ist er seit Beginn dieses Jahrhunderts verschwunden. Aus ihm sind jedoch weitere Kulturformen mit tetraploidem Chromosomensatz gezüchtet worden, so als Besonderheit der Wunderweizen mit seinen verzweigten Ähren. Durch eine Einkreuzung einer weiteren *Aegilops*-Art entstand ein Weizen mit sechsfachem (hexaploidem) Chromosomensatz (2n = 42), der also aus drei Arten hervorgegangen ist.

Der Endpunkt der Entwicklung ist aber wohl noch nicht erreicht: Durch Kreuzung mit Roggen entstanden Pflanzen mit achtfachem (oktoploidem) Chromosomensatz (2n = 56), *Triticale* genannt nach den wissenschaftlichen Gattungsnamen für Weizen *(Triticum)* und Roggen *(Secale)*. Eine Leistungssteigerung wurde allerdings nicht erreicht.

Im Kampf gegen den Hunger der Menschen wurden vom Standpunkt der Pflanzenzüchtung in der letzten Zeit sehr große Erfolge erzielt. Das betrifft Ertragsverbesserung beim Weizen (aufgrund seiner diesbezüglichen Erfolge wurde der Leiter eines mexikanischen Züchtungsprojektes, N. J. Borlang, mit dem Friedensnobelpreis geehrt) und beim Reis (besonders bekannt wurde der philippinische Wunderreis, dessen Erträge über 100 dt/ha liegen).

Um zu zeigen, in wie kurzer Zeit es durch Mutationsauslösung und scharfe Selektion zu Ertragssteigerungen kommen kann, sei das Beispiel strahleninduzierter Mutanten der Wildtomate *(Lycopersicon pimpinellifolium)* gewählt: Durch Behandlung der Samen mit ionisierenden Strahlen erzielte Stubbe Mutanten mit vergrößerten Früchten. Nachdem dieses Verfahren einige Jahre fortgesetzt worden war, hatte die Fruchtgröße

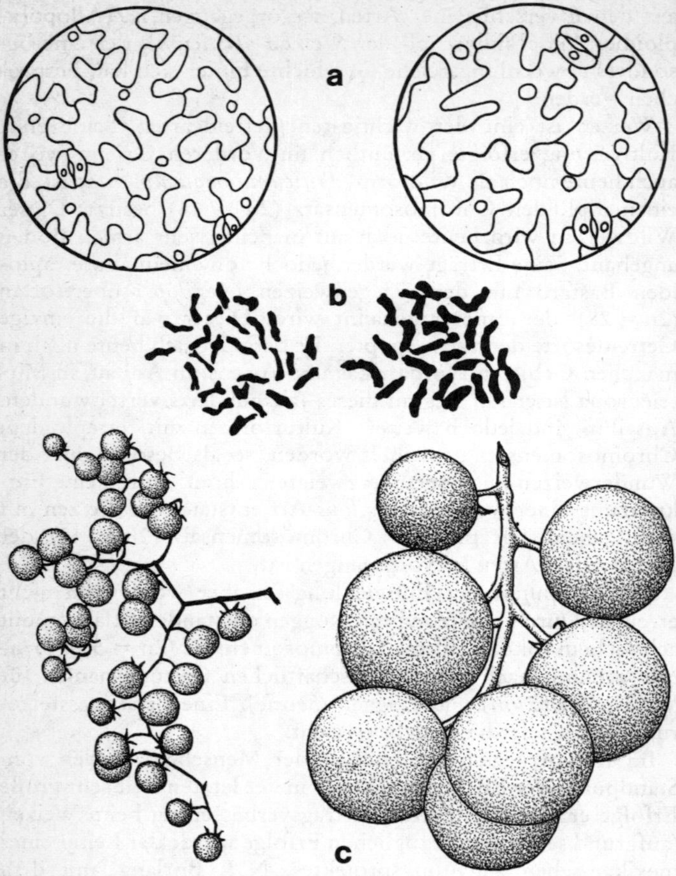

Abb. 37: Wildtomate (links) und Kulturtomaten (rechts) zeigen erhebliche Unterschiede in Epidermiszellgröße (a), Chromosomen- (b) und Fruchtgröße (c). Nach Schwanitz und Pirson (1955).

die kleiner Kulturtomaten erreicht. Abb. 37 zeigt einige Unterschiede zwischen der Wildtomate und Kulturformen (Frucht-, Zell- und Chromosomengröße sind gesteigert worden).

Vom Standpunkt der Evolutionsbiologie ist es erstaunlich, daß *Homo sapiens* Tiere und Pflanzen in vieler Hinsicht sehr stark beeinflußt, sich selbst aber – auf die Gesamtpopulation bezogen – fast ohne Einschränkungen fortpflanzt (S. 276). Dieser im Verhalten und in Weltanschauungen deutlich hervortretende Dualismus (Mensch hier – Tiere, Pflanzen und Mikroorganismen dort) wird in Anlehnung an den Begriff Rassismus auch als Speziesismus bezeichnet. Damit soll die ausgeprägte Hochachtung vor der eigenen Art und die Abwertung aller anderen gekennzeichnet werden.

d. Gesetze der Evolution

Jede Wissenschaft, die sich mit geschichtlichem Werden beschäftigt, will nicht nur die Aufeinanderfolge der Tatsachen registrieren, sondern sucht nach Entwicklungsprinzipien, die sich als Gesetze formulieren lassen. Der Kunsthistoriker unterscheidet so z.B. archaische und Spätformen eines Stils. Lassen sich auch für die Stammesgeschichte Gesetze nachweisen?

Dies ist auf folgendem Weg möglich: Verschiedene Stammeslinien werden in ihrem Ablauf verglichen und daraufhin untersucht, ob sich in ihnen gleichartige Wandlungen vollziehen. Aus solchen Gleichartigkeiten sind dann Gesetze abstrahiert worden. Die Bezeichnung »Gesetz« ist allerdings übertrieben. Es handelt sich um statistisch ermittelte Regeln von verschiedenem Gültigkeitsgrad. Fast jedes dieser Gesetze ist intensiv diskutiert worden. Allzuoft hat man voreilig totale Gültigkeit angenommen und die Gesetze verfrüht zur Rekonstruktion von Stammeslinien verwendet. Es gibt eine ganze Serie solcher Gesetze: das biogenetische Grundgesetz, das Cope-Gesetz vom unspezialisierten Ahnen, das Zahlenreduktionsgesetz (Willistonsches Gesetz), das Déperetsche Gesetz der Größenzunahme, das Mivartsche Gesetz und andere. Diese Gesetze kennzeichnen die Hauptprozesse der Evolution. Viele sind schon in der ersten Hälfte des 19. Jahrhunderts formuliert worden. Bronn veröffentlichte 1858 ein 481 Seiten umfassendes Werk ›Morphologische Studien über die Gestaltungsgesetze des Naturkörpers‹ und nennt als Gesetze progressiver Entwicklung:

1. die Differenzierung der Funktionen und Organe,
2. die Reduzierung der Zahl gleichnamiger (homonymer) Organe,
3. Konzentrierung,

4. Zentralisierung der Organsysteme,
5. Internierung der Organe,
6. Größenzunahme.

Diese Gesetze gehen zum Teil auf die Idee der Stufenleiter einer gradweisen Vervollkommnung der Lebewesen zurück. Das Problem der Vervollkommnung (Anagenese) existiert auch in der Evolution. Sie äußert sich strukturell in einem Verschiedenwerden der Teile (Differenzierung), einem Zusammenschluß getrennter Teile zu Komplexorganen (Synorganisation), in einer Ablösung und Einwärtsverlagerung von Organen. Diese Prozesse waren in vielen Stammeslinien wirksam, so daß diese vergleichbare Stadien durchliefen.

Differenzierungsgesetz
Dieses Gesetz beruht auf einem Verschiedenwerden der Teile und war schon von Goethe als Kennzeichen höherer Organisation erkannt worden. Ausgangspunkt ist eine Anzahl gleichartiger Teile des Körpers. Das können Zellen, sich wiederholende (meristische) Organe sein wie die Wirbel einer Wirbelsäule, die Blätter einer Pflanze, Gliedmaßen eines Tausendfüßlers oder Borstenwurms, auch Individuen eines Sozialkörpers, etwa bei den Insektenstaaten.

Differenzierung erfolgt unter Arbeitsteilung oder Übernahme spezieller Funktionen. Die zunächst gleichartigen Zähne differenzieren sich bei Säugetieren in Schneide-, Eck- und Mahlzähne; die Zellen des Körpers werden zu Drüsen-, Muskel-, Nerven-, Bindegewebs- und anderen Zellen; die ursprünglich gleichartigen Blätter werden zu Speicherblättern (Keimblättern), Nähr-, Kelch- und Blütenblättern. Die »Staatsbürger« bei Termiten und Ameisen differenzieren sich zu verschiedenen Typen: Soldaten, Arbeitern, Geschlechtstieren usw. (Abb. 38). Die Unterschiede zwischen den Kasten können in Größe und Bau enorm sein. Der Prozeß der Differenzierung beherrscht das Bild der Evolution stark. Der Süßwasserpolyp *Hydra* besitzt kaum mehr als zwanzig verschiedene Zellformen, beim Menschen sind es wohl einige Hundert, niedere Pflanzen – etwa Grünalgen – haben nur wenige Zellarten, bei den Blütenpflanzen sind es über hundert. Diese Differenzierung vollzieht sich auch in der Entwicklung des Einzelwesens vom wenigzelligen Keim bis zum fertigen Organismus. Hier sind einige der kausalen Zusammenhänge bekannt. Manchmal sind Außenfaktoren an der

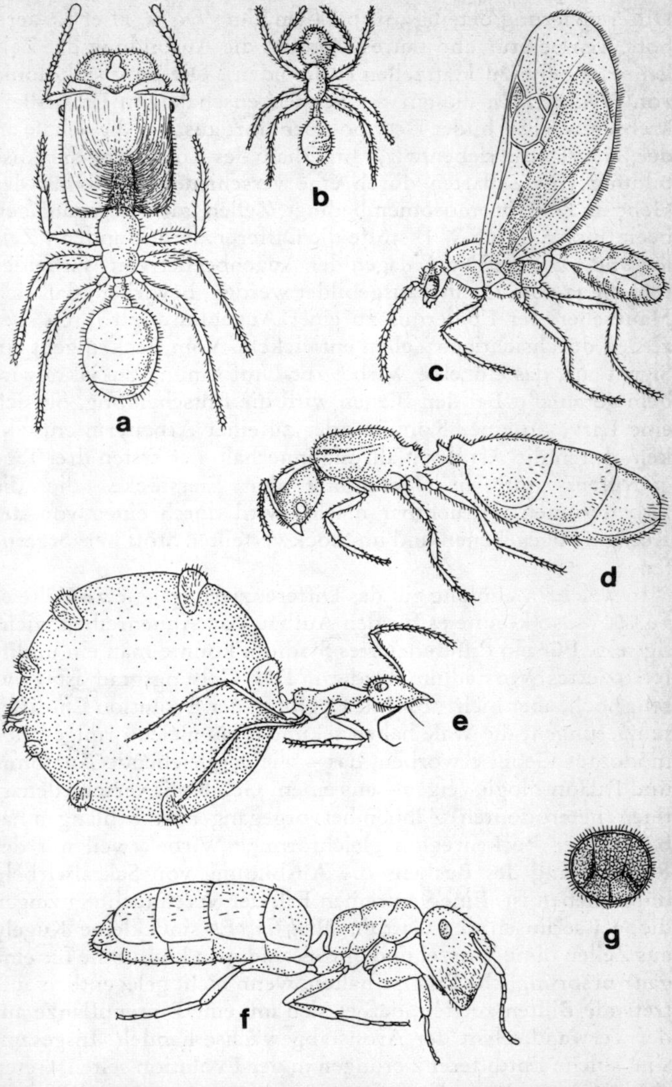

Abb. 38: Verschiedene Kasten bei Ameisen: a. Soldat, b. Arbeiterin, c. geflügeltes Männchen, d. flügelloses Weibchen, e. Honigtopf (Tier, das Nährstoffe speichert), f. Torwächter mit Kopfvorderansicht (g).

Differenzierung beteiligt, so bei dem Tang *Fucus*. Hier fördern hohe Temperatur und saures Medium die Ausbildung der Zellen einer Seite zu Haftzellen (Rhizoiden). Die Polypenkolonie von *Hydractinia*, die auf der Schneckenschale von Einsiedlerkrebsen wächst, bildet Dornpolypen dort aus, wo die Schale an der Unterlage gerieben wird. Innerhalb des Körpers ist die Ausbildung von Zellarten durch eine verschiedene Aktivität der Gene in den Chromosomen bedingt. Zellen oder Organanlagen beeinflussen durch Wirkstoffe die Differenzierung anderer Zellen und Organe. Die Anlagen der Augenbecher von Wirbeltieren, die ja vom Gehirn ausgebildet werden, bewirken, daß sich Hautzellen der Epidermis zu einer Augenlinse mit ihren speziellen durchsichtigen Zellen entwickeln. Vom Becken geht ein Signal aus, das einzelne Wirbel zur Umformung zu Sakralwirbeln veranlaßt. Bei den Bienen wird die Entscheidung, ob sich eine Larve zu einer Königin oder zu einer Arbeiterin entwikkelt, durch die Art der Nahrung innerhalb der ersten drei Tage getroffen; nur die Hemmung der Eierstöcke, die die Arbeiterinnen unfruchtbar macht, wird durch einen von der Königin abgegebenen und im Stock verteilten Stoff hervorgerufen.

In welchem Umfang gilt das Differenzierungsgesetz? Gälte es zu 100%, so könnte es für den Aufbau von Ahnenreihen wichtig sein. Für ein differenziertes Stadium könnte man ein undifferenziertes Vorstadium fordern. Der Geltungsgrad ist zwar sehr hoch, aber nicht absolut. Es gibt in der Evolution Entdifferenzierungen; die Wale haben sekundär ein gleichförmiges, homodontes Gebiß erworben, das – wie vergleichende Anatomie und Paläontologie zeigen – aus einem Gebiß mit verschiedenartigen (heterodonten) Zähnen hervorgegangen ist. Schlangen haben in der Beckenregion gleichförmige Wirbel, weil mit der Rückbildung des Beckens die Ausbildung von Sakralwirbeln unterblieben ist. Einen extremen Fall der Vereinfachung zeigen die Wasserlinsen der Gattung *Wolffia*. Es sind kleine Kugeln aus Zellen ohne Wurzel und Sproß, und man könnte sie für eine ganz ursprüngliche Pflanze halten, wenn nicht gelegentlich auftretende Blüten zeigten, daß es sich um eine Blütenpflanze aus der Verwandtschaft der Aronstabgewächse handelt. Insgesamt sind solche Entdifferenzierungen in der Evolution selten, treten aber bei Mutationen häufiger auf.

Internationsgesetz
Dieses Gesetz wurde bereits 1825 von dem Anatomen Meckel formuliert. Es besagt, daß wichtige Organe einwärtsverlagert (retrahiert) oder mit Schutzhüllen überdeckt (operkularisiert) werden. Für die Überdeckung von Organen geben im Tierreich Kiemen und Sinnesorgane Beispiele ab. Kiemendeckel und Kiemenhöhlen sind weit verbreitet. Unter den Fischen bilden die Knochenfische und die Holocephalen unabhängig voneinander einen Kiemendeckel, Krebse solche durch Seitenfalten des Brustpanzers (Eucarida, Mysidaceen) oder durch Umbildung einzelner Beine zu Schutzplatten (Asseln wie *Idotea*), oder der Außenast der Hinterleibsbeine bildet einen Plattenpanzer über den Atmungsorganen. Die Kaulquappen der Frösche, das Lanzettfischchen *Branchiostoma* und die Manteltiere (Tunicata) umschließen die Kiemenregion durch eine Hautfalte, so daß der Peribranchialraum nur durch eine Öffnung mit dem Außenmedium in Verbindung steht. Unabhängig voneinander haben Insekten und Landwirbeltiere über dem Kernteil des Embryos eine Hülle mit Amnion und Serosa gebildet. Bei Pflanzen werden besonders die Fortpflanzungsorgane operkularisiert. Die Farne überdecken ihre Sporangienhäufchen (Sori) bald durch eine Schleierhaut (Indusium), bald durch Deckel vom Blattrand aus. Die Narben und Staubgefäße sind in mannigfaltiger Weise durch Blütenblätter, Kelchblätter und Hüllblätter umschlossen, die die Befruchtungsorgane oft nur bei bestimmter Temperatur und Belichtung freigeben.

Noch verbreiteter ist im Tierreich der Prozeß der Retraktion (Invagination). Einige erst oberflächlich gelegene Strukturen werden ins Innere verlagert. Oberflächen sind dabei alle Epithelien, also die äußere Körperdecke sowie die Darm- und Leibeshöhlenauskleidung. Beispiele bieten Sinnesorgane, etwa das Auge vom Pigmentfleck über ein Napf- und Blasenauge zum Linsenauge, das Gehörorgan, Drüsen, Atmungsorgane usw. Bei Pflanzen sind entsprechend der anderen Organbildung Retraktionen seltener. Der Fruchtknoten wird in vielen Linien unterständig, d. h. die Samenanlagen versinken in der Achse des Stengels.

Rückbildungen von Operkularisierung und Retraktion sind selten. Die Embryonalhüllen sind bei manchen Ameisen *(Tapinoma)* rückgebildet, die Knospen mancher Pflanzen *(Lonicera)* sind wohl sekundär nackt. Die Nervenstränge mancher Ringelwürmer liegen sekundär in der Epidermis. Insgesamt ist der

Prozeß der Internation ein ganz häufiger Evolutionsvorgang, der nur selten rückläufig ist.

Zahlenreduktionsgesetz
Hier begegnen wir einem Prozeß, der sich häufig im Laufe der Evolution beobachten läßt. Er bewirkt keine Höherentwicklung und Komplikation, sondern eine Reduktion vielzähliger Strukturen, z.B. von Zähnen, Extremitäten, Blütenblättern und Fruchtknoten. Am Anfang steht eine Vielzahl, die innerhalb der Art variabel ist. Es folgt eine Fixierung der Zahl, so daß die Organzahl art- oder sogar gruppenkonstant wird. Von diesem Stadium ab gibt es nur noch eine Abnahme. Das Gesetz enthält also zwei Prozesse: 1. eine Normierung einer erst variablen Organzahl auf eine konstante, 2. von diesem Stadium an nur noch eine Verminderung der Zahl.

Auch dieses Gesetz ist bereits zu Beginn des vorigen Jahrhunderts erkannt worden (Treviranus, Meckel). In der angelsächsischen Literatur wird es oft als Willistonsches Gesetz bezeichnet, das von Williston 1917 für die Schädelknochen der Wirbeltiere aufgestellt wurde. Für das gleiche Objekt kannte es Meckel schon hundert Jahre vorher. Für die Blüten der Pflanzen formulierte es Troll 1927. Die Entwicklungstendenz führt von vielzähligen (polymeren) Blüten mit noch sehr plastischen Zahlenverhältnissen zu wenigzähligen (oligomeren), deren Bau hochgradig fixiert ist.

Fast dieselbe Formulierung kann man für das Gebiß der Wirbeltiere verwenden. Ursprünglich besitzen sie viele Zähne in variabler Zahl und vielen Zahngenerationen; bei den Säugetieren erfolgt eine Fixierung der Zahl, so daß für Arten und Familien feste Zahnformeln aufgestellt werden können. Für die placentalen Säuger gilt als Grundzahl 3 Schneidezähne, 1 Eckzahn, 4 Prämolaren und 3 Molaren in jeder Kieferhälfte. Dann erfolgen fast nur Reduktionen. Auch die Zahl der Zahngenerationen sinkt auf 2 (Milch- und Dauergebiß) und bei einigen Gruppen auf 1 (Nagetiere). Mehrere Familien verlieren die Zähne völlig.

In hohem Maße wird dieses Gesetz zur Aufstellung von Stammeslinien verwendet. Ein Säugetier mit drei Prämolaren wird ohne weiteres als primitiver angesehen als eines mit zwei Prämolaren, ein solches mit vier Zehen primitiver als eines mit drei, zwei oder einer Zehe. Zahlreiche Zitzen gelten als ursprünglicher als vier oder zwei Zitzen. Attems stellte unter Berufung auf dieses Gesetz Hundertfüßler mit hoher und variabler Zahl an den Anfang der Gruppe, und Beurlen (1930) nennt es »Voraussetzung und Beweis« für phylogenetische Ableitungen.

Nun, die Gültigkeit dieses Gesetzes ist nicht absolut und für einzelne Gruppen verschieden. Für Tausende von höheren Krebsen ist die Segmentzahl primär auf 21 festgelegt, es gibt nur einzelne Reduktionen, keine Vermehrung. Die Egel (Hirudineen) haben oberhalb der primitiven *Acanthobdella* konstant 33 Segmente. Hunderttausende von Insektenarten besitzen einen Thorax, der aus drei, und ein Abdomen, das aus elf Segmenten besteht. Reduktionen treten mehrfach auf. Die Lilienpflanzen haben mit Tausenden von Arten eine feste Zahl ihrer Blütenbestandteile: Blütenblätter stehen in zwei Kreisen zu je dritt, Staubblätter desgleichen, Fruchtblätter in einem Kreis zu dritt. Es gibt eine Reihe von Reduktionen, aber auch einige Vermehrungen. Die Gattung *Plea* vermehrt die Staubblätter des äußeren Kreises von drei auf sechs; durch Vermehrung der Kreise erreicht *Pleiosmilax* fünfzehn, bei der Einbeere *(Paris)* steigt die Zahl der Staubblätter auf 20, die der Griffel auf 10. Solche Ausnahmen in bezug auf Vermehrung kommen mehrfach vor. Bei Säugetieren kann die Grundzahl 3 der Molaren auf 4 beim Löffelhund *Otocyon* und auf viele bei Zahnwalen, manchen Gürteltieren und anderen ansteigen. Immerhin beträgt die Zahl der Vermehrungen der Zahnzahl gegenüber den Reduktionen weniger als 1%. Gegensätzlich in einzelnen Bezirken verhalten sich die Schädelknochen der Wirbeltiere und zum Teil die Kalkplatten der Stachelhäuter. Im Schädel der Wirbeltiere folgen die Haut- oder Deckknochen dem Reduktionsgesetz. Sie sind zahlreich bei niederen Formen in der Ahnenreihe der Landwirbeltiere, besonders bei den Crossopterygiern und Stegocephalen. Von ihnen aus erfolgt eine Reduktion der Zahl, zum Teil durch Verwachsung, meist durch Verschwinden von Knochen. Ganz anders verhält sich der neurocraniale Schädel, in dessen Knorpel durch Verknöcherung einzelne Knochen entstehen. Hier ist ihre Zahl – ausgehend von 2 oder 1 bei primitiven Formen – vermehrt, bei Amnioten bis auf 15.

Die Echinodermen entwickeln eine fünfstrahlige Radiärsymmetrie, in die fast alle Organe einbezogen werden. Diese Fünfstrahligkeit wird trotz verschiedenster Lebensweise zäh beibehalten. Die Normierung ist also starr, Reduktion der Zahl auf 4 kennen wir als individuelle Variante, nicht aber als Artcharakter. Dagegen kommt bei Seesternen vielfach Vermehrung der

Radien vor: *Luidia ciliaris* hat 7, *Solaster endeca* 7–13, *Solaster papposus* 11–13, *Brisingella coronata* 9–15, *Heliaster* über 20. Schon im Paläozoikum treffen wir Arten mit vermehrter Armzahl: *Lepidasterina gracilis* (8), *Helianthaster rhenanus* (15–16), *Lepidasterella babcocki* und *L. gyatum* (24), *Palaeosolaster gregoryi* (25–29). Bemerkenswert ist, daß nicht nur die Konstanz der Zahl durchbrochen wird, sondern auch eine innerartliche Variabilität einsetzt. Ganz ähnlich ist die Situation bei den Medusen (Quallen). Die primär vierteilige Radiärsymmetrie wird oft überschritten. Nun sind Seesterne und Quallen radiärsymmetrisch, so daß man vermuten könnte, Radiärsymmetrie sei für Ausnahmen prädisponiert.

Der Gedanke, daß radiärsymmetrischer Bau diesem Gesetz nicht unterworfen sei, wird auch durch die Pflanzen widerlegt; die radiäre Blüte der Liliengewächse bringt – wie erwähnt – nur selten erhöhte Zahlen, und die ganzen Familien der Gentianaceen, Boraginaceen und andere halten die fünf Blütenblätter konstant bei. Verminderung ist selten (*Gentiana ciliata* mit vier Blütenblättern), Vermehrung ebenfalls (bei *Gentiana punctata* sind es fünf bis sieben, also die erhöhte Zahl ist noch nicht als Artcharakter ausgebildet).

Man hat versucht, die Fälle der Vermehrung zu klassifizieren und nur für bestimmte Fälle des Gesetzes für gültig erklärt, aber es lassen sich überall Vermehrungen der Zahl finden. Es gilt also: Das Gesetz hat für bestimmte Gruppen oder Organe hohe Geltung, für andere schwache, für wieder andere gar keine. So sind die Hundertfüßler mit hohen Zahlen *(Geophilus)* sicher abgeleitet, desgleichen die Pantopoden (Asselspinnen) mit erhöhter Beinzahl. Eine Reduktion tritt bei beiden Gruppen nicht auf.

Biogenetisches Gesetz

Die bisherigen Gesetze waren aus dem Vergleich verschiedener Stammeslinien abgeleitet. Dieses Gesetz vergleicht die Evolution der Ahnenreihe mit der individuellen Entwicklung vom Ei bis zum fertigen Organismus. Es vergleicht also Phylogenese und Ontogenese. Der Gedanke, in diesen beiden Prozessen Übereinstimmungen zu finden, erscheint zunächst absurd, und doch ist dieses Gesetz von Haeckel zum Grundgesetz erhoben worden. Seine Formulierung lautet: »Die Ontogenese ist die kurze und schnelle Rekapitulation der Phylogenese. Das organische Individuum wiederholt während des raschen und kurzen

Laufes seiner individuellen Entwicklung die wichtigsten von denjenigen Formenänderungen, welche seine Voreltern während des langsamen und langen Laufes ihrer paläontologischen Entwicklung ..... durchlaufen haben.« Um dieses Gesetz entstand ein nun schon über hundert Jahre währender Streit, und viele Autoren lehnen es völlig ab. Das Tatsachenmaterial ist eindeutig. Vergleichen wir Stammeslinien, die wir aufgrund der Fossilfunde oder durch Ermittlung von Homologien aufgestellt haben, mit der Ontogenese ihrer heutigen Vertreter und suchen nach parallelen Umformungen, so finden wir solche in reichem Maße. Den Beispielen, die wir auf S. 61 gegeben haben, ließen sich leicht Hunderte hinzufügen. Die Parallelität ist eine Tatsache. Wie kann es darum zu solchen starken Meinungsverschiedenheiten kommen?

Manche kritisieren nur übertriebene Formulierungen, wie sie tatsächlich bei Haeckel zu finden sind. Daß es kein »Grundgesetz«, nicht einmal ein Gesetz, sondern nur eine statistisch ermittelte Regel ist, wurde bereits erwähnt. Übertrieben sind auch Aussagen, daß der menschliche Embryo ein Fischstadium usw. durchlaufe. Demgegenüber betont schon von Baer (1828), der Embryo einer Tierart wiederhole nicht das erwachsene Stadium einer niederen Tierart, sondern höchstens sein Embryonalstadium – Gesetz der Embryonenähnlichkeit. Das ist selbstverständlich, denn ein Embryo ist nicht geschlechtsreif, die Organanlagen funktionieren noch nicht, da die Gewebe meist nicht histologisch ausdifferenziert sind. Aber das Gesetz bezieht sich auf Form- und Strukturwandlungen des Embryos. Ein Säugetier wiederholt morphologisch das primäre Kiefergelenk niederer Wirbeltiere, auch wenn es nur als Knorpel und nicht als Knochen angelegt wird und bei placentalen Säugetieren gar nicht mehr als solches funktioniert. Ein Muskel, der in der Ontogenese nur als Anlage erscheint, kann wie der entsprechende Muskel eines Ahnen angelegt sein, auch wenn er nur aus einer begrenzten Ansammlung von Muskelbildungszellen besteht. Das Gesetz wird also durch den Einwand, der Embryo wiederhole niemals ein fertiges Ahnenstadium, gar nicht betroffen. Das gilt auch für den Einwand, daß der Embryo nicht ein bestimmtes Ahnenstadium rekapituliere, weil seine Organe sich in ganz verschiedenem Tempo entwickeln (Heterochronie). Insofern rekapituliert ein bestimmtes Embryonalstadium in einzelnen Organen ganz verschiedene Ahnenstadien. Das gilt selbst für homologe Strukturen nahe verwandter Tiere. Es wurde gezeigt, daß die Extremitätenknochen von Landwirbeltieren je nach Art in verschiedener Reihenfolge erscheinen.

Intensiver war der Kampf zwischen Verfechtern des biogenetischen Gesetzes und denen des ontogenetischen Kausalgesetzes, das O. Hertwig aufstellte. Sein Grundgedanke ist folgender: Die Keimzellen enthalten die Kräfte – wir sagen heute die Erbanlagen oder die genetische Information –, die die Entwicklung vom Embryo bis zum fertigen Organismus steuern. Infolgedessen müssen auch die ersten Stadien verschiedener Lebewesen verschieden sein, da ja schon die genetische Information verschieden ist. Also seien echte Rekapitulationen unmöglich. So logisch klar dieses ontogenetische Kausalgesetz erscheint, so bleibt doch bestehen, daß es auch im Erbbestand phylogenetisch ältere und jüngere Gene geben kann, und daß die alten Gene sich früher entfalten können als die jüngeren. Gerade diese letzte Möglichkeit hat die neuere Genetik klar demonstriert. Sie hat gezeigt, daß die Gene zu ganz verschiedener Zeit in der Entwicklung aktiviert werden. Diese Aktivierung ist z.B. durch die Ausbildung der puffs in den Riesenchromosomen sichtbar. Wenn phylogenetisch junge Gene später aktiviert werden als alte, verschwindet der Gegensatz zwischen dem ontogenetischen Kausalgesetz und dem biogenetischen Gesetz, das ja auf einem ermittelten Tatsachenmaterial beruht und durch rein gedankliche Operationen nicht ausgelöscht werden kann.

Hier sei noch kurz die Kritik Garstangs (1922) erwähnt. Er erklärte: »Ontogeny does not recapitulate phylogeny, it creates it.« Die Phylogenie bestehe aus aufeinanderfolgenden Ontogenesen wie eine Kette aus Gliedern. Das Glied könne nicht die Kette wiederholen, schon aus zeitlichen Gründen nicht. Nun spricht man zwar auch von einer Kette der Generationen, aber die Einzelwesen sind nicht starre Strukturen, sondern haben eine ontogenetische Entwicklung, und diese zeigt Parallelen mit der Umbildung der Ahnenreihe.

Der ontogenetische Ablauf wurde und wird in umfangreichem Maße zur Rekonstruktion unbekannter Phylogenesen verwendet. Man vergleicht also nicht nur eine bekannte Phylogenese mit einer bekannten Ontogenese, sondern verwendet eine bekannte Ontogenese zur Ermittlung der unbekannten Phylogenese. Hier entstehen Schwierigkeiten. Die Ontogenese ist zunächst lückenhaft, wiederholt also nur einen Teil phylogenetischer Umbildungen. Das ließe sich noch verschmerzen, aber sie enthält Vorgänge, die sicher nicht in die Phylogenese transponiert werden können. Haeckel nannte die brauchbaren Fälle Palingenesen (= Rekapitulationen), die nicht brauchbaren Caenogenesen. Wie erkennen wir, ob im Spezialfall eine Palingenese oder eine Caenogenese vorliegt? Oft hat man Organe als Caenogenesen betrachtet, die als Anpassungen an das spezielle Embryonal- oder Larvenleben zu sehen sind, etwa die Placenta der Säugetiere oder der Dottersack der Fische, aber dieses Kriterium versagt oft. Der Schwanz und die Kiemen der Kaulquappen wären dann Anpassungen dieser Tiere an das Leben im Wasser, wären demnach Caenogenesen; aber beide Strukturen enthalten viele palingenetische Züge. Der Stiel des festsitzenden Pentacrinus-Stadiums des sonst freischwimmenden Haarsterns *Antedon* wäre als Anpassung an die festsitzende Lebensweise des Jugendstadiums eine Caenogenese, aber er ist – wie Fossilfunde belegen – ein Musterfall der Palingenese, alle Crinoiden sind ja primär mit einem Stiel an der Unterlage befestigt. Wenn ein radikaler Verfechter des Gesetzes erklärte, für ihn sei der Dottersack der Fischembryonen die Rekapitulation des Magensackes eines besonders gefräßigen Vorfahren, ähnlich dem Tiefseefisch *Chauliodus*, der Fische größer als er selbst verschlingt, und die Placenta der Säugetiere eine Palingenese des Nahrungsorgans eines parasitischen Ahnen, so könnte man nicht das Gegenteil beweisen. Caenogenesen können nur von der schon bekannten Phylogenie aus festgestellt werden. Ohne diese ist jede Kennzeichnung einer embryonalen Bildung als solche unsicher.

Auf anderem Wege glaubte Naef eine Klärung durch sein Gesetz der konservativen Vorstadien gefunden zu haben. Er beschränkte zunächst die Betrachtung auf die Entwicklung einzelner Organe; diesen Prozeß bezeichnete er als Morphogenese. Caenogenesen sind nach ihm Organbildungen, die auf embryonale oder larvale Stadien beschränkt sind und durch Abstoßung oder Reduktion während der Entwicklung wieder verschwinden und keinen Anteil an der Ausbildung der definitiven Organe haben. Es sind blindendende Morphogenesen. Beseitigt man auf diesem Wege die Caenogenesen, so kommt man zu einer totalen Gültigkeit des biogenetischen Gesetzes, das jetzt lautet: »Gestaltungsverhältnisse eines ontogenetischen Stadiums, durch deren umformende Weiterentwicklung solche der folgenden hervorgebracht werden, sind den so hervorgebrachten gegenüber als phylogenetisch ursprünglich anzusehen.« Wünschenswert, aber nicht notwendig ist, daß man auch Arten, fossile oder lebende, nachweisen kann, bei denen die so erschlossenen Merkmale an erwachsenen Lebewesen existieren. Naef exemplifiziert dies an den Umbildungen der Schale der Schnecke *Fissurella graeca.* Ihre Umformungen stehen in voller Parallele zu den fertigen Schalen aus den verwandten Gattungen *Incisura, Emarginula, Puncturella, Fissurella.* Ein anderes Beispiel: Die Schilddrüse von Wirbeltieren entsteht aus einer ventralen Rinne des Kiemendarms; ein entsprechendes Dauerorgan ist das Endostyl des Lanzettfischchens *Branchiostoma* und der Tunicaten. Das Endostyl ist tatsächlich ein phylogenetisches Vorstadium der Schilddrüse, deren Ableitung vom Endostyl in der Ontogenie der Neunaugen noch erkennbar ist.

Diese Methode wäre eine einfache und ideale Möglichkeit, aus der beobachteten Morphogenese eines Organs seine Phylogenie zu rekonstruieren. Man könnte sie nach Naef auch für die blindendigenden Morphogenesen einsetzen. Die Formwandlungen einer Placenta bis zu ihrem vollen Funktionsstadium ergäben die phylogenetische Umwandlungsreihe eben dieser Placenta. Leider liegen die Dinge nicht so einfach.

Von größerer Bedeutung ist der Einwand, daß viele der blindendenden Morphogenesen sicher keine Caenogenesen sind, sondern echte Palingenesen, z.B. die Chorda dorsalis bei Vögeln, die Kiementaschen der Amnioten, die Schlüsselbeinanlagen der Pferde, usw. Naefs Auswertung der Ontogenese beruht auf der Voraussetzung, daß stets nur das Endstadium einer Morphogenese abgeändert wird, während alle früheren Formstadien stabil und primitiv bleiben. Sie beruht also auf einer Voraussetzung im Sinne einer Prolongation oder Deviation (s.u.). Tatsächlich kann eine Morphogenese auf jede nur denkbare Weise abgewandelt werden. Alle diese Wege haben besondere Namen erhalten. Wir führen sie nur an, damit ein Leser, der diesen Namen in der Literatur begegnet, ihren Inhalt hier kurz erfahren kann. Nehmen wir als Ausgangspunkt eine normale, direkt fortschreitende Morphogenese, die in ihrer Entwicklung die Stadien A_1, A_2, A_3, A_4 durchläuft. Es können bei der Folgeart Stadien hinzugefügt werden, also A_1, A_2, A_3, A_4, A_5. Dann liegt Addition von Endstadien vor (= Prolongation = Anabolie = Gerontomorphose). Selten werden zu Beginn der Ontogenese Stadien hinzugefügt (basale Prolongation). Oft werden Stadien ausgeschaltet (Abbreviation). Auch hier erfolgt die Ausschaltung meist am Ende, also A_1, A_2, A_3, A_4 wird zu A_1, A_2, A_3. Das kann auf zwei Wegen geschehen. Das Organ wird schon während der Entwicklung abgestoßen oder rückgebildet, ist also beim erwachsenen Lebewesen nicht vorhanden (Aphanisie), oder es erreicht infolge verzögerter Entwicklung zwar die fertigen Lebewesen, aber in einem Stadium, das bei dem Vorfahren nur embryonal durchlaufen wurde (Fetalisation, Pädomorphose). Bei der oft eintretenden Verkürzung der Ontogenese von Organen können natürlich auch in der Mitte oder basal Stadien ausfallen. Vielfach werden aber neue Stadien in die Morphogenese eingefügt, also A_1, A_2, A_3, A_4 wird zu A_1, A_2, A_3, B_1. Auch hier erfolgt das Abbiegen meist am Ende der Morphogenese (Deviation). Es kann aber auch in der Mitte erfolgen (A_1, A_2, B_1, A_3 = Mesobolie) oder am Anfang, also B_1, A_2, A_3, A_4 (= Archibolie). Diese Fälle, speziell die Mesobolie, sollten nach Naef nicht vorkommen. Daher hier einige Beispiele: Bei den großen Zikaden der Familie Cicadidae lebt die Larve unterirdisch. Ihre Vorderextremität wird Grabschaufel, wobei ein Glied stark verbreitert und abgewandelt ist. Das Vorderbein der oberirdisch lebenden fertigen Zikade ist wieder ein normales Insektenbein. Fische mit langer pelagischer Jugendzeit, z.B. *Lophius* und *Trachypterus*, bilden Flossen durch starke Verlängerung der Flossenstrahlen in Schwebeorgane um, später werden die Flossen wieder normal. Es gibt sicher Caenogenesen, die in eine normale Morphogenese eingeschaltet werden.

Auch das Gesetz der konservativen Vorstadien gilt nicht absolut. Wir müssen, wenn wir die Brauchbarkeit des biogenetischen Gesetzes für die Erforschung der Ahnenreihe verwerten wollen, wie bei den anderen Gesetzen das prozentuale Zutreffen festlegen. Hierbei ergibt sich folgende Situation: Die Gültigkeit ist in den einzelnen Phasen der Organentwicklung recht verschieden.

Die erste Phase umfaßt die Absonderung der Organanlage von ihrem Bildungssubstrat. Dieses kann bei Tieren ein epitheliales Keimblatt, wie Ektoderm, Entoderm, Mesoderm, oder auch nur ein undifferenzierter Zellhaufen sein. In dieser Phase besteht eine große Mannigfaltigkeit selbst innerhalb enger Verwandtschaftsgruppen. Die primäre Darmanlage (Entoderm) kann durch Einfaltung (Invagination), lokale oder verteilte Einwanderung (Immigration), tangentiale Zellteilungen (Delamination) oder Ablösung einer einzelnen Bildungszelle (Urentodermzelle) entstehen. Das gleiche zeigen die Entstehung des Coeloms und der Geißelkammern der Schwämme. Das Neuralrohr der Chordaten kann durch Einfaltung, durch solide Abwucherung, aber auch aus einzelnen Urnervenzellen (Copelaten) entstehen. In dieser Phase ist der Geltungsgrad des Gesetzes sehr gering.

Anders ist die Situation in der zweiten Phase. In ihr wird die Organanlage ausgeformt. Hier spiegeln Umformungen der Organbildung in hohem Prozentsatz phylogenetische Abläufe wider. Der Geltungsgrad erreicht hier 80–90%, so daß zu diesem Zeitpunkt Schlüsse von der Ontogenese auf die Phylogenese berechtigt sind.

Noch in anderen Bereichen trifft das Gesetz in hohem Grad zu. Vielzählige Organe erscheinen oft zeitlich nacheinander, z.B. die Zähne der Säugetiere, die Radulazähne der Mollusken, die Blätter der Pflanzen usw. In solchen sukzessiven, meristischen Organen ist das früher gebildete oft primitiver als das später gebildete. Am deutlichsten zeigen das die Zähne der Säugetiere. Der Milcheckzahn ist primitiver als der Dauereckzahn, Milchprämolaren sind oft ursprünglicher als ihre Ersatzzähne. In der Reihe der hinteren Milchprämolaren und der Molaren läßt sich meist eine Umformung feststellen, die der phylogenetischen Abfolge in vielen Charakteren parallelläuft. Für die Schneckengruppe der Heteropoden ist die Primitivität der zuerst gebildeten Zähne der Radula herausgestellt worden. Für die Blattfolge der Pflanzen ist die Sachlage nicht so offensichtlich, da die ersten Blätter oft durch Nährstoffeinlagerung abgewandelt sind (Bohne, Walnuß), doch läßt sich eine Reihe von zutreffenden Fällen nennen, in denen die Primärblätter primitive Züge bewahrt haben. Manche Akazien-Arten haben ihre Blätter stark abgewandelt, z.B. *Acacia pycnantha.* Hier ist die übliche Fiederung verlorengegangen; die aus dem verbreiterten Blattstiel hervorgegangenen Phyllodien sind an die Stelle normaler Blätter getreten. Die Jugendblätter sind aber noch echte, typische Fiederblätter und bilden schrittweise den Übergang zu den Phyllodien. Nadelbäume mit schuppenartigen Blättern wie die Zypressen und Lebensbäume bilden zuerst echte Nadeln. Pflanzen mit Fiederblättern haben oft einfachere Primärblätter, die vielfach die Entstehung der Fiederung demonstrieren. Die ersten Blätter von Farnen sind oft noch gabelig gespalten. Erst später nehmen sie die echte Fiederung an. Selbst in einfachen Proportionen können Rekapitulationen auftreten. Wird eine Extremität vergrößert, so beginnen die Jugendstadien noch mit der alten Dimension. Die Känguruhs, die von baumlebenden Formen abstammen, haben als Junge noch Hinterbeine, die kürzer sind als die Vorderbeine; erst später erlangen sie ihr starkes Übergewicht (Abb. 39). Auch der Mensch, der als bipeder Läufer eine besondere Ausbildung der hinteren Extremitäten erworben hat, ist als Kind ein relativ kurzbeiniger Primat, und seine Beine haben, im Gegensatz zu den meisten anderen Primaten, ein stärkeres Wachstum als die Arme (Abb. 39).

Im Zeitalter der Verhaltensforschung taucht natürlich die Frage auf, inwieweit auch hier die Jugend altertümliche Züge wiederholt. Die Pentacrinus-Larve der freischwimmenden Haarsterne *(Antedon)* wiederholt nicht nur die Stielbildung der festsitzenden Ahnen, sondern auch den Vorgang der Anheftung, den die erst freischwimmende Larve vollzieht. Viele Muscheln, z.B. die Sandklaffmuschel *Mya,* sind als erwachsene Tiere nicht wie ihre Verwandten mit Byssusfäden an der Unterlage angeheftet, sondern nur im Jugendstadium. Einige Raupen von Schmetterlingen sind sekundäre Raubtiere geworden. So fressen die Raupen mancher Bläulinge *(Maculinea arion, Maculinea alcon)* Ameisenbrut in Ameisennestern, die ersten Stadien

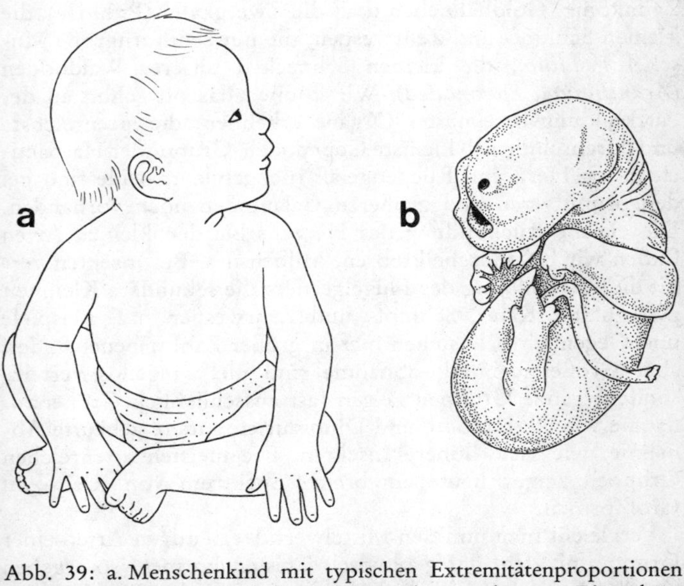

Abb. 39: a. Menschenkind mit typischen Extremitätenproportionen (relativ lange Arme, relativ kurze Beine), b. neugeborenes Riesenkänguruh mit einer Scheitel-Steißlänge von nur 14 mm. Beachte die relativ weit entwickelten Vorderextremitäten. Nach Portmann (1948).

jedoch leben wie die verwandten Arten phytophag an Pflanzen. Umgekehrt sind sekundär Pflanzenfresser gewordene Schlupfwespen erst Parasiten. Beim Menschen sind die starke Klammerfähigkeit der Hand des Säuglings, besonders an fellartigen Unterlagen, und die Neigung vieler Kinder, Bäume zu erklettern, bekannt.

Größenzunahme (Déperetsches Gesetz, Copes Gesetz) und Allometrie

In der Evolution vieler Tierstämme nimmt die Körpergröße zu und führt stufenweise zu Riesenformen. Beispiele lassen sich in Fülle geben, besonders unter den Säugetieren, deren Stammreihen gut belegt sind (Huftiere, Wale u. a.), Dinosauriern, Flugsauriern, aber auch bei Wirbellosen, wie Schnecken, Muscheln u. a. (Rensch). Es gibt aber eine Reihe von Fällen, wo die heutigen Zwergformen sicher nicht die Überreste primitiver Ahnen sind, sondern sekundär durch Verkleinerung ihre heutige Zwerghaftigkeit erreicht haben. Das gilt für die kleinen Singvögel wie Zaunkönig, Goldhähnchen u. a., die Zwergkäfer (Ptiliidae), die kleinen Schlupf- und Zehrwespen, die nur senfkorngroße Muschel *Pisidium*, die kleinen Schnecken unserer Waldböden *(Acanthinula, Spermodea)*. Wir können das oft schon an der Rückbildung bestimmter Organe erkennen: die artenreichste und durchschnittlich kleinste Copepoden-Gruppe der Harpacticiden hat Herz und Rückengefäß rückgebildet; beide sind bei den primitiveren und größeren Calanoiden noch vorhanden. Die gleiche Rückbildung des Herzens bei den kleinen Arten finden wir bei Muschelkrebsen, Milben u. a. Bei Insekten verrät die Rückbildung des Flügelgeäders die sekundäre Kleinheit zwerghafter Käfer, Schlupf- und Zehrwespen u. a. Beispiele und Gegenbeispiele stehen hier in großer Zahl nebeneinander, aber Größenzu- und -abnahme sind nicht regellos verteilt, sondern ganze Gruppen zeigen fast ausschließlich Größenzunahme wie die Huftiere und Dinosaurier, andere gehäufte Abnahme, wie viele höhere Insekten. Die meisten artenreichen Gruppen zeigen heute ein breites Spektrum von Klein- zu Großformen.

Vergleicht man nun den Mittelwert der heutigen Arten einer Gruppe mit dem der geologisch ältesten Formen, so ergeben sich ganz unterschiedliche Situationen. Bei den Huftierlinien liegt der alte Mittelwert nicht nur unter dem heutigen, sondern sogar außerhalb der Variationsbreite, hier war also Größensteigerung eine allgemeine Erscheinung. Bei Primaten und anderen liegt er ebenfalls unterhalb des heutigen Wertes. Größensteigerung läßt sich auch häufig bei Ostracoden, Muscheln, Schnekken und verschiedenen Insektenordnungen finden. Bei Vögeln liegt der alte Mittelwert aber oberhalb des neuen. Diese Unregelmäßigkeit erfordert eine Erklärung, die aber nur zum Teil gegeben werden kann. Bei Kämpfen innerhalb einer Art, mag es sich um Kämpfe um das Territorium, die Nahrung, den Geschlechtspartner oder die Rangstellung handeln, hat der Größere einen Vorteil. Körpergröße hat also in den Fällen einen Selektionsvorteil und wird sich im Laufe der Stammesgeschichte steigern. Das gilt für viele Säugetiere, für Krabben (Brachyuren) und manche Käfer (Lamellicornia).

Besonders wichtig sind die räumlichen Verhältnisse der Umwelt, genauer, ihre Durchdringungsmöglichkeit. Für größere Tiere, besonders Pflanzenfresser, bieten Steppe und Savanne ein gutes Entfaltungsgebiet, und hier entwickelten sich auch die großen Huftiere, nashorngroße Beuteltiere *(Diprotodon)* und die Strauße. Die Besiedlung der Bodenräume begünstigte geringe Körpergröße.

Besonders deutlich wird der Zwang zur Größenabnahme bei den Tieren, die die Lücken des Bodens besiedelt haben, im Wasser den Sandboden, auf dem Lande die Streuschicht und den Humus (interstitielle Fauna). Dieses labyrinthische Lükkensystem haben nicht nur primär kleine Tiere besiedelt wie etwa Amöben und Infusorien, sondern auch ursprünglich größere Tiergruppen sind unter Verzwergung in diesen Lebensraum mit einigen oder zahlreichen Arten vorgedrungen. Im Lückensystem zwischen Sandkörnern leben die kleinsten Medusen *(Halammohydra)* und Polypen *(Nannohydra)*. Zahlreiche Krebse (Copepoden, Mystacocariden, Isopoden u. a. (Abb. 40)) sind hier weniger als ⅓ mm lang oder doch deutlich kleiner als ihre Verwandten aus anderen Lebensräumen; zu ähnlicher Größe steigen Polychaeten herab *(Diurodrilus)*. Nicht nur die Raumverhältnisse, sondern auch die Lebensweise wirkt fördernd oder hemmend auf die Größe. Parasiten erreichen oft das Maximum in ihrer Gruppe, z. B. die Bandwürmer und Saugwürmer unter den Plathelminthen, *Dioctophyme* unter den Nematoden, die parasitischen Copepoden (Lernaeidae, Lernaeopodidae). Die Größensteigerung verläuft bei weidenden Pflanzenfressern oft besonders schnell, im Meer bei filtrierenden Planktonfressern (Bartenwalen, Riesenhaien). Die Größenzu-

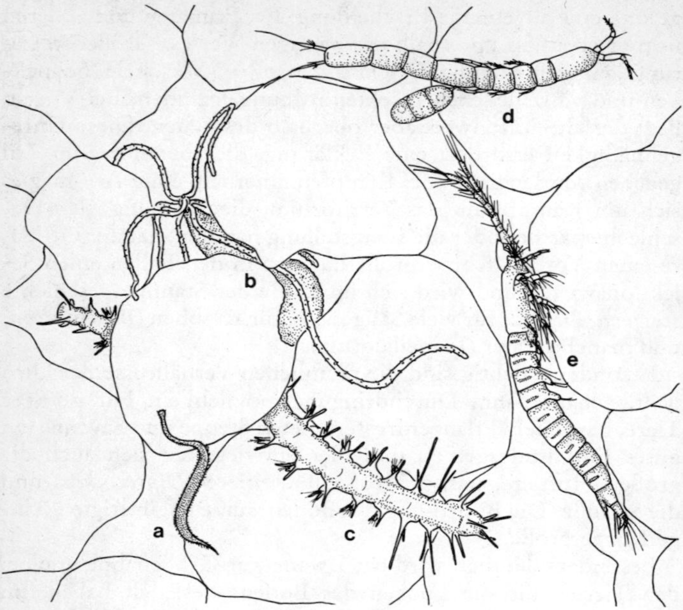

Abb. 40: Das Lückensystem zwischen den Körnern mariner Sande wird von winzigen Tieren vieler Tierstämme besiedelt, die oft eine langgestreckte Körpergestalt aufweisen (Konvergenz). a. *Tracheoraphis* (Ciliata), b. *Halammohydra* (Cnidaria), c. *Microphthalmus* (Annelida), d. *Cylindropsyllus* (Copepoda), e. *Derocheilocaris* (Mystacocarida). Original R. P. Higgins (1988).

nahme hängt also von sehr verschiedenen Faktoren ab, so daß ihr unregelmäßiges Auftreten nicht erstaunlich ist.

Im Pflanzenreich hat man das »Gesetz der Größenzunahme« kaum angewendet. Zwar könnte man hier als fördernden Faktor das Überwachsen kleinerer Pflanzen und damit erhöhten Lichtgenuß anführen, jedoch sind bei großen Formen Wasser- und Nährstofftransport erschwert. Von großen Gruppen der Landpflanzen existierten bereits im Karbon Bäume, die zum Teil 30 m Höhe erreichten. Das gilt für Bärlappgewächse mit *Lepidodendron* und *Sigillaria*, Schachtelhalmgewächse mit *Calamites* und die Farne. Von diesen leben heute nur noch die Baumfarne, die übrigen nur noch in kleinen Arten. Auch unter den Samenpflanzen finden sich bei alten und primitiven Gruppen Bäume (*Ginkgo,* Nadelhölzer, Magnolien). Sicher sind vielfach die Großformen ausgestorben und die rezenten von kleineren abzuleiten. Es gibt aber auch unter den Pflanzen sichere Fälle der Größenreduktion, z. B. in der Reihe Sigillarien – *Pleuromeia* – *Isoetes,* bei den Wasserlinsen u. a.

Größensteigerung hat meist Proportionsänderung im Gefolge (Allometrie). Entwicklungsbeginn und Entwicklungstempo einzelner Organe des Körpers sind verschieden. Gehirn und Augen sind z. B. bei Wirbeltieren früh angelegt und entwickeln sich zunächst schneller als viele andere Organe; sie sind dementsprechend zunächst verhältnismäßig groß. Die Kieferregion entfaltet sich später, sie wird daher im Alter relativ zum Hirnschädel größer. Der Mensch zeigt ein vom Kindesalter an im Vergleich zu den Armen verstärktes Wachstum der Beine. Große Rassen haben daher meist relativ längere Beine. In der Stammesgeschichte der Titanotherien, ausgestorbener Säuger Nordamerikas, nimmt die Dimension der Hörner mit der Größe der Tiere zu. Auch bei der Zunahme der Mandibelgröße der Hirschkäfer ist die Abhängigkeit der Größe dieses »Geweihes« von der Körpergröße sowohl bei der starken individuellen Größenvariation als auch in der Phylogenese sichtbar (Meunier). So kann durch Größensteigerung die Bildung von exzessiven Merkmalen gefördert werden, ein weiterer Grund für die Gefährdung mancher Riesenformen.

e. Orthogenese und Entwicklungszyklen

Es ist das Schicksal der Evolutionslehre, daß bestimmte Vorstellungen aus nichtbiologischen Bereichen in sie eingeschleust werden und sie beeinflussen wollen. Enthalten diese Vorstellungen auch noch geheime Triebkräfte oder unserem Seelenleben entnommene Prozesse, so sind sie einer weiten Verbreitung sicher.

Die Orthogenese wurde zu Beginn des 19. Jahrhunderts von Eimer ausführlich dargestellt und später zum Anlaß heftiger Debatten. Eimer führte diese in einer Richtung verlaufenden Umbildungsreihen in erster Linie auf ein inneres Wachstum, die Organophysis, zurück, die über viele Generationen die Ausbildung in bestimmte Richtung führt. Daß es solche Reihen gibt, die eine gerichtete Umbildung erkennen lassen, wurde bereits erwähnt. Es gibt also eine Orthoevolution, sie wird heute als »trend« bezeichnet. Aus ihr einen inneren Wachstumsfaktor abzuleiten, ist reine und überflüssige Spekulation. Die gerichtete Umbildung von Anpassungsreihen bietet dem Verständnis keine Probleme. Etwas schwieriger ist das Verstehen der Differenzierungsparallelen (Kasten sozialer Insekten, rasche Zunahme des Großhirns bei vielen Gruppen der Säuger), aber ein neuer Name für unbekannte Erscheinungen klärt die Situation nicht, sondern vernebelt sie.

Eine große Anziehungskraft für die Ausdeutung von Abläufen hat der Wandel der Lebewesen von Geburt, Jugend, Reife, Alter und Tod. Schon seit der Antike sucht man das historische Schicksal von Völkern so zu sehen. Spengler preßte die Entwicklung von Kulturen in dieses Schema und prophezeite den »Untergang des Abendlandes« als natürlichen Tod. So ist es nicht erstaunlich, daß auch der phylogenetische Ablauf von Stammeslinien in dieser Weise interpretiert wurde. Neue Organisationstypen sollten – ähnlich der Geburt – plötzlich entstehen (der erste Vogel kroch aus einem Reptilienei). In der Frühzeit sollte eine hohe Plastizität der Formbildung eine schnelle Umbildung des Baues bringen. Es folgt die Zeit der Reife, in der die Einzellinien sich in starrer Entwicklung an die verschiedenen Lebensräume anpassen und dadurch eine Blütezeit der Stammeslinien herbeiführen. Das Alter ist nach dieser Vorstellung durch Formverwilderung gekennzeichnet. Dann folgt der natürliche Tod. Diese Sicht der Evolution ist bei Paläontologen verbreitet. Eine Prüfung des Materials ergibt für eine solche Auffassung wenig an Beweisen. Soweit wir die Entstehung von Ordnungen und Klassen durch reiche Fossilfunde belegt finden, entstehen neue Typen in stufenweiser Entwicklung. Die Eigenarten der Organisation treten nicht gleichzeitig, sondern nacheinander auf (additive Typogenese). Dafür bieten die Wirbeltiere Beispiele. Der Gedanke an eine plötzliche Entstehung der Typen kam aus der angeblichen Feststellung, daß viele Stammesreihen an der Basis aufhören. Man verlängerte dann die Trennung bis an den Anfang, wie das manche Phylogenetiker taten, oder nahm – wie oben dargelegt – eine sprunghafte Neuentstehung an. Aber dieses Abreißen von Stammeslinien hat mehrere Gründe, die schon in Kapitel 3. a. erläutert wurden. Alle Stammeslinien beginnen mit wenigen, streng genommen mit einer Art, in ökologisch und geographisch engen Bereichen.

Daß man diesen Teil der Stammeslinie in Fossilformen findet, ist extrem unwahrscheinlich. Das gleiche gilt auch für die schmalen Endlinien mancher Gruppen. Die Rhynchocephalen (Brückenechsen), heute mit einer Art auf Neuseeland vertreten, sind fossil im ganzen Tertiär nicht nachgewiesen, obwohl sie doch in dieser Zeit gelebt haben müssen. Das gilt auch für den Crossopterygier *Latimeria* und die Urschnecke *Neopilina*. Beide fehlen in der fossilen Überlieferung über Hunderte von Millionen Jahren. Wir können also auch für schmale Anfangslinien von Stämmen einen Mangel an Fossilformen erwarten, besonders wenn man die Forderung so hoch schraubt, die Stammart oder Stammgattung nachweisen zu wollen. Oft werden aber voreilig Formen aus der Ahnenlinie eliminiert, etwa, wenn man eine im Bau brauchbare Gattung ausschaltet, weil die überlieferten Reste einer etwas späteren Zeit angehören als für den Ursprung angenommen wurde, oder weil man sie ohne triftige Gründe als zu spezialisiert betrachtet.

In der Anfangsphase vieler Stämme ist allerdings eine rasche Umbildung häufig. Das tritt ein, wenn die Form zu einer neuen Lebensweise übergeht und die Dissonanz zwischen bestehender Organisation und den Anforderungen der Umwelt besonders groß ist. Dann ist eine rasche Umkonstruktion erforderlich.

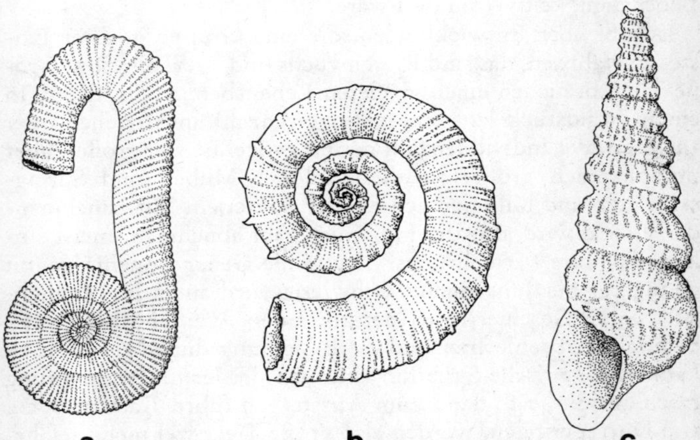

Abb. 41: Fossile Tintenfische (Ammoniten) mit verschiedenen aberranten Gehäusen.

Gestattet die Umwelt mehrere Leistungstypen nebeneinander, so werden verschiedene Linien nebeneinander auftreten. Oft bleibt aber nur eine bestehen, und es scheint, als ob die Natur experimentiert hätte. Daß Blütezeiten mit Radiationen in verschiedener Weise und in verschiedenen Zeiten der Stammesentwicklung auftreten, wurde bereits erwähnt.

Die Formverwilderung als seniles Stadium eines Stammes erscheint uns zweifelhaft. Tatsache ist, daß manche Stämme vor ihrem Aussterben eine große Mannigfaltigkeit, zum Teil mit Riesenformen aufweisen, beispielsweise die Dinosaurier und Ammoniten. Sie als Formverwilderung zu begreifen, ist schwer. Meist handelt es sich um echte Anpassungs- oder Lebensformtypen. Selbst unregelmäßig aufgerollte Ammoniten (Abb. 41) können Ausdruck einer Form des Lebens auf festem Untergrund sein, wie heute unter den Schnecken die Wurmschnecke *Vermetus* zeigt. Betrachten wir aber heute noch blühende Tiergruppen mit großer Artenzahl, wie die Schnecken, Muscheln, Käfer, Wanzen und Spinnen (Abb. 42), so treffen wir eine scheinbare Formverwilderung, die noch größer ist als die der Ammoniten. Sollen alle diese Gruppen vor dem Aussterben stehen? Abgesehen davon, daß das unwahrscheinlich ist, haben viele schon seit langer Zeit diese breite Formengestaltung, beispielsweise die Schnecken und Foraminiferen, ohne daß ihre Lebensfähigkeit vermindert wäre.

Es gibt aber Entwicklungen, die eine Gruppe in ihrer Existenz gefährden, das sind Riesenwuchs und Spezialisation. Große Tiere brauchen einen größeren Lebensbereich als kleine. In einem Waldstück lebt eine geringe Anzahl an Hirschen oder Luchsen, die Individuenzahl der Singvögel ist viel größer, aber millionenfach größer ist die Zahl der Milben und Springschwänze und billionenfach die der Bakterien. Mit zunehmender Größe wird also die Individuenzahl abnehmen, meist sinken auch ihre Vermehrungsrate und die Generationenfolge mit geringerer Siedlungsdichte. Schwierig wird auch die Möglichkeit, einen Geschlechtspartner zu finden. Werden die Lebensbedingungen schlechter und die Besiedlungsdichte geringer, so kann eine kritische Situation eintreten, in der die Vermehrung rasch absinkt, was dann zum Aussterben führt. Katastrophen, wie Dürreperioden, werden also große Tiere viel mehr gefährden als etwa Mäuse oder Käfer, die vielleicht in Restbezirken Refugien finden, welche ihnen ein Überleben von Katastrophen ermöglichen.

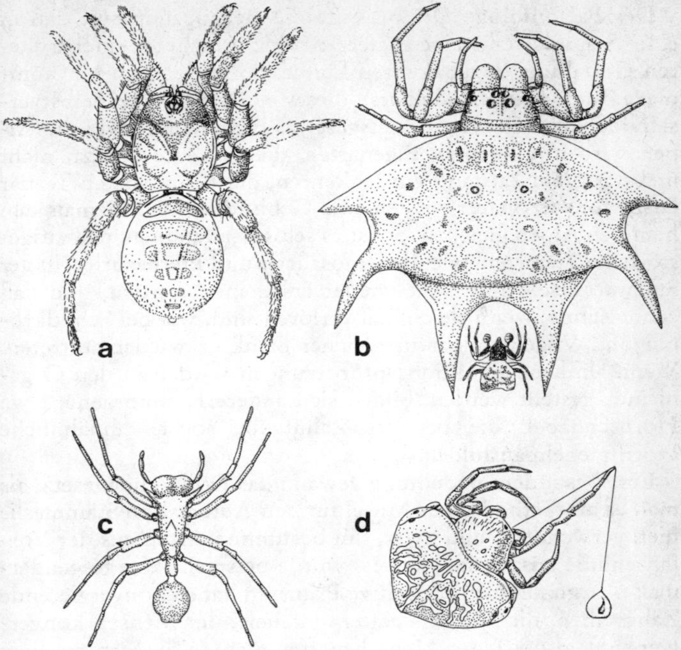

Abb. 42: Verschiedene Webspinnen sehr unterschiedlicher Gestalt. a. *Lipistius*; b. *Gasteracantha* (zwischen den Fortsätzen des Hinterkörpers ein Zwergmännchen); c. *Aphantochilus,* eine Krabbenspinne, die mit Ameisen lebt; d. *Mastophora,* fängt ihre Insektenbeute mit einem Klebtropfen, der an einem Seidenfaden befestigt ist. Nach Bristowe (1941), Millot (1949).

Spezialisierung bringt eine Einengung des Lebensraumes. Tiere, die nur eine oder wenige Pflanzenarten als Nahrung benötigen, wie z. B. der Beutelbär und viele Insekten, sind in ihrer Existenz von deren Gedeihen abhängig. Mit dem Aussterben einer Gattung der Säugetiere sterben auch alle ihre spezifischen Parasiten aus. Solche Spezialisierung führt nicht unbedingt zu einem Aussterben bei Änderung der Lebensbedingungen. Es gibt Umspezialisierung, selbst bei Nahrungsspezialisten. Aber Umspezialisierung braucht meist viel Zeit, und so sind stark spezialisierte Arten zwar nicht sichere Todeskandidaten, aber doch gefährdete Existenzen. Die Vorstellung von den Entwicklungszyklen bleibt also eine Hypothese mit unsicherer Basis.

Der Paläontologe Dollo stellte die Behauptung auf, daß in einer Stammesreihe eine spätere Art nicht mehr zu einer früheren Gestaltung zurückkehren könne. Soweit es sich um komplexe Bildungen handelt, ist dieses »Gesetz« eine Selbstverständlichkeit (Irreversibilitätsgesetz). Ein Gebirge wie die Alpen wird in all seinen Eigenarten, die es heute besitzt, nicht mehr zu dem Zustand zurückkehren, der es im späten Tertiär auszeichnete. Später entstehende Gebirge werden niemals den heutigen Alpen gleichen. So ist es selbstverständlich, daß ausgestorbene Tierarten, wie die Dinosaurier und Pterosaurier, in der Stammesgeschichte nicht wieder erscheinen werden, und daß echte Zähne, wenn sie einmal verloren sind, wie bei Schildkröten und Vögeln, nicht in gleicher Struktur wieder auftreten. Wenn ähnliche Funktionsanforderungen wieder an den Organismus gestellt werden, bilden sich andere Ersatzorgane, etwa Hornschnäbel, die bei der Zahntaube sogar zahnähnliche Hornstacheln ausbilden.

Eine besondere Bedeutung gewann das Dollosche Gesetz, als man es als methodisches Mittel für den Aufbau von Stammeslinien verwendete, und zwar, um bestimmte Arten aus der Vorfahrenlinie auszuschließen. Es wurde beispielsweise folgendermaßen argumentiert: Primitive Primaten haben konvergierende Zahnreihen, die Menschenaffen parallele, der Mensch konvergierende, also können Menschenaffen nicht in die Stammeslinie der Menschen gehören. Die Frage ist also: Kann irgendein Merkmal – ganz gleich, ob es einfach oder kompliziert ist –, das bei einer Stammart A vorhanden ist, bei der Nachkommenart B jedoch fehlt, bei der folgenden Art C wieder vorhanden sein, oder muß die Art B aus der Ahnenlinie von C ausgeschaltet werden? Das ist sicher in vielen Fällen nicht nötig. Einfache Strukturen, besonders Proportionen und Indices, können leicht wieder zu früheren Zuständen zurückkehren. Parallele Zahnreihen können bei Verkleinerung von Schneide- und Eckzähnen wieder konvergieren, die Körperform kann wieder einem früheren Zustand zustreben, wenn die Spätform abermals zum Lebensraum und zur Lebensweise früherer Vorfahren übergeht. Ichthyosaurier und Wale zeigen in der Form Gemeinsamkeiten mit Fischen; Schnecken können wieder wurmförmig werden.

Nähere Betrachtung verdienen die Fälle von Neotenie und Pädomorphose (Fetalisation). Wie bekannt, gibt es eine Anzahl kiementragender Amphibien. Sie wurden früher als eine primitive Gruppe betrachtet. Wir wissen heute, daß der Besitz von Kiemen sekundär ist und daß die kiementragenden Gattungen (*Proteus, Typhlomolge* u.a.) nicht näher verwandt sind. Hier haben wir anscheinend die Rückkehr eines alten Organs, aber von Rückkehr kann nur die Rede sein, wenn wir die erwachsenen Tiere vergleichen; denn die Larven aller Amphibien besitzen Kiemen und Kiemenspalten. Das Organ war also auf das Jugendstadium beschränkt worden, später aber wieder in das Erwachsenenstadium zurückgekehrt. Den Weg dieser Rückkehr kennen wir recht genau. Ein anderes Urodel, *Ambystoma tigrinum,* hat als Variante geschlechtsreif gewordene Larven (Neotenie). Bei *Ambystoma mexicanum* war dies fast die Normalform, und man hielt sie zunächst für eine eigene Gattung, bis experimentell durch Hypophysenhormone ihre Umwandlung in den Salamander *Ambystoma* gelang. Diese Möglichkeit der Umwandlung fehlt aber dem Olm und den anderen erwähnten Molchen. Tiergruppen, die durch Persistenz von Larvalcharakteren entstanden sind, sind die Wasserflöhe (Cladoceren) und wohl auch die Polychaetenfamilie der Dinophiliden sowie die Rotatorien.

Nicht immer erfolgt ein Übergang von Charakteren des Jugendstadiums auf das Erwachsenenstadium durch Rückverlegung der Geschlechtsreife auf das Larvalstadium, die man Neotenie im engeren Sinne nennt. Es kann besonders bei Größenabnahme von Formen oder durch verzögerte Ausbildung von Einzelcharakteren zu einer Persistenz von Jugendmerkmalen kommen: Pädomorphose oder Fetalisation. Bolk fand, daß Embryonen und Junge von Menschenaffen menschenähnlicher sind als die erwachsenen Tiere. Sie haben eine stark behaarte Kopfkappe, der Hirnschädel ist gerundet (infolge der frühzeitigen Entwicklung des Gehirns). Die Sondermerkmale der Hominiden sollten durch Fetalisation entstanden sein. Wie wir inzwischen wissen, ist das nur sehr bedingt und nur für Einzelcharaktere richtig. Für die Phylogenese der Foraminiferen fordert Rhumbler in manchen Fällen ein erstes Auftreten von Merkmalen in den Jugendstadien und von hier aus eine Ausdehnung auf das Erwachsenenstadium (Proterogenese). Hier wäre also – anders als im biogenetischen Gesetz – das Jugendstadium fortschrittlich. Eine Rückkehr von Ahnenmerkmalen liegt aber nur dann vor, wenn die Jugendmerkmale solche bewahrt hatten.

Eine Rückkehr zu früheren Zuständen ist auch an Einzelgebilden ähnlicher Organe möglich. In der Herleitung des Menschen spielt der untere vordere Prämolar (P_3) eine wichtige Rolle. Er besitzt, wie bei primitiven Primaten, einen Innenhöcker (Metaconid), der bei den Menschenaffen fehlt, so daß diese aus der Vorfahrenreihe ausgeschaltet werden sollten. Ganz abgesehen davon, daß er nicht bei allen Menschenaffenarten hundertprozentig fehlt, ist er an den folgenden Zähnen (P_4 bis M_3) stets vorhanden. Eine solche Rückkehr eines Höckers auf einem Einzelzahn ist aber leicht möglich, wenn er in der Zahnreihe noch vorhanden ist. Kurten hat durch Studien an fossilen und rezenten Luchsen gezeigt, daß auch an Molaren Höcker wiedergekehrt sind.

Die Säugetiere haben primär sieben Halswirbel, d.h. vordere Wirbel ohne freie Rippen. Bei den Vorfahren der Säuger trugen die Halswirbel Rippen. Nun treten aber bei dem Faultier *Choloepus hoffmanni* und bei Seekühen am siebten Wirbel sekundär wieder freie Rippen auf, die sogar das Brustbein erreichen können. Schließlich kann eine Rückkehr alter Merkmale dort eintreten, wo Umbildungen nach Art der klassischen Mutationen erfolgt sind. Die Lungenschnecken sind ursprünglich rechtsgewunden. Manche Gruppen sind zur Linkswindung übergegangen, z.B. die Clausiliiden. Innerhalb dieser Linksgruppen kann bei einzelnen Arten und Gattungen Rechtswindung auftreten. Die beiden Stirnbeine der Affen sind zu einem Knochen verwachsen. Sekundär treten als Varianten wieder geteilte Stirnbeine auf, beim Menschen lokal bis 10%, bei einem Blätteraffen *(Colobus kirki)* aber bei der Mehrzahl der Individuen.

Wir fassen zusammen:

1. Ausgestorbene Arten und komplexe Organe treten nie wieder auf, wenn die Organe im gesamten Entwicklungsablauf verschwunden sind.

2. Eine Wiederkehr von Merkmalen ist möglich, wenn eine Gruppe wieder in den früheren Lebensraum zurückkehrt, etwa den Wechsel Wasser – Land – Wasser vollzieht. Rückkehr ist häufig und leicht, wenn es sich um einfache Merkmale, etwa Proportionen, Indices und Lagebeziehungen handelt. Rückkehr selbst komplexerer Strukturen kann auf dem Wege der Neotenie und Pädomorphose auftreten, wenn die Jugendform die Merkmale noch bewahrt hatte. In Organserien, wie Zähnen und Wirbeln, können in einem Einzelorgan Strukturteile wieder erscheinen, wenn sie an anderen Teilen erhalten blieben.

Funktionswechsel, Substitution und Prädisposition

Daß Organe ihre Funktion wechseln können, ist eine Grundtatsache der Phylogenese. Welch funktionelle Vielgestalt die Vorderextremitäten der Wirbeltiere hervorbringen können, zeigt Abb. 16. Ein Insektenbein kann Laufbein, Grabschaufel, Kiefer, Saugrüssel, Lauterzeugungsorgan, Ruder, Teil des Begattungsorgans oder der Legeröhre werden. Die Zunge der Wirbeltiere, primär wohl Organ der Leitung der Nahrung im Mund, wird vorschnellbares Fangorgan (Chamäleon, Molche), Leimrute bei Ameisen- und Termitenfressern (Ameisenbär, Ameisenigel), Saugröhre für Honigaufnahme (Kolibris, Nectariiden), Pollenbürste (manche blütensuchenden Fledermäuse und Papageien), Trinkbecher (Katze), Hilfsorgan beim Sprechen (Mensch), Spürorgan (Schlangen), Putzorgan (bei verschiedenen Säugetieren) usw.

Unter den Pflanzen zeigt die Ausgestaltung des Blattes vom Nährblatt zu Speicherblatt, Ranke, Dorn, Schwimmblatt, Kelchblatt, Blütenblatt, Fangblatt usw. den weiten Bereich der erworbenen Funktionen. Unter den Hahnenfußgewächsen trägt das Buschwindröschen *(Anemone nemorosa)* am Stiel drei zerteilte laubige Hochblätter, sie sind beim Leberblümchen *(Hepatica nobilis)* unter die Blüte gerückt und fungieren als Kelchblätter; beim Hahnenfuß *(Ranunculus)* sind es Nektarblätter, die gleichzeitig die Funktion von Kronblättern übernehmen und bei anderen Formen dieser Familie becher- oder fadenförmig sein können (Abb. 18). Bei *Thalictrum*-Arten übernehmen die Staubblätter durch ihre Farbe die Funktion der Anlockung. Bei den Cannaceae, die zu den Ingwergewächsen (Zingiberales) gehören, nehmen die Staubblätter die Form und Farbe von Blütenblättern an. Es bleibt nur ein halbes Staubblatt, d.h. ein Staubgefäß nimmt die Gestalt eines Blütenblattes an, dem noch ein halber Staubbeutel (= 1 Theca) ansitzt (Abb. 43). Den Weg des Funktionswechsels können wir also in vielen Fällen klar erkennen.

Viele Organe haben nicht nur eine bestimmte Einzelfunktion, sondern verrichten mehrere, oft ganz verschiedene Leistungen. Sewertzoff spricht daher von einer primären Multifunktionalität der Organe. Meist kann man eine Hauptfunktion und mehrere Nebenfunktionen erkennen. Der Schnabel der Vögel ist in seiner Hauptfunktion Aufnahmeorgan der Nahrung. Je nach den Arten sind verschiedene Nebenfunktionen ausgebildet: Der Schnabel kann bei Verteidigung und Aggression zum Hacken

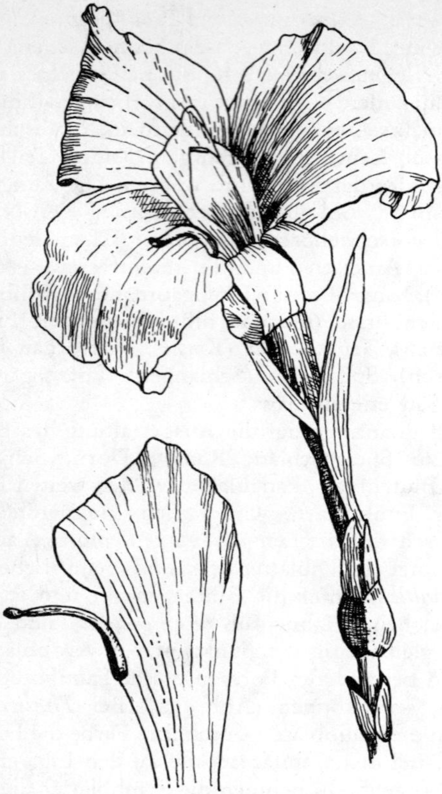

Abb. 43: *Canna iridiflora.* Blüte und einzelnes Blütenblatt, dem ein Staubbeutel ansitzt. Nach Troll.

benutzt werden, bei anderen Formen ist er Meißel für den Bau der Bruthöhle (Spechte), Kletterorgan (Papageien), Balztrommelschlegel (Spechte), Putzorgan usw.

Die Flügel des Abendpfauenauges *Smerinthus ocellata* sind primär Flugorgane. Sie haben als Nebenaufgabe die Aufheizung des Körpers durch Schwirren. Die Vorderflügel haben ferner durch die Färbung eine Tarnfunktion. Die auffallend gefärbten Hinterflügel mit ihren »Augen« dienen der Abschreckung von Feinden und werden bei Gefahr aktiv demonstriert.

Der Funktionswechsel besteht im typischen Fall darin, daß eine Nebenfunktion zur Hauptfunktion wird. Viele Insekten verwenden ihre Beine in der Hauptfunktion zum Laufen, in der Nebenfunktion zum Ergreifen von Nahrung. Bei den Gottesanbeterinnen ist Greifen Hauptfunktion, das Schreiten ist von untergeordneter Bedeutung. Schließlich ist bei vielen Arten die Vorderextremität alleiniges Greiforgan, z. B. bei manchen Wanzen, und in ähnlicher Weise bei Skorpionen, Krebsen u. a. Aus Laufbeinen sind reine Fangbeine geworden.

Die Flügel der Heuschrecken sind Flugorgane, außerdem dienen sie bei Laubheuschrecken und Grillen der Lauterzeugung. Unter Verkürzung der Flügel werden sie bei einer Reihe von Gattungen reine Stimmorgane (*Pholidoptera* u. a.). Solche Umschaltungen bedingen Abänderungen der stammesgeschichtlichen Entwicklung. Gäbe es einen Funktionswechsel nur durch Vordringen von Nebenfunktionen, so wäre seine Leistung in der Phylogenie bald erschöpft. Es gibt ja nur eine beschränkte Zahl von Nebenfunktionen. Diese Einschränkung wird aufgehoben durch Funktionserweiterung. Auch sie ist in reichem Maße nachweisbar. Einige ihrer Wege seien hier kurz geschildert.

Neue Nebenfunktionen entstehen aus Nebeneffekten. Die Tätigkeit vieler Organe ruft Nebeneffekte hervor, die für die Art biologisch ohne Bedeutung sind. Die Flügel und Beine erzeugen bei ihrer Bewegung oft Nebeneffekte, das gilt für Vögel wie für Insekten. Aus solchen Nebeneffekten können Nebenfunktionen werden. Das zeigt besonders die Lauterzeugung der Orthopteren (Heuschrecken, Grillen). Es entstehen Geräusche der Flügel beim Flug, beim Streifen der Beine an den Flügeln und beim Kauen durch die Kiefer. Diese Nebengeräusche sind in verschiedenen Linien zu Balz- oder auch Drohgeräuschen geworden und wurden verstärkt, kompliziert und ritualisiert. Es gibt Heuschrecken mit einer Kiefergeräuschbalz; bei der »Knatterheuschrecke« *Psophus stridulus* ist das Fluggerassel intensiviert und in einen Balzflug eingebaut. Laubheuschrecken und Grillen zirpen durch Aneinanderreiben der Flügel, Feldheuschrecken musizieren durch Streichen der Beine an den Flügeln. Der Flügelschlag der Vögel kann als Nebenfunktion biologische Lauterzeugung ausüben. Das zeigt der klatschende Flügelschlag der Tauben bei Störung sowie das klingende Geräusch fliegender Schellenten. Diese haben sogar besondere Schallfedern entwickelt. Das Klopfgeräusch, das als Nebeneffekt bei der Suche nach Beute von Spechten mit dem Schnabel erzeugt wird, erweitert sich bei Bunt- und Schwarzspechten zu einem lauten Trommelsignal. Spechte suchen zum Trommeln schallende Gegenstände auf, sogar die bunten Metallkugeln, die zu Beginn dieses Jahrhunderts in Gärten und Vorgärten aufgestellt wurden. Wie solche Nebeneffekte, die ja eine Veränderung der Sinnes- und Reaktionsleistungen erfordern, in die Lebensweise eingefügt werden, ist allerdings noch schwer verständlich.

Entsprechendes gilt für das Auftreten von Zusatzfunktionen (Addition von Funktionen). Der Penis der Turbellarien trägt zum Teil komplizierte Stilette. Bei manchen Gattungen, z. B. *Gyratrix* und *Prorhynchus*, wird ein solches Begattungsorgan auch als Dolch zum Töten von Beutetieren verwendet. Die Legeröhre ist bei den Arbeiterinnen der Biene zum Giftstachel geworden.

Wie kompliziert funktionelle Abänderungen verlaufen können, sei am Beispiel der Molluskenkieme (Ctenidium) erläutert. Sie liegt bei den Kiemenschnecken in einer Kiemenhöhle, in die das Atemwasser durch Wimpern eingestrudelt wird. Dieses Wasser enthält aber Detritus und Kleinorganismen. Sie werden durch Schleimbezirke vor Erreichen der echten Kieme abgefangen und in Schleim eingebettet. Bei mehreren Schnecken wird nun der Schleim, der das Nährmaterial enthält, dem Munde zugeleitet, beispielsweise bei *Bithynia.* Diese Schnecken haben jetzt zwei Ernährungsweisen, das normale Fressen von Lebewesen des Bodens mit dem Mund nach althergebrachter Weise und die Aufnahme von Planktonorganismen und Detritus als Strudler. Schließlich wird die zweite Ernährungsweise die alleinige, die Tiere werden volle Strudler mit Ausnutzung des Wasserstroms der Kieme, wie z. B. die Pantoffelschnecke *Crepidula.* Jetzt können die Tiere halbsessil und sessil werden. Die Pantoffelschnecke setzt sich oft auf Austern fest und wird für diese infolge gleicher Ernährung zum Nahrungskonkurrenten. Bei Muscheln ist der Umbau der Kieme zum Filterorgan für die Aufnahme und Weiterleitung eingestrudelten Nährmaterials vollendet. Der Einstrom in die Mantelhöhle wird reguliert; vom Mantelrand bilden sich Röhren, die Siphonen, für Ein- und Ausfuhr des Wassers. Manche Muscheln, z. B. die Plattmuschel *(Macoma)* unserer Küsten, verlängern den Einstromsiphon zu einem langen beweglichen Rohr, das nun vom Boden Detritus und Kleinorganismen aufnimmt. Noch stärker wandeln einige

Muscheln tieferer Meeresgebiete (Septibranchia) ihre Nahrungsaufnahme ab. Sie ersetzen die strudelnde Kieme durch eine muskulöse Platte, die in den Kiemenbereich vorwächst und eine Art Zwerchfell in der Mantelhöhle bildet. Diese ermöglicht ein ruckweises Einsaugen von Wasser und bringt eine Erweiterung der Nahrungsaufnahme: die Septibranchia können größere Tiere einschlucken, und so sind aus strudelnden Mikrophagen Räuber geworden. Funktionswechsel und Funktionserweiterung beherrschen also den Gang der Stammesgeschichte.

Die Substitution ist ein Gegenstück zum Funktionswechsel. Die Funktion bleibt beständig, aber die Strukturen, die sie ausüben, werden im Körper ausgewechselt. Ein bekanntes Beispiel ist der Wechsel des Achsenskelets der Wirbeltiere. Dies wird zuerst durch die Chorda dorsalis gebildet, die stammesgeschichtlich vom Darm herzuleiten ist, also dem Entoderm entstammt. Zu ihrer Unterstützung bildet das Mesoderm Hüllen, die erst aus Bindegewebe bestehen, später aber Knorpel und Knochen in sich bilden. Diese Gewebe geben erhöhte Festigkeit und einen differenzierten Ansatz für die Muskulatur. So übernimmt der mesodermale Anteil allmählich die Funktion des Achsenskelets: es entsteht die Wirbelsäule. Die Chorda wird zunehmend eingeengt und reduziert, bis sie bei Vögeln und Säugetieren nur noch embryonal bestehen bleibt.

Hier ist aus den Leistungen der Gewebe die Substitution verständlich. Das ist aber nicht immer der Fall. Nahe der Ansatzstelle der Insektenflügel liegt ein kleines unpaares Stück verdickten Chitins, das Schildchen oder Scutellum. Bei manchen Wanzen nimmt es schrittweise an Umfang zu und bedeckt schließlich die gesamte Rückenfläche, z.B. bei *Eurygaster* und den Plataspidae. Es treten auf ihm Farbmuster auf, wie sie sonst für Flügel üblich sind. Nun war bei den Wanzen schon eine schützende Rückendecke vorhanden, die von den in ihrem Hauptteil zu Schutzdecken ausgebildeten Vorderflügeln dargestellt wurde. Mit dem Vorrücken des Scutellums wird diese Schutzdecke schrittweise abgebaut. Die Flügel bleiben erhalten, nur ihr zum Schutz verstärkter Teil verliert seine Funktion.

Umbildungen sind aber nicht beliebig möglich. Die bereits vorhandenen Funktionen und Nebenfunktionen gestatten nur eine Veränderung in bereits vorgezeichneten Richtungen. Man hat diese Erscheinung als Präadaption (Präadaptation) bezeichnet. Aber eine »Voranpassung« kennzeichnet den Prozeß schlecht, besser ist der Ausdruck Prädisposition. Die Umformung nach einem Wechsel von Funktion, Lebensweise und Lebensraum geht nicht plötzlich vor sich, sondern formt die übernommene Organisation schrittweise um. So kommt es zu überlagerten Lebensformtypen; die Baumkänguruhs (*Dendrolagus*, Abb. 44), die sekundär zum Baumleben übergegangen sind, haben noch weitgehend den Bau ihrer bodenlebenden, springenden Verwandten, Anpassungen an das Baumleben sind noch gering. Vergleichen wir in ihrer Lebensweise unsere Strandschnecke *Littorina* und die Spitzschnecke *Lymnaea*: die Spitzschnecke ist viel mehr Wassertier als die Strandschnecke und verläßt das Wasser nicht freiwillig. Die Strandschnecke dagegen kann man oft außerhalb des Wassers finden, sie kriecht sogar bei Sonnenschein auf Steine, die über die Wasserfläche ragen. Trotzdem ist bei ihr die Anpassung an das Leben in der Luft sehr gering, sie besitzt noch Kiemen, also Wasseratmungsorgane, und steht in einer Anfangsphase der Anpassung an das Luftleben. Die Spitzschnecke hat aber Lungen und atmet Luft. Sie ist sekundär Wassertier.

Zum Schluß dieses Abschnittes wollen wir noch ein merkwürdiges Phänomen erwähnen. Der Botaniker Goebel sprach von einem immanenten Entfaltungstrieb. Das klingt zwar vitalistisch, hat aber eine reale Tatsachenbasis. Es wurde bereits die rasche Umbildung der Lebewesen erörtert, die dann eintritt, wenn sie zu einer neuen Lebensweise oder in einen neuen Lebensraum übergegangen sind. Dann ist die Dissonanz zwischen Organisation und Umweltanforderungen hoch, d.h. der Selektionsdruck ist groß. Die umgekehrte Situation, Konstanz der Anforderungen und entsprechend geringe Umbildung, ist dagegen nur in geringem Umfang zu demonstrieren.

Wir finden nämlich auch bei konstant bleibender Funktion oft eine besonders starke Umbildung der Organe. Das beste Beispiel ist der Genitalapparat der Tiere. Die Funktion eines Begattungsorgans ist über einen weiten Bereich gleichartig, und doch finden hier die stärksten Umformungen statt. In vielen Gruppen ist der Genitalapparat das wichtigste Unterscheidungsmerkmal von Arten und Gattungen, so bei Turbellarien und fast allen Insekten. Bei Turbellarien haben oft Vertreter einer Familie, die im gleichen Lebensraum vorkommen, einen völlig verschiedenen Bau, nicht nur im Penisstilett, sondern im gesamten Apparat, und oft muß der Zoologe den Genitalapparat aus Schnitten rekonstruieren, um die Art bestimmen zu können.

Abb. 44: Baumkänguruh *(Dendrolagus)* als Beispiel zweier überlagerter Lebensformtypen. Nach Kuhnert aus Brehm.

Es sind oft morphologisch ganz verschiedene Organe, die diese Eigenart zeigen. Bei den Spinnen ist es der Taster, also das zweite Gliedmaßenpaar, bei Tausendfüßlern meist das sechste oder siebte Beinpaar, bei Libellen eine Tasche am vorderen Abdomen, in die das Männchen das Sperma einfüllt. Das Weibchen holt es sich aus dieser Tasche ab. Ähnlich verhält sich das Schalenschloß der Muscheln und der Muschelkrebse. Seine

Aufgabe ist die Führung der beiden Schalenklappen beim Verschluß der Schalen. Diese Aufgabe ist recht konstant, und doch vollzieht sich in diesem Bereich eine starke Umbildung, die dem Differenzierungsgesetz folgt. Schließlich kann das Schloß ohne spürbare Beeinträchtigung der Leistung fehlen, z. B. bei *Anodonta* und *Adacna*.

Die Bandwürmer (Cestoda) sind mit ihrem Vorderende (Scolex) in der Darmschleimhaut von Wirbeltieren verankert. Dieser Anker ist innerhalb der Gruppe enorm verschieden. Der Scolex trägt seitliche Sauggruben, Saugnäpfe, die gestielt sind und in Bündeln stehen können, Hakenkränze, bestachelte Schläuche usw. Es kann hier sogar Substitution auftreten. Der Scolex wird durch krausenartige Falten aus den vorderen Gliedern funktionell ersetzt *(Fimbriaria)*. Sie bilden nun den Haftapparat (Pseudoscolex), während der noch beim Jungtier tätige echte Scolex mit Saugnäpfen als solcher ausgeschaltet wird.

Welche Faktoren die Entstehung dieser Mannigfaltigkeit bedingen, ist unbekannt.

Spezialisationsgesetz

Dieses Gesetz ist weder aus dem Vergleich verschiedener Stammesreihen noch aus dem Vergleich von Ontogenie und Phylogenie abgeleitet, sondern ist als eine Denkform in die Phylogenie hineingetragen worden und hat dort viel Unheil angerichtet.

Spezialisation ist eine Einengung auf eine bestimmte Lebensweise oder auf einen Lebensbereich. Die Anpassung an diese spezielle Existenz kann aber enorm gesteigert werden, so daß die Leistungen der Organe unter Verlust von Nebenfunktionen auf wenige oder eine Funktion eingeengt werden. Die Vorderbeine einer Maus sind unspezialisiert. Mit ihnen kann die Maus laufen, klettern, scharren und sich putzen. Die Beine des Pferdes sind fast nur für das Laufen geeignet, die Flügel des Albatros für das Fliegen. Diese Extremitäten sind gegenüber denen der Maus spezialisiert.

Das Gesetz fordert nun, daß Spezialisierungen einsinnig verlaufen, daß es Umspezialisierungen nicht gibt und daß die Lebewesen schließlich in eine Sackgasse geraten und aussterben. Von einer unspezialisierten Form führt also ein dauernder Todesmarsch in die Spezialisation.

Dieses Ablaufgesetz ist von zahlreichen Autoren anerkannt und formuliert worden. »Jede Spezialisation, sei sie ganz ins

Bizarre getrieben oder nicht, ist ein Festgelegtwerden der Form in einseitiger Richtung und kommt einer Sackgasse der Abwandlung gleich, die nun zugleich auch die Unmöglichkeit neuer, andersgerichteter Abwandlungen in sich schließt. Gibt es auch zuvor Spitzenleistungen von unerhörter Art, so ist dies doch zugleich ein Erlöschen weiterer Differenzierungskraft und trägt in sich die Bestimmung zum Untergang.« (Dacqué). Fast im Kommandoton formuliert es Broom: »The genus which had specialized in one direction, could not go back or specialize in another and had to die out.« Träfe dieses Gesetz zu, so gäbe es nur Einengung der Funktionen, allerdings verbunden mit Steigerung der einzelnen Leistung, es gäbe keinen Funktionswechsel und keine Funktionserweiterung.

Das Kapitel über Funktionswechsel zeigte, daß diese Konsequenzen des Gesetzes in keiner Weise zutreffen. Wandel der Funktionen der Lebensweise und Überwechseln in andere Lebensräume sind sogar ein die Evolution beherrschendes Prinzip. Jeder Wechsel bedeutet ein Umbiegen der Evolutionsrichtung vieler Organe, ein Einsetzen neuer Spezialisationswege. Den schon gegebenen Beispielen seien noch einige hinzugefügt. Exkretionsorgane können zusätzlich oder allein Spinnsekrete liefern. Das geschieht beim Stichling, der ein Sekret der Niere zum Nestbau verwendet. Ebenso sind die Spinndrüsen vieler Insekten sicher ursprünglich Nephridien, also auch Exkretionsorgane gewesen. Bei dem Käfer *Lebia* liefern die Malpighischen Gefäße, also die neuen Exkretionsorgane der Insekten, Klebfäden. Die Giftdrüsen der Spinnen liefern bei der Speispinne *Scytodes* zusätzlich Fangfäden, die über das Beutetier geworfen werden.

Ein Endpunkt der Spezialisation beweglicher Tiere ist die festsitzende (sessile) Lebensweise; zugleich ist sie die stärkste Einengung der potentiellen Bewegungsmöglichkeiten. Theoretisch müßte also die Ableitung freibeweglicher Tiere von sessilen unmöglich sein. Wir kennen aber über zwanzig sichere Fälle, in denen sessile Tiere wieder freilebend geworden sind, als Einzeltiere oder sogar als Kolonien. Die Beispiele betreffen Aktinien, sogar eine Koralle, Tunicaten *(Doliolum, Pyrosoma)*, Rotatorien (*Conochilus, Collotheca*-Arten) und Bryozoen (*Monobryozoon* und *Cristatella* als Kolonie). Der ganze Stamm der Stachelhäuter war ursprünglich sessil, schon unter den heute noch meist sessilen Arten der Crinoideen ist der Haarstern *Antedon* freischwimmend, fossile Arten waren pelagisch *(Saccoco-*

ma), schritten auf den Armen *(Edriocrinus)* usw. Den Übergang vom festsitzenden zum pelagischen Tier hat Ankel an der Entenmuschel *Lepas carinatus* nachgewiesen. Dieser Cirripedier, dessen Gattungsgenossen dauernd festsitzend sind, ist zwar zunächst auch an Algen festgeheftet, kann sich aber von diesen lösen und mit aufgeblasenem Stiel als pelagisches Wesen leben.

Die parasitischen Cirripedier haben folgenden Wechsel vollzogen: Erst freilebende Krebse, setzten sie sich mit dem Vorderende fest und wurden sessil an Steinen oder Tangen. Einige spezialisierten sich als Ansiedler auf Walen, Schildkröten oder Krebsen. Sie blieben in ihrer Ernährung zunächst Filtrierer. Von ihrer Basis senkten sie aber Haftfortsätze in die Gewebe ihrer Wirte. Diese Haftfäden übernahmen dann unter Funktionserweiterung die Nahrungsaufnahme, und auf diese Weise wurden filtrierende Lebewesen zu Parasiten. Nun setzte eine neue Entwicklungsrichtung ein.

Den Übergang von Nahrungsspezialisten auf andere Wirte können wir besonders gut bei Parasiten erkennen. Wir sehen, daß Überwanderungen nicht nur auf nahe verwandte Arten erfolgen, sondern nicht selten auch auf weit entfernte Gruppen. Die Fischegel (Piscicolidae) parasitieren an Fischen, eine Art *(Crangonobdella)* ist auf Krebse übergesiedelt. Die Wale haben eine Nematodengruppe (Pseudoliniinae) von ihren landlebenden Vorfahren ins Meer mitgenommen, zahlreiche Arten, z.B. die Stomachiinae, sind von Fischen auf Wale übergegangen, desgleichen ein parasitischer Copepode. Ein gutes Beispiel bietet auch der Mensch. Erst nachdem er weitgehend Jäger und Fleischesser geworden war, sind offenbar Schweine- und Rinderbandwürmer, breiter Bandwurm (Fischbandwurm), *Dipylidium caninum*, der Katzenleberegel *Opisthorchis felineus* und die Trichine von Raubtieren auf ihn übergegangen. Den Zwergbandwurm *Hymenolepis diminuta* verdankt er offenbar den Nutznießern seiner Wohnungen, den Mäusen.

Selbst wenn Lebensraum und Lebensweise fast gleich sind, können sich mehrere Spezialisationsrichtungen entwickeln. Im Plankton wird Herabsetzung der Sinkgeschwindigkeit durch Schwebestacheln (Chaetoplankton), durch stabförmige Streckung (Rhabdoplankton), durch scheibenförmige Körper (Discoplankton) und durch blasenartige Auftreibung des Körpers (Physoplankton) erreicht. Das sind äquifunktionelle Spezialisationen. Lebewesen können nun von einem Typ zu einem anderen überwechseln, Peridineen von Chaetoplankton zu

Rhabdo- und Discoplankton, Radiolarien und Copepoden vom Chaeto- zum Rhabdoplankton u. a.

Alles das spricht gegen das Spezialisationsgesetz. Das Unheil, das es in der Phylogenetik angerichtet hat, beruht auf folgenden Schlüssen: Innerhalb einer Spezialisationsreihe durchläuft die Umformung verschiedene Gradstufen. Bezeichnen wir diese Stufen mit Zahlen, so beginnt sie mit der geringen Anpassungsstufe 1 und führt etwa zur hohen Stufe 10. 1 hat aber die Spezialisation bereits begonnen, der unspezialisierte Ahne muß demnach die Stufe 0 haben. Man sucht diesen Nullwertahnen und findet ihn nicht. Man kann ihn nicht finden, weil jedes Lebewesen, lebend oder ausgestorben, einen Lebensort und eine Lebensweise gehabt haben muß. Aus dem Nichtfinden des Nullwertahnen zog man aber folgende Konsequenzen: alle fossilen Lebewesen waren schon irgendwie spezialisiert und angepaßt, also waren sie – wenn sie nur in einem Merkmal außerhalb der Reihenfolge 1 bis 10 lagen – nicht die Ahnen, sondern bereits wegspezialisierte Seitenäste. Man fand also keine echten Ahnenformen. Wenn man nicht wie Daqué daraufhin den ganzen Stammeszusammenhang als Metaphysik erklärte, forderte man eine sprunghafte Entstehung erster Glieder aus unbekannter Wurzel.

Bestehen bleibt, daß spezialisierte Arten gefährdet sind, ebenso wie eine Wirtschaft mit Monokultur. Das gilt besonders bei raschen Umweltänderungen, aber auch dann kann Umspezialisierung die Art noch retten. Auf der Nordseeinsel Amrum fand man eine reiche Population der Wanze *Chlorochroa juniperina.* Sie lebt andernorts monophag auf Wacholder *(Juniperus).* Dieser Strauch existierte aber nicht – genauer nicht mehr – auf Amrum. Die Wanze hatte sich durch Übergang auf die Krähenbeere *(Empetrum)* gerettet. Dieser Übergang ist also vor und in kurzer Zeit erfolgt.

In der Literatur findet man oft das Wort »Überspezialisation«. Es besagt, daß die Entwicklung über die optimale Anpassung hinausschreitet. Als Beispiele werden die Hauer des Hirschebers, die beim Männchen vor oder sogar in die Augen wachsen, das Geweih des Riesenhirsches, für das jährlich eine große Menge Calcium zur Verfügung gestellt werden muß, und die großen Stoßzähne des *Elephas columbi* genannt. Hier handelt es sich aber um sekundäre Geschlechtscharaktere, die als Imponiermittel gegenüber Weibchen und Rivalen bedeutsam waren. Hier wirkte Selektion auf das Wachstum eines Organs, das so weit ging, wie die dadurch entstehende Belastung von günstigen Umweltbedingungen gestattet wurde. Dieses Thema behandelte schon Darwin in seinem Buch über geschlechtliche Zuchtwahl. Verschlechterte sich aber die Umwelt, so konnte diese Belastung zum Aussterben der Art oder zur Gegenselektion führen. Überspezialisierung läge vor, wenn eine Art nach Wechsel der Lebensweise die Spezialisierung in der alten Lebensweise noch fortsetzte, wenn etwa Pferde, die ins Wasser gingen, noch die Lauftiermerkmale steigerten. Solche Fälle sind nicht bekannt.

f. Coevolution

Man sollte die Evolution einzelner Organismengruppen nicht isoliert betrachten, denn viele Merkmale lassen sich nur verstehen, wenn man die Beziehungen der Lebewesen zueinander kennt. Diesem Sachverhalt trägt der Begriff Coevolution Rechnung, der ausdrückt, daß sich Organismen im Laufe von Anpassungsprozessen in Wechselwirkung mit der belebten Umwelt verändert haben. Hierbei kann es sich um zwei Arten handeln, die reziprok voneinander abhängen, oder auch um höhere Systemeinheiten, die sich in enger Wechselwirkung entwickelt haben. Besonders gut untersuchte Beispiele für Coevolution sind Abhängigkeiten von Parasiten und Wirten, Räuber-Beute-Beziehungen, die Abstimmungen von Symbiose-Partnern aufeinander und die Wechselwirkung von pflanzenfressenden bzw. pflanzensaftsaugenden Insekten und ihren Futterpflanzen. In Extremfällen ist die Entwicklung verschiedener Tiergruppen so ähnlich verlaufen, daß ihre Stammbäume einander weitgehend entsprechen (Nitecki u. a., 1983).

In vielen Fällen läßt sich im Zusammenleben zweier Organismen recht genau darstellen, wie eng diese voneinander abhängen. Im Zusammenleben von Ameisen der Gattung *Pseudomyrmex* und Akazien (Abb. 45c) bietet der Baum zum Beispiel Nektar außerhalb der Blüten, proteinreiche Nahrungskörper und hohle Dornen, die ausschließlich von den Ameisen bewohnt werden. Die Ameisen sind ungewöhnlich aggressiv gegen Eindringlinge und schützen ihren Baum nicht nur gegen Pflanzenfresser, sondern auch gegen Lianen. Ein weiteres in den letzten Jahren genauer untersuchtes Beispiel ist die Symbiose von Krebsen (Xanthidae der Gattungen *Trapezia* und *Tetra-*

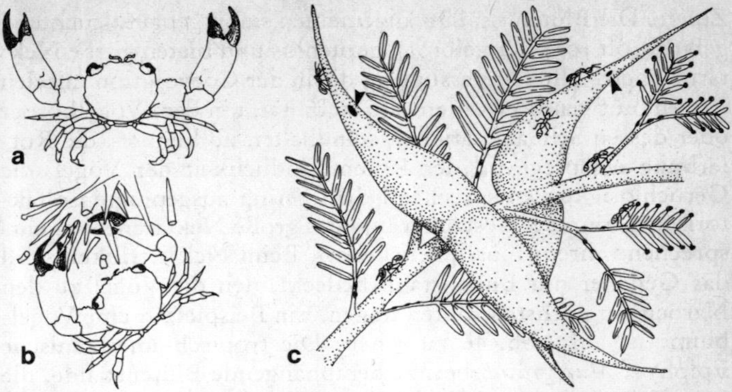

Abb. 45: Coevolution. a, b. *Trapezia* in Verteidigung ihrer Koralle, a. Spreizen der Scheren (Drohverhalten); b. Abschneiden von Stacheln und Füßchen des Seesterns *Acanthaster;* c. Dornakazie *(Acacia cornifera)* und Knotenameisen *(Pseudomyrmex).* Die Ameisen bewohnen die Nebenblattdornen und ernähren sich von zuckerhaltigem Nektar, der aus Drüsen der Blattspindeln stammt, und von eiweißreichen Futterkörpern, die an den Spitzen junger Fiederblättchen gebildet werden. Sie verteidigen die Pflanze gegen Herbivore und gegen konkurrierende Vegetation. Nach Futuyma (1986), Glynn (1983).

lia sowie Alpheidae) mit verschiedenen Steinkorallen (Abb. 45 a, b). Die Krebse leben als obligate Symbionten zwischen den Korallenästen und erhalten Schutz vor Räubern und Nahrung in Gestalt von Sekret. Wird die Koralle angegriffen, beispielsweise durch den Seestern *Acanthaster*, packen die Krebse zu, rütteln an dem Eindringling und kneifen dessen Stacheln und Füße ab. Bei weniger gefährlichen Angreifern sind die Krebse nicht so aggressiv. Entfernt man sie, so ist die Koralle einem meßbar größeren Risiko ausgesetzt.

Als ein besonders eindrucksvolles Beispiel für die Coevolution großer Gruppen gelten Blütenpflanzen und verschiedene Tiergruppen, die als deren Bestäuber fungieren. Die Evolution vor allem der Insekten und Vögel ist zum großen Teil mit der Evolution bestimmter Blütenpflanzen verknüpft.

In den Tropen stehen die Vögel im Vordergrund der Blütenbesucher: eine große Zahl von Arten aus vielen Familien sind zum Teil hoch angepaßt an ihre Bestäubungstätigkeit, die sie an Arten aus über 100 Pfanzenfamilien ausüben. Häufig haben sie einen langen Schnabel, oft eine an den Rändern einrollbare

Zunge. Die Blüten sind im allgemeinen stabil gebaut, leuchtend gefärbt (oft rot oder gelbrot), geruchlos und bieten große Nektarmengen – alles Anpassungen, die in der Coevolution mit den Vögeln notwendig wurden: die Stabilität, um dem Vogelkörper oder dessen Schnabeltätigkeit standhalten zu können, die Rotfärbung entsprechend der Rotempfindlichkeit der Vögel, die Geruchlosigkeit entsprechend dem gering ausgeprägten olfaktorischen Sinn der Bestäuber und das große Nektarangebot entsprechend ihrem Flüssigkeitsbedarf. Beim Nektartrinken wird das Gefieder mit Blütenstaub bedeckt, den die Vögel zu den Narben der nächsten Blüten tragen. Ein Beispiel für eine Vogelblume ist auf Abb. 46 zu sehen: Die tropisch-amerikanische Epiphyte *Marcgravia* besitzt herabhängende Blütenstände, die zwei Kategorien von Blüten haben: solche, die durch schöpflöffelartige Nektarien repräsentiert werden, deren Nektar für Vögel nur von oben zugänglich ist, und darüberstehende normale Blüten, deren Pollen der Vogel mit dem Gefieder aufnimmt, da er sie bei An- und Abflug berühren muß.

Anders ist die Coevolution zwischen Blütenpflanzen und Fledermäusen als Bestäuber verlaufen: Die auch hier stabilen Blüten sind nicht auffallend gefärbt, sie strömen einen starken Duft aus und erblühen in der Dämmerung. Sie entsprechen damit dem Gewicht, dem Geruchsvermögen und der Dämmerungsaktivität dieser Tiere – morgens verlieren Fledermausblumen oft schon ihre Krone. Ebenfalls mit der Fledermaustätigkeit sind nicht selten speziell arrangierte Blütenstände verbunden, die für diese fliegenden Säugetiere besonders gut zugänglich werden: Flagelliflorie und Kauliflorie. Unter Flagelliflorie versteht man die Erscheinung, daß Blüten oder Blütenstände von Bäumen der Tropen und Subtropen an langen Stielen aus deren Laubwerk heraushängen, wie z.B. bei einer Mangrove *(Sonneratia)* und dem Leberwurstbaum *(Kigelia)* der afrikanischen Savannen. Kauliflorie ist ebenfalls eine Anpassung an größere Tiere als Bestäuber oder Fruchtverbreiter: hier entstehen die Blüten am Baumstamm, so beim Durian, der abends aufblüht und seinen intensiven Duft in die Tropennacht Südostasiens ausströmen läßt.

In gemäßigten Zonen ist die Coevolution zwischen Blüten und Insekten besonders sinnfällig. Mit der Insektenblütigkeit sind Klebrigkeit des Pollens, Zwittrigkeit der Blüten, Anlokkungsduft, Blütenfarben und besondere Beköstigungseinrichtungen wie Nektarien verbunden. Im Unterschied zu den Vö-

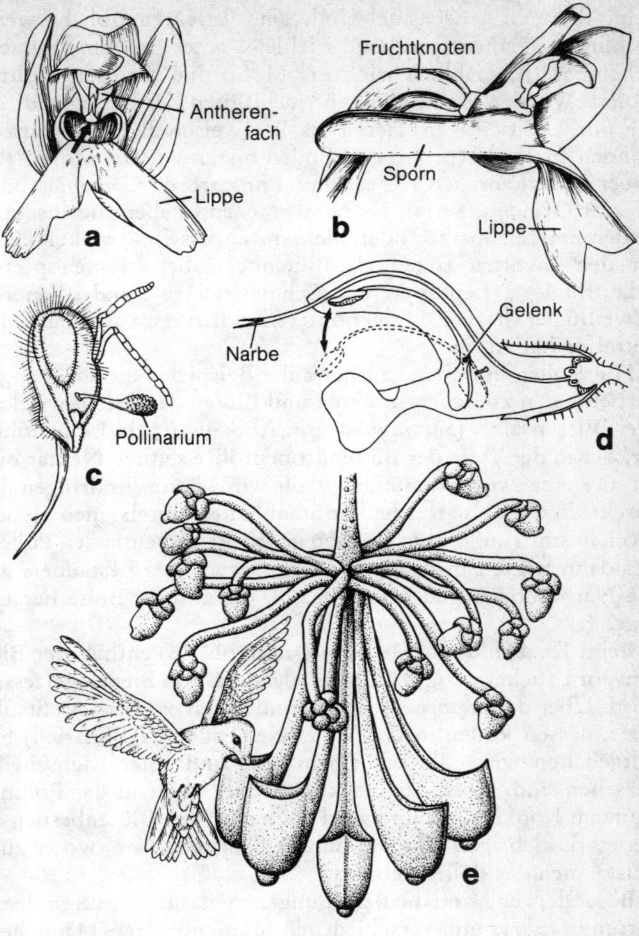

Abb. 46: Blütenökologie. a, b. Blüte des Knabenkrautes *(Orchis morio)*, a. von vorn, b. im Längsschnitt. Der Pfeil auf a. weist auf den Bereich im Sporneingang, an dem sich die Klebscheiben der Pollinarien befinden. c. Kopf einer Honigbiene mit festgeklebtem Pollinarium. d. Blüte des Wiesensalbeis *(Salvia pratensis)* im Längsschnitt. Der Doppelpfeil zeigt, in welchem Umfang sich die Pollenbehälter um das Drehgelenk bewegen können. e. Blütenstand von *Marcgravia picta* mit einem nektarsuchenden Vogel. Nach Bünning, v. Kirchner, Knoll, Mirande, Wissmack (1956).

geln, die sehr rotsensibel sind, sind Insekten üblicherweise rotblind. Dementsprechend fehlen rote Insektenblumen. Scheinbare Ausnahmen wie roter Mohn sind für Bienen ultraviolett. Wie der Mohn besitzen viele Blüten Zeichnungsmuster, die nur UV-sichtigen Tieren als Wegweiser dienen. Pflanzen können Insekten vorwiegend Pollen bieten wie bei Mohn *(Papaver)*, Heckenrosen *(Rosa)* und Pfingstrosen *(Paeonia)* oder Nektar (Weiden, *Salix*). Dementsprechend haben die Insekten Pollensammelapparate oder Nektarsaugrüssel entwickelt. Unter den Insekten treten als Blütenbestäuber Hymenopteren (Hautflügler), Lepidopteren (Schmetterlinge) und Dipteren (Zweiflügler) hervor. Hymenopteren stellen etwa die Hälfte der betreffenden Arten.

Hier sollen nur einige ausgewählte Beispiele besonders enger Beziehungen zwischen Insekten und Blüten dargestellt werden: Der Wiesensalbei (*Salvia pratensis,* Abb. 46) ist ein Lippenblütler, der in der Tiefe der Blütenkronenröhre seitlich Nektar bietet, der meist von Hummeln geholt wird. Beim Eindringen des Insekts in die Blüte werden die Staubblätter durch einen Hebelmechanismus auf dessen Rücken gedrückt und entlassen Pollen, der dann bei einem weiteren Blütenbesuch des Bestäubers auf die Narbe übertragen werden kann, die aus der Blüte herausragt.

Beim Knabenkraut (*Orchis morio,* Abb. 46) enthält der Blütensporn zuckerhaltiges Gewebe, das z.B. von Bienen gefressen wird. Über dem Sporneingang befindet sich ein einziges Staubblatt, dessen Pollen in Gestalt zweier Pakete (Pollinarien) bereitgehalten wird, die mit einem Stiel und einer Klebscheibe versehen sind. Stößt das Insekt an diese, so bleibt das Pollinarium am Kopf hängen und wird beim nächsten Blütenbesuch an der stark klebrigen Narbenhöhlung hängenbleiben, wo es zum Auskeimen des Pollens kommt.

Besonders eng sind die Beziehungen zwischen der Orchideengattung *Ophrys* und verschiedenen Hymenopteren-Männchen. Die Blüten entsprechen in ihrem ultravioletten Reflexionsmuster dem gefalteten Flügel der entsprechenden Insektenweibchen, sie strömen außerdem einen Stoff aus, der dem Sexuallockstoff der Weibchen ähnelt, und haben schließlich ein ähnliches Haarmuster wie diese. Unfähig, die Unterschiede zu den eigenen Weibchen zu erkennen, unternehmen die Männchen auf den Blüten Begattungsversuche, wobei sie die Pollenpakete abreißen.

Die Coevolution wurde bisher an Vertretern zweier Organismengruppen abgehandelt. Es besteht aber auch die Möglichkeit von komplizierteren Beziehungen: Ein besonders gutes Beispiel für eine Vierer-Abhängigkeit scheint die rasche Entfaltung der bedecktsamigen Pflanzen (Angiospermen) in der Kreide zu sein, die mit einer Entfaltung der Säuger und Vögel sowie blütenbestäubender Insekten einhergegangen ist. Die Angiospermen stellen heute den Großteil der Vegetation der Erde und haben die vorher dominierenden Formen, z.B. Baumfarne und Nacktsamer (Gymnospermen), zurückgedrängt. Es ist anzunehmen, daß diese starke Entfaltung mit der Ausbreitung der Samen durch Tiere (z.B. Säuger und Vögel) zusammenhängt, die den Pflanzen neuen Lebensraum erschlossen. Die hier zunächst isoliert heranwachsenden Pflanzen wären mit Windbestäubung weniger wahrscheinlich zur Fortpflanzung gekommen als mit Insektenbestäubung. Die in Coevolution mit Bestäubern entstandenen Nektarien und die im Zusammenhang mit Samenverbreitern evoluierten Früchte stellten wiederum Möglichkeiten für die Entwicklung der Tiere dar, so daß die Evolution der beteiligten Gruppen und die »ökologische Revolution« der Kreidezeit bei Zugrundelegung dieser Coevolution verständlich werden. Für Darwin war die in der Erdgeschichte relativ späte Entfaltung der Angiospermen ein »abominable mystery«.

Die Frage nach den Faktoren, die eine Evolution möglich machen, steht wie bei anderen historischen Abläufen an zweiter Stelle, weil die Unterlagen für sichere Aussagen so schwer zu gewinnen sind. Trotzdem wird diese Frage in den meisten modernen Schriften über die Evolution besonders eingehend diskutiert. Der denkende Mensch ist eben erst dann beruhigt, wenn er neben der Erkenntnis der Vorgänge und ihrer speziellen oder regelhaften Abläufe auch die kausalen Zusammenhänge durchschauen kann.

In der Beurteilung dieses Fragenkomplexes gibt es heute viele Optimisten, die das Problem als prinzipiell durch die Mutationslehre gelöst betrachten (Neodarwinismus), und einige Pessimisten, die diese Lösung ablehnen. Wir möchten hier einen kritischen Standpunkt einnehmen, der neben den gesicherten Aussagen die Schwierigkeiten darlegt, die zur Zeit noch bestehen.

Zu Beginn dieses Jahrhunderts standen sich zwei Auffassungen gegenüber, der Lamarckismus und der Neodarwinismus. Ihre Anhänger griffen sich in einer für die Wissenschaft selten intensiven Weise an.

Lamarck (1744–1829) war erst Soldat (Leutnant) und verdiente, nachdem er dienstunfähig geworden war, seinen Unterhalt als Schreiber in Paris. Durch Rousseau und Buffon angeregt, kam er mit fünfzig Jahren zur Biologie und wurde Professor für wirbellose Tiere im Jardin des Plantes. Seine literarische Produktion war enorm. Neben vielen Arbeiten über Wirbellose, besonders Mollusken, die Flora von Frankreich, Bücher über Meteorologie und Chemie – die selbst für seine Zeit phantastisch und unmodern sind – umfassen sie die berühmte ›Philosophie zoologique‹ (1809).

Als Faktoren der Evolution forderte Lamarck den Vervollkommnungstrieb und die Wirksamkeit von Gebrauch und Nichtgebrauch.

Unter dem Vervollkommnungstrieb verstand er, daß neue Organe entsprechend dem Bedürfnis des Tieres entstehen. Die Säfte (Fluida) strömen dann zu bestimmten Stellen des Körpers und bilden dort die entsprechenden Organe. Das sind natürlich naturwissenschaftlich unhaltbare Vorstellungen. Gleichwohl tauchen sie immer wieder auf, z.B. im »Elan vital« Bergsons und im Psycholamarckismus. Wie soll aber ein Tier, das nicht sieht, Bedürfnis nach Sehfähigkeit haben und aus diesem Bedürfnis heraus Sehorgane schaffen können? Eine naturwissenschaftliche Theorie der Evolution darf nur mit naturwissenschaftlichen, nicht mit psychischen bzw. metaphysischen Faktoren arbeiten. Trotzdem finden Schriften, die solche Faktoren als Lösungsmittel für Probleme einschieben, meist einen breiten Leserkreis.

Durch Gebrauch werden nach Lamarck Organe, etwa die Muskeln, in der Evolution und im Individuum gestärkt, durch Nichtgebrauch dagegen abgeschwächt. Diese Parallelität zwischen der Reaktion des Einzelwesens und der Evolution kann in eine Kausalität umgewandelt werden durch die Annahme, daß der Körper seine Umformung durch Gebrauch an die Erbsubstanz meldet und diese so umgestaltet, daß sich in der kommenden Generation bei gleicher Belastung ein stärkeres Organ bildet, bei geringer Belastung ein schwächeres, bis es schließlich der Rückbildung anheimfällt. Das ist das Problem der »Vererbung erworbener Eigenschaften« oder exakter, der Beeinflussung der Erbsubstanz durch umweltbedingte Modifikationen. Das Problem ist rein naturwissenschaftlich und kann experimentell in Angriff genommen werden. Lamarck arbeitete nun zum Teil mit absurden Beispielen. Die Rückbildung durch Nichtgebrauch erläuterte er am Beispiel des Maulwurfs mit seinen rückgebildeten Augen, die Verstärkung durch Gebrauch am Beispiel des langen Halses der Giraffe, den sie zum Erlangen der Blätter emporreckte, und am Beispiel der Stelzbeine von Wasservögeln, die sich hochreckten, um den Körper über das Wasser zu bringen.

Nun, im Hals der Giraffe sind die knöchernen Wirbel verlängert, in den Stelzbeinen von Wasservögeln gleichfalls die Knochen. Knochen können aber nicht durch Gebrauch gedehnt werden. Neben diese zum Teil schlechten Beispiele lassen sich sogar noch Gegenbeispiele stellen: Grabende Käfer verschmälern die Tibien ihrer Vorderbeine durch Abnutzung des Chitins. Eine Vererbung erworbener Eigenschaften würde zur zunehmenden Verdünnung des Chitins führen, die Evolution verbreitert aber die Tibien zu Grabschaufeln und versieht sie mit dicken Zacken. Evolution und individuelle Umformung gehen hier entgegengesetzte Wege. Weismann hat noch weitere Gegenbeispiele gebracht, unter anderem die Tatsache, daß Kasten der sozialen Insekten, etwa die Türschloßarbeiter und die Soldaten, spezielle Umformungen erfahren haben. Diese Kasten pflanzen sich aber nicht fort, sondern nur die Königin, die in ihrem Leben nie die Gelegenheit hat, diese Sondermerkmale durch Gebrauch zu erwerben. Solche Beispiele widerlegen die Allgemeingültigkeit des Lamarckschen Prinzips. Für bestimmte Bereiche hat es allerdings sogar Darwin anerkannt. Auch einige bekannte moderne Biologen haben manche Fälle lamarckistisch interpretiert. Da sind besonders die Hornschwielen und Hornhöcker zu nennen, die Säugetiere dort ausbilden, wo die Haut besonders beansprucht wird. Daß solche Schwielen durch Gebrauch als reine Modifikation an unseren Händen entstehen, weiß beispielsweise jeder, der intensiv Gartenarbeit betreibt. Bei Huftieren werden aber die Höcker bereits embryonal angelegt, sind also vor Gebrauch entstanden. Besonders auffällig ist die Schwiele am äußeren Handgelenk der Warzenschweine *(Phacochoerus)*. Diese Tiere rutschen speziell bei der Nahrungssuche mit eingekrümmten Vorderbeinen auf dem Boden.

Eine Entscheidung können nur Experimente bringen, die auch in umfangreichem Maße durchgeführt wurden. Es ergab sich folgendes: Umbildungen des Körpers durch Außeneinflüsse, also Modifikationen, werden generell nicht auf die Erbsubstanz in den Chromosomen übertragen. Allerdings scheinen manche Experimente doch ein positives Ergebnis zu bieten. Es handelt sich um die Dauermodifikationen: Tiere werden durch Umwelteinflüsse, z. B. hohe Temperaturen, abgeändert. Ohne daß die folgenden Generationen den Umwelteinflüssen wieder ausgesetzt werden, erscheinen doch in ihnen die abgeänderten Merkmale über Generationen und verschwinden nur allmählich. Solche Dauermodifikationen kennt man von der Schlupfwespe *Habrobracon*, von *Drosophila* u. a. Sie werden nur über die Weibchen weitergegeben.

Die zelluläre Grundlage für derartige Phänomene ist, daß nicht nur Chromosomen an die nächste Generation weitergegeben werden, sondern auch Cytoplasma mit selbstreproduzierenden Anteilen (Mitochondrien, Chloroplasten) und möglicherweise Viren. Schließlich kann das Cytoplasma des Eies aufgrund des physiologischen Zustands der Mutter unterschiedlich aufgebaut sein und sich in der nächsten Generation auswirken. Vor einigen Jahren wurde festgestellt, daß schockartige Umwelteinflüsse die Anzahl der Kopien von Genen beeinflussen können. Nach Einwirkung eines Schocks auf Flachs beginnt die Replikation abermals, und einige Gene werden ein zweites Mal verdoppelt (Cullis 1983). Insgesamt spielen solche Vorgänge jedoch eine untergeordnete Rolle im Evolutionsgeschehen.

Den entscheidenden Fortschritt in der Frage nach den Ursachen der Evolution brachte Darwins Werk ›On the origin of species‹ 1859.

Darwin, geboren 1809, stammte aus einer biologisch interessierten Arztfamilie und sollte selbst Arzt werden, ertrug jedoch den Aufenthalt im Präpariersaal und am Krankenbett nicht und wechselte zur Theologie über. Er beschäftigte sich aber mehr mit dem Sammeln von Käfern, mit Jagd und geologischen Studien. Der entscheidende Schritt in seinem Leben – sein »zweiter Geburtstag« – war die Erlaubnis, als Biologe an der fünfjährigen Erdumseglung des Schiffes ›Beagle‹ der Britischen Admiralität teilzunehmen. Zahlreiche Beobachtungen – die allmähliche Abwandlung von Arten in verschiedenen Regionen Südamerikas, die fossilen Säugetiere am La Plata, die Eigenart der Tierwelt der Galapagos-Inseln – brachten ihn auf den Gedanken der Evolution und später, nach dem Studium der Vorstellungen von Malthus, auf den Gedanken der Bedeutung des »Kampfes«.

Die erste Seite seiner Darlegung, die Begründung der Evolution, soll uns hier nicht näher beschäftigen, wohl aber seine Anschauungen über den Mechanismus der Evolution. Nur diese werden als Darwinismus bezeichnet.

In groben Umrissen sind seine Gedanken auf folgende Tatsachen begründet:

1. Variabilität der Lebewesen. Die Angehörigen einer Art sind nie vollkommen gleich, sie unterscheiden sich in zahlreichen Merkmalen. Das gilt auch für Geschwister, Eltern und Kinder.

2. Überproduktion von Nachkommen. Alle Arten setzen mehr Nachkommen in die Welt als zur Erhaltung der Art notwendig sind.

3. Dieser Vermehrungsdruck der Lebewesen wird kompensiert durch die Vernichtung zahlreicher Nachkommen als Ei, Larve oder Jungtier. Wenn der Bestand einer Art konstant bleibt, werden von den Nachkommen zweier Eltern durchschnittlich nur zwei Kinder fortpflanzungsfähig, zwei Enkel usw. Das Verhältnis von Vermehrungsdruck zu Vernichtungsdruck ist etwa 1 : 1.

4. Die Vernichtung des Vermehrungsüberschusses erfolgt durch ungünstige Umweltverhältnisse. Zu unterscheiden sind a) Situationstod und b) Selektion.

a. Die Vernichtung von Lebewesen erfolgt rein durch ungünstige Umweltfaktoren (Katastrophen). Wenn nach einem Sturm die Brandungswellen Millionen von Kleinorganismen auf den Strand werfen und so dem Tode ausliefern, spielen die individuellen Leistungsunterschiede zwischen den Individuen einer Art, etwa den Muschel- oder Wurmlarven, keine Rolle.

b. In vielen Fällen sind aber gerade die Leistungsunterschiede entscheidend über Leben und Tod. Ein Hase mit einer dem Untergrund besser angepaßten Farbe des Fells wird von Greifvögeln durchschnittlich seltener gefunden als ein leichter sichtbarer. Bei Verfolgung durch Wölfe und andere Feinde wird die Geschwindigkeit des Laufens sowie die Kunst, Haken zu schlagen, über das Leben entscheiden. Das ist »survival of the fittest«.

Aus diesen Grundtatsachen ergibt sich das Ursachengefüge der Evolution von selbst. Von den Varianten einer Art werden vor allem diejenigen überleben, die den jeweiligen Lebensbedingungen am besten angepaßt sind. Diese werden durchschnittlich bevorzugt zur Fortpflanzung kommen. Daher wird die angepaßte Variante in höherem Prozentsatz in der nächsten Generation vorhanden sein. Sie variiert in ihrer Ausprägung und in ihren Leistungen, und wieder werden die den Bedingungen am besten angepaßten in erhöhtem Prozentsatz überleben; so kann sich im Laufe der Zeit die Art verändern und anpassen.

Der Prozeß kann langsam ablaufen; es genügt, wenn die Chance zu überleben nur in einem geringen Prozentsatz größer ist als die anderer Varianten. Das ist die natürliche Auslese im Kampf ums Dasein.

Die Wirkung der Auslese studierte Darwin an der Umformung der Haustiere, die in Gestalt und Leistung oft weit von ihrer Stammform abweichen, weiter, als es oft verschiedene Arten einer Gattung tun. Das demonstrierte Darwin an den Rassen der Haustaube, die alle von einer Art, der Felsentaube *(Columba livia)*, abstammen. Die Umformung unter der Hand des Züchters geschieht durch Auswahl der Tiere, die dem Zuchtziel am meisten entsprechen. So schafft der Mensch durch künstliche, die Natur durch natürliche Zuchtwahl neue Gestalten und Funktionen.

Der Sturmlauf gegen den Darwinismus, der auf die Veröffentlichung des Werkes folgte, war zum größten Teil weltanschaulich bedingt. Der Sinn der Schöpfung werde zerstört; der Mensch sei nicht das Ziel dieser Schöpfung, sondern das Produkt aus sinnlosem Zufall und Kampf ums Dasein. Solche weltanschaulich fundierten Aussagen entziehen sich bekanntlich jeder ernsten Diskussion und sollen daher an dieser Stelle außer acht bleiben. Nur die einzelnen Evolutionsfaktoren wollen wir in ihrem heutigen Stand darstellen.

a. Evolutionsfaktoren

Die moderne Evolutionstheorie (= synthetische E.) kennt sieben Evolutionsfaktoren: Selektion, Isolation, Populationswellen, Annidation, Mutabilität, Gen-Transfer und Rekombination. In Isolation und Populationswellen wirkt der Zufall. Er kann seltene Varianten ohne Selektion innerhalb einer Bevölkerung an Häufigkeit zunehmen lassen. Selektion bevorzugt gerichtet bestimmte Varianten, wenn sie irgendwo noch einen ihnen zusagenden Lebensraum (Nische) finden. Mutation und Gen-Transfer schaffen neues Erbmaterial, die Rekombination neue Zusammensetzungen des Erbgutes.

Die Wirkung dieser Faktoren, auch die prozentuale Häufigkeit einzelner Gene innerhalb der Populationen von Arten, ist in den letzten Jahrzehnten intensiv theoretisch durchgerechnet worden, um die Möglichkeiten in der Verschiebung der prozentualen Anteile der Gene einer Population und der Durchsetzung von Mutationen kennenzulernen (Fisher, Haldane u. a.) mit dem Ergebnis: »natural selection is a mechanism for generating a high degree of improbability« (Fisher); aus dieser Teilfrage der Evolution hat sich die Populationsgenetik als eigenes Forschungsgebiet entwickelt.

Selektion

Unter Selektion versteht man die Tatsache, daß die Individuen einer Population in unterschiedlichem Maße zum Genbestand der nachfolgenden Generation beitragen. Es handelt sich um einen statistischen Vorgang, der auf der unterschiedlichen Eignung der Individuen basiert: Wer stärker als das Durchschnittsindividuum zur Fortpflanzung kommt, sichert seinen Genen eine größere Verbreitung als dessen Genen.

Die Wirkung der Selektion hat man vielfach im Experiment demonstriert: Zwei Varianten des Zahnkärpflings *Gambusia patruelis*, eine hellgraue und eine schwarze, setzte man in Schalen mit hellem und solche mit schwarzem Untergrund. Die beiden Varianten waren in den Gefäßen in gleicher Zahl vorhanden. Nun überließ man sie fischfressenden Vögeln. In der Schale mit hellem Grund waren nach einiger Zeit 278 schwarze und 176 graue gefressen. In der Schale mit schwarzem Grund waren 217 helle Fische, aber nur 78 schwarze gefressen worden.

Ein gleiches Resultat erhielt man von einer Fangheuschrecke, die in zwei Farbvarianten vorkommt, einer braunen und einer grünen. Man band Hunderte von Tieren auf einem braunen und einem grünen Untergrund fest – immer abwechselnd ein grünes und ein braunes – und ließ auch hier die Vögel arbeiten. Binnen kurzem hatten die »Angepaßten« jeweils das Übergewicht.

Auf einer Wiese wuchsen von einem Gras verschieden hohe Sorten. Die Unterschiede waren erblich bedingt. Die Wiese wurde dann von Vieh beweidet, und bald waren die niedrigwachsenden Sorten vorherrschend.

Auch im Kampf gegen Bakterien, tierische Parasiten und Schadinsekten hat man die Wirkung der Selektion sehr gespürt. Allgemein bekannt ist, wie schnell bei der zunächst effektiven Bekämpfung von Bakterien mit Antibiotika und Insekten mit DDT resistente Stämme an Häufigkeit zunehmen.

Bringt man eine 100-Millionen-Population von *Staphylococcus aureus* mit einer bestimmten Menge Penicillin zusammen, überleben nur wenige resistente Zellen, die sich trotz des Antibiotikums fortpflanzen können. Ihre Resistenz ist genetisch festgelegt und wurde nicht erst durch Penicillin induziert. Durch stufenweise Erhöhung der Dosis des Antibiotikums kann man schließlich Bakterienstämme züchten, die eine Resistenz auch gegen hohe Konzentration aufweisen.

Aus den umfangreichen Experimenten zur DDT-Resistenz von Insekten ergibt sich, wie stark der Wert von Mutationen milieuabhängig ist: Die Unempfindlichkeit gegen dieses Insektenbekämpfungsmittel beruht auf einer Reihe von Genen, einem polygenen System. In normalen Freilandpopulationen finden sich Resistenzallele, haben aber keinen positiven Selektionswert. Erst nach der DDT-Begiftung kommt es zu einer Konzentration dieser Resistenzallele: 1. nimmt der Anteil der Individuen mit Resistenzallelen zu, 2. werden durch chromosomale Umkombination immer mehr Resistenzgene in einzelnen Tieren angehäuft.

Man weiß aus Untersuchungen an der Fruchtfliege *Drosophila,* wie schnell eine DDT-Resistenz im Labor entstehen kann.

Man hat weiterhin auch herausarbeiten können, daß die Resistenzallele in einem giftfreien Medium durch Gegenselektion recht schnell wieder in ihrer Häufigkeit herabgesetzt werden: sie haben hier keine besondere Eignung. Beruht allerdings in einer *Drosophila*-Population die Resistenz aller Individuen auf Allelen in allen sechs Chromosomen, so ist eine Resensibilisierung nur nach Entstehen von Rückmutationen möglich. Diese Verhältnisse dürften unter Freilandbedingungen unrealistisch sein, sind aber im Labor herstellbar.

Ein ganz exakter Naturforscher wird nun einen Meßwert für die Selektion fordern. Diese Forderung erscheint um so berechtigter, als oft behauptet wurde, die Selektion reiche nicht aus, um den Erwerb dieses oder jenes Merkmals zu erklären, während andere Autoren die Selektion für die Erklärung voll anerkennen. Theoretisch läßt sich ein solcher Meßwert leicht ermitteln. In der Praxis kann man aber nicht einem einzelnen Merkmal oder Gen einen bestimmten Selektionswert zuerkennen, und zwar aus folgenden Gründen:

1. In der Natur werden Lebewesen, also Individuen, auf ihre Eignung geprüft. Ein Lebewesen hat aber viele tausend Gene, die nicht isoliert nebeneinander, sondern kooperativ miteinander Körper und Leistung formen. Ein bestimmtes Gen kann mit bestimmten Mitgenen eines Individuums positiv wirken, mit anderen Mitgenen in einem anderen Individuum aber negativ für die Lebenserwartung sein.

2. Die Eignung einer Erblinie bezieht sich immer auf eine bestimmte Umwelt. So kann eine Erblinie in der Umwelt a bevorzugt, in einer Umwelt b aber benachteiligt sein. Ein Musterbeispiel hierfür ist die Sichelzellenanämie des Menschen. Bei den Kranken sind die roten Blutkörperchen deformiert. Die negative Wirkung des sie bedingenden Gens besteht darin, daß die homozygoten Träger schwer erkranken und so einer sehr hohen Sterberate unterliegen. Aber heterozygot erreicht das Gen hohe Anteile in der Bevölkerung, und zwar dort, wo Malaria häufig ist. Die Malaria-Parasiten entwickeln sich nämlich nicht in den entsprechenden Blutkörperchen. Hier hat das Gen eine positive Bedeutung, da seine erhaltende Wirkung stärker ist als seine nachteilige. Der Unterschied zwischen normalem und Sichelzellhämoglobin betrifft nur einen Aminosäurenrest.

Eine Eigenschaft ist besonders wichtig: die Fähigkeit, zahlreiche Nachkommen zu erzeugen. Sie kann für das Vordringen einer Erblinie auch dann entscheidend sein, wenn die Linie in ihren anderen Leistungen den übrigen Erblinien oder Varietäten etwas unterlegen ist. Das »survival of the fittest« gilt für die Individuen, es wirkt sich dann für die Evolution aus, wenn die Nachkommenzahl mindestens ebenso hoch ist wie die der anderen Erblinien der Art. Dann bringt die höhere Überlebensrate einen höheren prozentualen Anteil an der kommenden Generation. Liegt die Vermehrungsrate niedriger, so kann auch ein »survival of the fittest« nicht voll zur Wirkung kommen. Für Erblinien gilt also, das »survival of the most fertile«. Die Bevölkerungsstatistiker haben oft berechnet, wie schnell sich ein Bevölkerungsteil mit hoher Kinderzahl in der Gesamtbevölkerung vermehrt.

Selektion kann in verschiedenen Bereichen wirksam werden. Sie kann die Anpassung an die Faktoren der unbelebten Umwelt, an Hitze, Kälte, Trockenheit, Salzgehalt usw. bewirken. Sie kann das Überleben in der Lebensgemeinschaft mit Feinden, Nahrungskonkurrenten und Nistplatzkonkurrenten sichern. Die Konkurrenz (competition) ist wirksam mit Angehörigen anderer Arten, die ähnliche Lebensansprüche stellen, aber auch mit Angehörigen der gleichen Art. Es können Sperlinge, Kohl- und Blaumeisen um eine Nisthöhle kämpfen, aber auch Vögel der gleichen Art führen einen erbitterten Kampf um die Territorien für die Aufzucht ihrer Nachkommen. Dem Kampf um den Geschlechtspartner und die daraus resultierende »geschlechtliche Zuchtwahl« hat Darwin eine eigene Abhandlung gewidmet. Der Kampf um den Nistplatz und um Geschlechtspartner ist nicht universell, er fehlt völlig im Pflanzenreich und bei niederen Tieren mit Entleerung von Spermien und Eiern ins freie Wasser ohne Paarung, wie etwa bei Muscheln und Nesseltieren. Er spielt aber bei höheren Tieren (z.B. Wirbeltieren und zum Teil Insekten) eine wichtige Rolle. Nicht immer ist es ein Kampf zwischen den Rivalen um das Weibchen oder, wie bei den Laufhühnchen, der Weibchen um die Männchen, oft sind es anziehende Signale (sex appeal), deren Leistungsfähigkeit für die Auswahl der Partner entscheidend ist. Aus dieser Wirkung haben sich komplizierte Balztänze und Brautgaben durch das Männchen, die meist aus Nahrung für die Weibchen bestehen, bis zu den Liebeslauben der australischen Laubenvögel entwickelt. So gibt es eine Fülle von Situationen, in denen die individuelle Leistung einen Vorzug verschafft. Wirksam für die Evolution werden diese Vorzüge erst, wenn sie einen höheren Anteil in der Nachkommenschaft zur Folge haben.

Selektion ist also sicher ein wichtiger Evolutionsfaktor. Da aber ein genauer Meßwert fehlt, wird es in einem gewissen Bereich Optimisten geben, die alles für geklärt betrachten, und Kritiker, die für manche Fälle die Wirkung der Selektion in Zweifel ziehen.

In neuerer Zeit wird vielfach diskutiert, auf welcher Ebene die Selektion angreift. Theoretisch ist das auf allen Ebenen möglich, wenn daraus nur Unterschiede in der Reproduktionsrate resultieren, also zum Beispiel auf den Ebenen von Gen, Individuum, Population, Art oder sogar auf der Ebene höherer Systemeinheiten. Im Rahmen der Selektionstheorie hat man sich zunächst vorwiegend auf die Individuen konzentriert, in den letzten Jahren werden auch die anderen Ebenen zunehmend berücksichtigt. Auf der Ebene der Gene ist das Phänomen der meiotischen Drift (segregation distortion, meiotic drive) besonders interessant: Hier wird ein Allel eines heterozygoten Organismus auf mehr als 50% der Gameten übertragen (Genselektion). Auf der Ebene der höheren Systemeinheiten können sich unterschiedliche Lebensleistungen so deutlich niederschlagen, daß es zur Verdrängung kommen kann. Man wird das für Angiospermen annehmen können, die über große Strecken Gymnospermen verdrängt haben und für Teleostei, welche die Holostei fast vollständig ersetzt haben.

Man hat sich verschiedentlich bemüht, Selektionsvorgänge zu klassifizieren. Wenn man sich eine Population vorstellt, deren Merkmale, z.B. Körpergröße, im Sinne einer Binomialverteilung ausgeprägt sind, so kann die Selektion zur bevorzugten Eliminierung der Extrema führen. In diesem Fall nennt man sie stabilisierend. Werden Größen unter oder über dem Mittelwert selektiv bevorzugt, spricht man von einer gerichteten oder dynamischen Selektion. Bei einer gleichzeitigen überdurchschnittlichen Förderung von Größen unter und über dem Mittelwert entsteht statt der Binomialverteilung eine Verteilung mit zwei Maxima: disruptive Selektion.

Eine andere Gliederung geht davon aus, daß in verschiedenen Lebensräumen unterschiedliche »Strategien« notwendig sind. Als zwei grundsätzliche Typen – die allerdings miteinander verbunden sind – unterscheidet man K- und r-Selektion.

Bewohner langfristig gleichbleibender Lebensräume nutzen diese im Rahmen einer K-Selektion gleichmäßig und stark. Die

Selektion bewirkt das Erhalten einer großen Population, die nahezu konstant bleibt. Es handelt sich im allgemeinen um große Tiere und Bäume, die die Kapazität ihres Lebensraumes maximal nutzen. Oft finden wir hier einen hohen Energieaufwand für die Nachkommen, deren Zahl meistens gering ist. Das Lebensalter ist im allgemeinen hoch.

Im Rahmen der r-Selektion stehen hohe Reproduktionsraten und starke Tendenzen zum Verlassen des Lebensraumes im Vordergrund. Sie kommt bei Bewohnern schnell entstehender und wieder vergehender Lebensräume vor. Mit der Massenproduktion von Nachkommen sind kurze Generationsdauer und umfangreiche Populationsschwankungen verbunden.

Beide Strategien können ineinander übergehen, so bei den Wasserflöhen unserer Süßgewässer: Zunächst haben die reinen Weibchenpopulationen eine auf hohe Reproduktion eingestellte r-Strategie, dann entstehen auch Männchen, und es erfolgt eine Umstellung auf K-Strategie. Innerhalb einer Art können beide Strategien auch zur selben Zeit, aber an verschiedenen Orten auftreten: *Homo sapiens* gehorcht in manchen Gebieten der K-Selektion, in anderen jedoch weist die hohe Fortpflanzungsrate mehr in Richtung einer r-Selektion (Bevölkerungsexplosion).

Zufallsfaktoren: Isolation und Populationswellen

Die Individuen einer Art oder Population wechseln von Generation zu Generation und sind bei zweigeschlechtlich sich fortpflanzenden Arten auch in ihren Erbkombinationen verschieden. Die Gene und ihr prozentualer Anteil bleiben aber konstant. Es wechseln nur ihre Kombinationen: Hardy-Weinbergsches Gesetz. Dieses gilt aber nur unter folgenden Bedingungen: Die Population muß unendlich groß sein und die Paarung wahllos (Panmixie), Mutationen dürfen nicht auftreten. Solche Bevölkerungen gibt es aber in der Natur nicht. Sie sind alle in ihrer Zahl begrenzt, und es treten in ihnen durch Zufall Veränderungen des Genbestandes ein, wie die Berechnungen von Fisher und Haldane zeigen.

Ausgang unserer Betrachtungen sei eine Population ohne Auswanderung und Einwanderung mit gleicher Lebenseignung der Individuen, d.h. ohne selektive Bevorzugung. Wie alle Populationen in der Natur mit zweigeschlechtlicher Fortpflanzung enthält auch diese Population eine Anzahl verschiedener Gene, einen Gen-Pool, so daß die Mehrzahl der Individuen heterozygot ist. In der Population tritt dann ein zufälliger Verlust einzelner Gene ein, und eine zufällige Ausbreitung anderer findet statt. Es erfolgt also eine Gen-Drift. Wo der Zufall eingreifen kann, zeigt folgende Überlegung: die Frau legt in ihren Ovarien 400 000 Eizellen an, von diesen gelangen nur etwa 400 in den monatlichen Zyklen in die Eileiter und sind befruchtungsfähig. Von ihnen wird aber nur eine geringe Anzahl befruchtet. Durchschnittlich bringt eine Frau nur zwei bis fünf Kinder zur Welt, selten über zehn. Der Verlust an angelegten Eiern beträgt also über 99%. Da die Chromosomen mit ihren verschiedenen Genen zwar der Anzahl nach gleichartig, in ihrem Genmuster aber sehr verschiedenartig sind, können einzelne Gene in den Verlustbereich geraten und so in der Generationsfolge ausgeschaltet werden. Andere, die zufällig in den Gewinnbereich geraten sind, werden in ihrer Häufigkeit zunehmen. Noch viel stärker differieren Verlust- und Gewinnbereich beim Mann. Ein Ejakulat des Mannes enthält etwa 200–300 Millionen Spermien, im Laufe des Lebens werden also viele Milliarden produziert, von denen wieder nur wenige ihr Erbmaterial in die neue Generation einschleusen. Zwar kann die Maximalzahl der Nachkommen beim Manne höher sein als bei der Frau – der Pharao Ramses II. soll fünfhundert Söhne gezeugt haben –, aber das Mißverhältnis zwischen Verlustbereich an Keimzellen und Gewinnbereich bleibt sehr hoch.

Von der Ausschaltung werden in erster Linie seltene Gene betroffen. Bei häufigen besteht immer die Wahrscheinlichkeit, daß die Ausschaltung in einer Generationsfolge durch Gewinn in einer anderen kompensiert wird. Das sei an einem Beispiel verdeutlicht: Die Bewohner eines Ortes besitzen eine Anzahl von Namen. Die Bevölkerung hat also einen Namen-Pool, der im Dorf kleiner ist als in der Großstadt. Stirbt in dem Dorf der letzte Vertreter eines Namens, etwa Itzenplitz, so ist dieser Name endgültig aus dem Namen-Pool des Dorfes verschwunden, wenn nicht Zuwanderung erfolgt. In Millionenstädten sind – wie ein Blick in Telefon- und Adreßbücher zeigt – auch seltene Namen oft mehrfach vertreten, so daß ihre zufallsgemäße Ausschaltung unwahrscheinlich ist. Gesichert sind dagegen häufige Namen: Meier, Huber, Müller, Schultz usw. Für sie besteht sogar eine gewisse Ausbreitungstendenz in der Namensdrift.

Kleine Populationen mit hohem Genverlust und prozentualer Anreicherung anderer Gene entstehen meist durch Auswanderung. Fast jede Population hat die Tendenz, durch Auswanderung neue Areale zu erobern oder den Vermehrungsüberschuß abzustoßen. Wir kennen solche Wanderungen in reichem Maße, sei es, daß Wanderschwärme aufbrechen, wie bei vielen Insekten und manchen Säugern, oder daß Einzelindividuen aktiv oder passiv das Areal verlassen. In diesen Fällen kann der Zufall mitwirken, da nur ein Ausschnitt des Gen-Pools abwandert und die neugegründete Population erst kleine Bestände mit Genverlust bildet. Auch die Stammpopulation kann zufallsgemäß durch solche Abwanderungen Genverluste erleiden. Diese Genelimitation wurde herangezogen, um die Größenabnahme vieler Säuger und Vögel von einem Auswanderungszentrum im Sinne der Bergmannschen Regel zu erklären.

Zufälligen Genverlust und zufällige Anhäufung von Genen bringen auch die Populationswellen. Das sind starke Bestandsschwankungen einer Population, wie wir sie von Blattläusen, Marienkäfern, Feldmäusen, ja von fast allen Tieren, weniger von Pflanzen, kennen. Sie sind besonders auffällig bei Tieren mit rascher Aufeinanderfolge von Generationen und starker Vermehrung; aber auch Huftiere der Steppe können in einer Zeit der Dürre große Teile ihres Bestandes verlieren und damit einem Genschwund unterliegen, der durch die nachfolgende Zunahme des Bestandes nicht ausgeglichen wird. Solche Zusammenbrüche können auch eine einheitliche Großpopulation in eine Reihe von Kleinpopulationen zerlegen, die an günstigen Plätzen die Katastrophe überdauert haben. In diesen Kleinpopulationen kann der Genschwund weitergehen, es können aber auch sonst seltene Gene in die Kleinpopulation hineingeraten und dort einen hohen Prozentsatz ausmachen. War beispielsweise ein Gen für Melanismus in einem großen Insektenbestand nur in 0,01 % vorhanden, so kann, wenn eine kleine Restpopulation nur zehn Tiere umfaßt und eines davon melanistisch ist, der neue Prozentsatz 10 % betragen oder sogar gesteigert werden, wenn sich die Population vergrößert.

Stärker noch als in Populationswellen können Ausschaltung und Anreicherung von Genen bei Neubesiedlungen sein, wie sie bei der Ausbreitung von Tieren und Pflanzen allgemein auftreten. Eine neue Population kann bei Pflanzen durch einen Samen entstehen, der – verweht oder verschleppt – auf eine günstige Stelle gelangt. Ein befruchtetes Weibchen kann bei Tieren eine Population gründen, die – wenn das Weibchen eine abweichende Mutante mitbringt – dann durch diese seltene Variante gekennzeichnet sein kann. Der Mensch hat durch Aussetzen von Tieren und Verschleppung von Pflanzen in fremde Länder solche Erstbesiedlungen ermöglicht. Oft haben sich diese in dem zunächst konkurrenzarmen neuen Milieu enorm vermehrt, wie die Kaninchen in Australien, die Schweine in Neuseeland und die Wollhandkrabbe *(Eriocheir)* in Europa. Die Grüne Meerkatze, die man auf einer Antilleninsel aussetzte, hat sich gegenüber der afrikanischen Art etwas verändert, aber da man das Ausgangsmaterial gerade in dieser so vielgestaltigen Art nicht aufgenommen hat, sind Aussagen über das »Wie« der Abänderung unsicher. Immerhin zeigte Niethammer, daß bei den Igeln Neuseelands, die dort ausgesetzt worden waren und sich gut vermehrt hatten, bestimmte Zahnanomalien an Schneidezähnen und Prämolaren häufiger waren als bei den europäischen Igeln.

Rein durch Zufall und ohne Wirkung der Selektion kann also die Häufigkeit bestimmter Gene gefördert werden. Die Gen-Drift tendiert also nicht nur zu Verlusten, sondern auch zu Schritten, die die Evolution fördern. Im Rahmen der Wandlungen der Evolution liefert sie aber nur minimale Schrittchen.

Annidation

Die Einnischung (Annidation), die Ludwig als Evolutionsfaktor herausgestellt hat, sei nur kurz erwähnt. Eine seltene Variante, die in ihrer Stammpopulation keine Entwicklungschance besitzt, kann sich in einer ihr adäquaten Umwelt reich entwikkeln. Fast jeder Genotyp hat eine bestimmte Umwelt, in der er sich optimal entfaltet. Wenn die heimatliche Umwelt dieses Optimum nicht bietet und daher eine Variante nicht zur Entfaltung kommen läßt, kann diese sich aber stark entwickeln, wenn sie in eine ihr zusagende Umwelt gerät. Mögliche Beispiele lassen sich in großer Zahl erbringen. Kleine Varianten können in einem Lebensbereich mit Spalten und Kleinräumen, etwa unter der Rinde von Baumstubben oder in der Streuschicht des Waldes, leicht einen Flucht- und Aufenthaltsraum finden und sind nur in diesem Bereich existenzfähig. Größeren Varianten bleibt diese Nische verschlossen.

Einnischung schließt sich eng an Selektion an. Auch hier ist die Bevorzugung meist auf einen Lebensbezirk beschränkt. Fälle wie das Gen, das die Sichelzellanämie hervorruft, finden nur in Malariagebieten eine Förderung. Ist das bereits Einnischung?

Einpassung in einen neuen Lebensbereich – mag er groß oder

klein sein – hat phylogenetisch die Bedeutung, daß von diesem ersten Schritt aus eine neue stammesgeschichtliche Anpassungslinie ausgehen kann.

Mutationen

Mutation ist der wesentliche Faktor, der wirklich neue Erbmerkmale liefert. Das wurde erst durch Johannsens ›Kritik am Darwinismus‹ klar. Johannsen, der Schöpfer des Wortes Gen für Erbträger, untersuchte die Variabilität experimentell. Sie war für Darwin eine einfache Tatsache und lieferte das Ausgangsmaterial für die Selektion. Wie schon erwähnt, beruht die Variabilität natürlicher Populationen auf dem Zusammenspiel zahlreicher Erbfaktoren, die Population ist ein Gen-Pool, das gilt auch für die »reinrassigen« Stämme unserer Haustiere und Kulturpflanzen. Ausnahmen sind nur Populationen, die von einem Elternteil aus durch ungeschlechtliche oder parthenogenetische Vermehrung entstanden sind. Johannsen säte Bohnen einer Sorte aus; die Bohnen variierten normal in der Größe der Samen. Wählte er zur Nachzucht die größten und die kleinsten Samen aus, so erhielt er tatsächlich Populationen mit im Durchschnitt größeren und solche mit kleineren Samen. Die Selektion hatte also Erfolg gehabt. Aber diese Züchtung erreichte bald ihre Grenze, sie funktionierte nur in einigen Generationen. Der Erfolg beruhte darauf, daß aus dem Gen-Pool die fördernden Faktoren zusammengebracht und aussortiert worden waren. In einer Population sind meist mehrere Gene vorhanden, die ein Merkmal steigern können, für die Größe etwa die Gene A, B, C, die oft in verschiedenen Chromosomen liegen. Jedes der Gene ist einzeln auf verschiedene Individuen verteilt und in heterozygotem Zustand. Ein Individuum hat Aa, aber bb, cc, ein anderes Bb, aber aa, cc. Durch Auslese können nun die Faktoren zusammengeführt werden, und schließlich kann eine Sorte mit AA, BB, CC in allen Individuen erzielt werden. Diese sind größer als der Durchschnitt. Sie können sogar größer sein als die größten der Ausgangspopulation. Sobald sie aber ein homozygot-reiner Stamm geworden sind, also einen Biotypus darstellen, hat weitere Selektion keinen Erfolg. Zwar variiert eine erbreine Sorte noch, aber die Unterschiede werden durch die jeweiligen Umweltbedingungen (Nahrung, Temperatur, Feuchtigkeit usw.) hervorgerufen. Es sind nichterbliche Variationen (Modifikationen). Diese Tatsachen bedeuteten natürlich eine Krise für den einfachen Darwinismus, wenn das Gen eine unveränderliche Größe wäre, die, ohne sich zu wandeln, durch die Generationen weitergegeben würde. Diese Annahme trifft aber nicht zu; Gene können sich plötzlich ändern, das sind die Mutationen.

Selektion wirkt also rasch in einem Erbgutgemisch, sie schafft äußerlich Neues, aber nur durch Kombination der Erbfaktoren, die an sich konstant bleiben. Ist die optimale Erbkombination ausgelesen, bleibt Selektion wirkungslos, bis eine Mutation einen Schritt vorwärts erlaubt. Dadurch wird die Umwandlung langsamer, aber die Natur hatte ja Zeit, um auf diesem Wege die Arten umzugestalten und jeweils neuen Bedingungen anzupassen. Es gibt also eine schnelle und eine langsame Selektionswirkung, die schnelle setzt an Erbgutgemischen des Gen-Pools an, findet aber ihr Ende, wenn der Stamm homozygot geworden ist. Die langsame erfordert Erbänderungen als Ausgangsmaterial, an denen die Selektion angreifen kann. Diese kann die neue Mutante ausschalten, dann bleibt alles beim alten; sie kann aber auch die neue Mutante in ihrer Vermehrung fördern, dann erfolgt eine Umänderung der Art, ein kleiner Schritt in der Evolution.

Diese geforderten Mutationen waren schon lange bekannt. Linné wurde durch ein Leinkraut mit radiären Blüten (nicht bilateralen wie sonst) in Verwirrung gebracht. Er errichtete zunächst dafür eine eigene Gattung und Art: *Peloria radiata*, erkannte aber später, daß die neue Form zum Leinkraut *Linaria vulgaris* gehört. In der Aussaat der *Peloria*-Samen trat dieses auch wieder auf. Darwin hat über eine Fülle von Mutationen bei Haustieren berichtet, die plötzlich auftraten und zur Rassenzüchtung verwendet wurden, etwa das dackelbeinige Ancon-Schaf, das die Zäune nicht überspringen konnte. Solche Mutationen wurden bei allen in Kultur oder Zucht genommenen Lebewesen, bei Pflanzen wie bei Tieren, festgestellt. In scheinbaren oder wirklichen Reinzuchten traten sie ohne erkennbaren Grund bei Individuen auf, sie wurden daher als »Spontanmutationen« bezeichnet. Abgeändert wurden dadurch alle möglichen Charaktere, die Färbung der Flügel bei Insekten und ihre Aderung, die Zehenzahl usw. Aber auch ihre Leistungen waren gleichzeitig abgeändert, und so spielten solche Mutanten, die Darwin »single variations« oder »sports« nannte, in der Umformung von Haustieren und Kulturpflanzen, neben der Selektion aus Erbgutgemischen, eine Rolle.

Eine bestimmte Mutation, etwa die, die zu Albinismus,

Scheckung usw. führt, ist nicht ein einmaliges Ereignis. Dann hätte die Mutation kaum die Chance, sich ausbreiten zu können. Eine gleichartige Mutation eines Gens wiederholt sich mehrfach. Es gibt für sie also eine Mutationsrate, die in einer Population einen Mutationsdruck erzeugt. Die Mutationsrate ist meist sehr niedrig, sie kann aber gelegentlich einige Prozente erreichen.

Beim Mais tritt die Mutation zu »Farblos«-Gen F in jeweils einer von 10000 Fortpflanzungszellen auf, die Mutationsrate ist 0,0001, die Mutation zu SL bewirkt eine Veränderung der Kornform, sie tritt in einer unter 1 Million Fortpflanzungszellen auf, die Rate ist 0,000001. Sengbusch fand die Süßlupine einmal unter 10 Millionen normalen Lupinen. Die Rate für Letalfaktoren bei *Drosophila* beträgt durchschnittlich 0,00001, die für Erbleiden beim Menschen 0,0001 bis 0,00001. Verschiedene Gene haben also unterschiedliche Mutationsraten, die – wie wir heute wissen – wiederum von bestimmten anderen Genen beeinflußt werden können, den Mutatoren, die allerdings in Wildpopulationen selten zu sein scheinen.

Wichtig war die Entdeckung H. J. Mullers, daß durch Außeneinwirkungen die Mutationsraten stark erhöht werden können. Durch Bestrahlung der *Drosophila*-Fliegen mit Röntgenstrahlen konnten sie bis auf das 150fache gesteigert werden. Wie die Mutationen überhaupt, sind diese induzierten Mutanten keine Anpassungen an den auslösenden Faktor, sie sind nicht gerichtet, sondern streuen in breiter Front. Alle möglichen Mutationen erscheinen nach einer solchen Behandlung. Auslöser für Mutationen kennt man in großer Zahl: Röntgenstrahlen, UV-Strahlen und Neutronen, Temperaturschocks und Chemikalien, die als mutagene Substanzen bezeichnet werden, z.B. Acridin, Colchicin, Formaldehyd, Senfgas u.a. Diese Auslöser für Mutationen wirken nicht alle gleichartig; Röntgenstrahlen erzeugen mehr Chromosomenbrüche, ultraviolette mehr Genmutationen, aber es bleibt die breite Streuung bei solchen Prozeduren.

Viele Autoren hielten und halten nun das Problem der Evolutionsfaktoren für gelöst. Die Erbanlagen mutieren nach vielen Richtungen, und es gibt kaum ein Merkmal, das nicht durch Mutationen abgeändert werden kann. Isolation und Populationswellen können seltene Gene in ihrer prozentualen Häufigkeit steigern, Selektion ist wirksam. Damit wären die Grundlagen einer Mutationstheorie der Evolution gesichert.

Kritiker wenden sich nicht selten gegen die folgende Argumentation: die Arten, Gattungen, Familien usw. sind in ihren Erbanlagen verschieden, und Erbverschiedenheiten müssen durch Erbänderungen entstanden sein. Erbänderungen sind definitionsgemäß Mutationen. Das ist eine reine Deduktion aus dem Begriff der Mutation. Ein Geograph könnte dann das Problem der Gebirgsentstehung folgendermaßen lösen: Gebirge sind Erhebungen der Erdoberfläche, sie werden Elevationen genannt. Also sind die Gebirge durch Elevationen entstanden.

Ein entsprechender Leerlauf wird deutlich, wenn man liest, daß die Hominiden im Tertiär durch Mutation und Selektion entstanden seien. Hier wird ein Wissen um die Faktoren ihrer Evolution vorgetäuscht, das gar nicht vorhanden ist.

In einer zweiten Etappe wird argumentiert, Mutationen seien nicht nur aus dem Begriff abgeleitet, sondern Realitäten, die man in Natur und Experiment beobachten könne. Das trifft zu, aber der Hinweis auf die Realität der Mutationen und ihre Vielgestaltigkeit genügt Kritikern noch nicht. Wieder sei ein Vergleich mit dem Problem der Gebirgsbildung gebracht: Ein Geograph arbeitet ein Leben lang an Dünen des Meeresstrandes. Er sieht hier den Wind als Ursache der Erderhebungen, diese kann er sogar experimentell mit einem Gebläse erzeugen. Folgert er jedoch daraus, daß alle Erhebungen, d.h. auch Gebirge, durch Wind entstanden seien, so wird ein anderer, viel gereister Geograph darauf hinweisen, daß es aber auch ganz andere Entstehungsweisen von Erderhebungen gebe. Die Ursachen für die Entstehung von Dünen waren zwar richtig erkannt worden, ihre Übertragung auf Vorgänge der Gebirgsentstehung jedoch verfehlt.

Entsprechend muß der Biologe die Ablaufformen der Evolution, die im vorhergehenden besprochen wurden, mit den Typen der bisher beobachteten Mutationen vergleichen.

A. Strukturelle Abänderungen. 1. Arealverschiebungen (Allochorien). Die meisten Strukturen sind am Körper an einem bestimmten Platz und in bestimmter Zahl vorhanden. Allochore Mutationen bewirken eine Ausdehnung oder Verschiebung des Organbezirks und sind oft mit einer Vermehrung der Organe verbunden. Viele gefüllte Blüten entstehen durch Umwandlung von Staubgefäßen in Blütenblätter, also durch Ausdehnung des Gebietes »Blütenblätter« in den Bereich »Staubblätter«. Bei

Korbblütlern sind bei gefüllten Blüten die Strahlenblüten des Randes in den Bereich der Röhrenblüten ausgedehnt; es können auch Röhrenblüten die Randblüten ersetzen. Oft ist bei sympetalen Pflanzen der Kelch zu einer zweiten Blütenkrone geworden (Calycanthemie). Eine solche Variante der Gartenprimel hat schon Goethe in einem Aquarell festgehalten.

Unter den Mutationen von *Drosophila* wären zu nennen: a. Die Umbildung der Schwingkölbchen in echte Flügel, so daß statt zwei vier Flügel vorhanden sind (Tetraptera-Mutante). b. Beinähnliche Umbildung von Mundgliedmaßen (Proboscipedia-Mutante). c. Umbildung von Antennen in Beine (Aristapedia-Mutante).

2. Vermehrung der Anzahl von Strukturen. Dies ist eine häufig zu beobachtende Mutation. Sie kann durch Spaltung der Anlage oder durch Vermehrung der Bildungsstellen der Struktur erfolgen. Durch Spaltung können die Beine von *Drosophila* vermehrt werden; überzählige Zehen, Zähne und Borsten sind weitere bekannte Erscheinungen. Auch gefüllte Blüten entstehen nicht nur durch Arealverschiebungen, sondern oft auch durch direkte Vermehrung von Blütenblättern.

3. Reduktion von Strukturen. Diese Erscheinung wird auch als Defektmutation bezeichnet, sie tritt sehr häufig auf.

4. Verwachsungen. Normalerweise getrennte Strukturen sind hier mehr oder weniger verwachsen. Es gibt ein »Einhuferschwein« mit verwachsenen Mittelzehen, verwachsene Blütenteile usw.

5. Symmetrieänderungen (Allosymmetrien). Viele Lebewesen oder Organe, z.B. Blüten, sind bilateralsymmetrisch, d.h. rechts und links spiegelbildlich gleich, radiärsymmetrisch, d.h. gleiche Radien sind um eine Zentralachse angeordnet, oder asymmetrisch, d.h. unregelmäßig, oder mit einseitig ausgebildeten Organen. Radiäre Blüten werden bei Pflanzen meist als aktinomorph, bilaterale als zygomorph bezeichnet. Durch Mutation kann die normale Symmetrie in eine andere abgewandelt werden. Das bekannteste Beispiel sind die Pelorien vieler Pflanzen. Bei ihnen ist der zygomorphe Blütenbau in einen aktinomorphen umgeformt. Beim Löwenmaul sind zahlreiche Mutanten mit radiärem Blütenbau gefunden worden. Im Tierreich sind Wechsel von Rechts-Asymmetrie zu Links-Asymmetrie und umgekehrt nicht selten, also das Auftreten eines Situs inversus. Die Linkshänder unter den Menschen, bei denen das sonst links liegende Sprachzentrum rechts liegen kann, und die

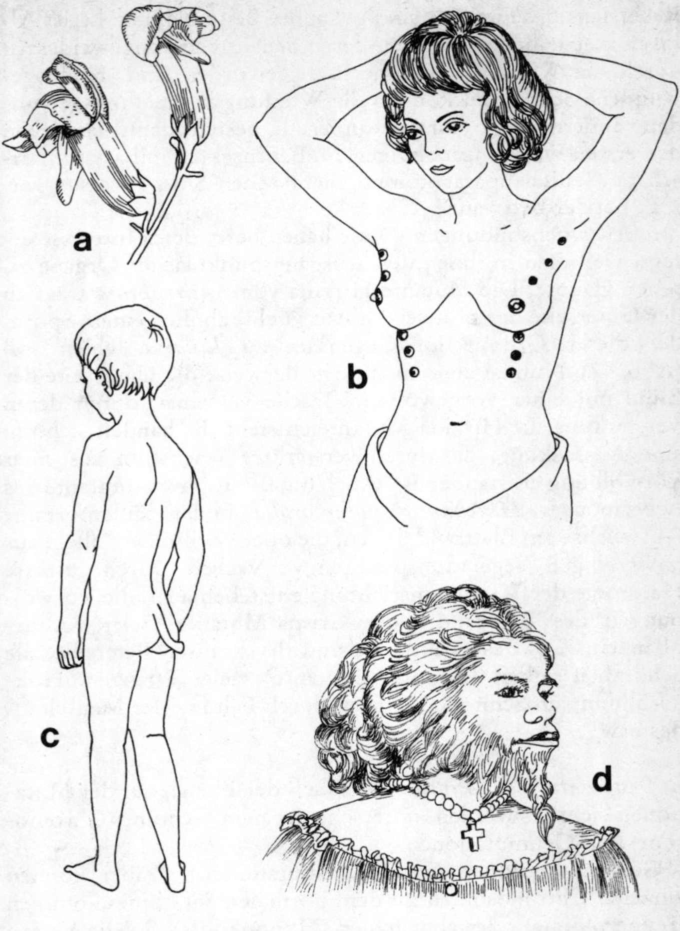

Abb. 47: a. Hirzina-Mutante vom Löwenmäulchen *(Antirrhinum)* mit Spornbildungen. Nach Stubbe, Wettstein (1941); b. Junge Frau mit überzähligen Brustwarzen. In Anlehnung an Klaatsch (1922); c. Kind mit Ausbildung eines äußeren Schwanzes. Nach Wiedersheim aus Remane (1956); d. Frau mit Bart. Nach Klaatsch (1922).

Rechtslage des Herzens sind bekannte Beispiele. Häufig ist Allosymmetrie bei Schnecken, deren Schale und Eingeweidesack durch die Windung asymmetrisch geworden sind. Rechtsgewundene Schnecken können die Windung in eine linksgewundene ändern. Die Symmetrieänderung besteht dann schon von den ersten Furchungsteilungen an. Bei Insekten mit asymmetrischem Genitalapparat kommt nicht selten Situs inversus vor, z. B. bei der Bettwanze *(Cimex)*.

6. Auswuchsbildungen. Diese haben besonderes Interesse erregt, weil man in ihnen den Ausgangspunkt neuer Organe zu sehen glaubte. Die Mutante Hirzina von *Antirrhinum* trägt an der Unterseite der Blüte einen Auswuchs, ähnlich einem Sporn, der dieser Gruppe im Gegensatz zu *Linaria* fehlen soll (Abb. 47). Nun ist aber auch normalerweise die Unterseite der Blüte mit einer vorgewölbten Tasche versehen, durch deren Verstärkung die Hirzina-Mutante entsteht. Es handelt sich um eine Aussackung, die durch verstärktes Wachstum aus einer Vorwölbung entstanden ist. Auch die Blastophora-Mutante des Lebermooses *Marchantia polymorpha* bildet säulenförmige Auswüchse am Blattrand, indem die obere Zellschicht allein aus mehrzelligen Vegetationspunkten vorwächst. Durch gestörte Harmonie der Wachstumsrichtung entstehen auch die Vorwölbungen des Blattrandes der Crispa-Mutante vieler Kulturpflanzen, z. B. des Grünkohls und der krausen Petersilie, die Schlitzblättrigkeit (Laciniata-Mutante) vieler Pflanzen, Hökkerbildung an Schneckenschalen durch Faltung des Mantelrandes usw.

B. Systematik der Mutationen. Nach der Ebene, auf der Mutationen sichtbar werden, unterscheidet man Genom-, Chromosom- und Genmutationen.

Genommutationen (= Ploidiemutationen). Dabei können einzelne Chromosomen zu dem normalen Satz hinzukommen (Hyperploidie) oder aber fehlen (Hypoploidie). Solche Veränderungen sind oft letal oder doch mit erheblichen Schäden verbunden. Vermehrung der ganzen Chromosomensätze nennt man Polyploidie. Diese kann das Entstehen neuer Rassen und sogar Arten bewirken. Im Falle der Triploidie, die durch eine diploide und eine haploide Keimzelle zustande kommt, entsteht allerdings meist Sterilität (siehe Domestikation, triploide Austern, S. 109); wenn zwei diploide Gameten verschmelzen, entstehen Tetraploide, die ebenfalls meist steril sind. Immerhin gibt es solche Populationen, z.B. bei dem Weidenröschen *Epilobium,* aber auch bei Tieren, z.B. dem Salinenkrebs *Artemia.* Meist pflanzen sie sich parthenogenetisch fort. Im Unterschied zu Tieren sind bei Pflanzen polyploide Bastarde verschiedener Arten nicht selten. Sie sind oft robuster als Diploide, haben höhere Enzym- und Hormonspiegel und sind auch in ihren ökologischen Ansprüchen anders als ihre Eltern. Oft sind sie fortpflanzungsfähig und haben extreme Habitate besiedelt. Die hohe Zahl der Chromosomen vieler Pflanzen wird mit dieser Form der Polyploidie (Allopolyploidie) in Zusammenhang gebracht.

Unter diesen Bastarden sind auch Kulturpflanzen, so Kreuzungen aus Apfel und Birne, Johannis- und Stachelbeere, Pflaume, Kirsche und Pfirsich.

Im Tierreich sind vergleichbare Fälle selten. Unter Laborbedingungen erwiesen sich die Bastarde der Fliegen *Dacus tryoni* und *D. neohumoralis* als resistenter gegen hohe Temperaturen als die Ausgangsarten. Darauf wird auch die Ausbreitung dieser Hybriden im Freiland zurückgeführt.

1. Polyploidie. Die Veränderungen durch Polyploidie sind insgesamt gering. Es verändern sich Wachstum und Größe, in geringem Maße Proportionen und Form, aber nicht die Organisation. Eine polyploide *Campanula* bleibt eine *Campanula,* und die in Chromosomenzahl so verschiedenen Rassen von *Artemia* werden nur als Varianten einer Art aufgeführt; daher wird die Polyploidie als Mittel zur Umbildung der Organisation allgemein gering eingeschätzt. In noch viel höherem Maße gilt dies für die Hyperploidie, die Vermehrung einzelner Chromosomen. Anstelle von zwei Chromosomen eines Typs sind dann meist drei vorhanden (Trisomie). Beim Menschen entsteht z.B. durch ein überzähliges 21. Chromosom das Down-Syndrom, eine mit geistiger Störung verbundene Anomalie. Der Stechapfel *Datura stramonium* zeigt eine Reihe von Varianten in der Bestachelung der Früchte, die auf überzähligen Einzelchromosomen beruhen. Aber solche Varianten sind nicht erbkonstant, da stets nur die Hälfte der Keimzellen das überzählige Chromosom erhält. Trisome, ebenso wie triploide, pentaploide usw. Formen bleiben nur dann konstant, wenn sie sich ohne Befruchtung vegetativ oder parthenogenetisch vermehren. Viele unserer Obstsorten, besonders der Apfel, sind hyperploid, sie können daher nicht durch Samen, sondern nur durch Pfropfung vermehrt werden.

2. Chromosomenmutationen. Sie betreffen die Struktur von Chromosomen. Umkehrungen einzelner Stücke innerhalb eines Chromosoms um 180° (Inversionen) treten nicht selten auf und können bei der Verfolgung von Populationsentwicklungen wichtig sein. Auch der Vergleich verschiedener Arten läßt Inversionen erkennen.

Wird ein Stück eines Chromosoms an ein anderes geheftet, spricht man von Translokation. Solche Lageveränderungen kommen zwischen gleichartigen Chromosomen regelmäßig beim crossing over vor, treten aber auch zwischen verschiedenartigen Chromosomen auf. Translokationen bringen Gene in eine andere Koppelungsgruppe und verändern den Erbgang; für die Umbildung der Organisation ist aber dieser Vorgang wohl nicht sehr wichtig. Allerdings gibt es Fälle, wo die Position eines Gens sehr wichtig ist: Von *Drosophila* wissen wir, daß die Genexpression durch Inversion verändert werden kann.

Außerdem lassen sich quantitative Veränderungen beobachten. Chromosomenstücke können sich verdoppeln (Duplikationen) oder verlorengehen (Deletionen). Größere Deletionen sind letal, kleinere können lebensfähige oder bedingt lebensfähige Mutanten ergeben. Verdoppelungen hingegen können wenigstens als Genduplikationen für die Evolution bedeutungsvoll sein und sind vielfach nachgewiesen. Außerdem ist der unterschiedliche DNA-Gehalt verschiedener Organismen sicher auf Duplikationen zurückzuführen. Der DNA-Gehalt eines Genoms ist etwa proportional der Zahl verschiedener Zellen eines Organismus: Die Zahl der Genorte von Prokaryoten verhält sich zu denen der Säuger etwa wie 1 : 1000 (2000–4000 bei *Escherichia coli*, 1,5–3 Millionen bei Säugern). Höherentwicklung ist also generell mit einer Steigerung des DNA-Gehaltes verbunden. Allerdings zeigen z.B. Fische und Amphibien, daß das nicht immer der Fall sein muß. Bei ersteren ist die Variationsbreite größer als bei letzteren: Der haploide Chromosomensatz von Fischen enthält 0,4 bis über 100 pg DNA, der von Amphibien 4–85 pg (Pikogramm).

3. Genmutationen: Hierbei handelt es sich um Erbänderungen auf der Ebene der Gene. Die große Mehrzahl von Erbänderungen, die im Phänotyp sichtbar werden, sind Folgen der Veränderungen von Basenpaaren in der DNA oder der Vermehrung von Genkopien im Kern. Kleine Fehler bei der Replikation der DNA werden oft von Enzymen, z.B. einer DNA-Polymerase, korrigiert (»proof reading«), d.h. eine falsche Base

wird sogleich durch die richtige ersetzt. Allerdings bleiben auch falsche Basen stehen, wir sprechen dann von einer Punktmutation. Schon diese kann sich auf den Phänotyp auswirken; so kommt z. B. die anormale Beta-Kette im Sichelzellenhämoglobin zustande (S. 163). Aufgrund der Tatsache, daß der DNA-Code degeneriert ist, bleiben viele Basensubstitutionen aber ohne Folge für die Aminosäuresequenz im Protein (stumme Substitutionen). Wenn nur eine Aminosäure betroffen ist, verändert das aber auch noch nicht unbedingt die Funktion des Proteins. Darüber hinaus wirken sich Punktmutationen nicht aus, wenn ein Gen in vielen Kopien vorliegt.

Auf der anderen Seite kann die Wirkung einer Punktmutation jedoch tiefgreifend sein, z. B. wenn ein normales Triplett in ein Stop-Codon umgewandelt wird.

Eliminierung oder Insertion eines Basenpaares schließlich haben zur Folge, daß die ganze Ablesesequenz verschoben wird (frameshift mutation). Solche Vorgänge resultieren normalerweise in nicht funktionsfähigen Produkten.

Eine wichtige Rolle in der Evolution spielen Genduplikationen, sie können zur Entstehung ganzer Genfamilien führen.

Zum »normalen« Genbestand gehören offenbar auch die sogenannten springenden Gene (Transposons), die Kopien von sich – oft in Vielzahl – woanders im selben Genom integrieren, während das Original gemeinhin an seinem Platz bleibt. Die Transposition kann über reverse Transcription ablaufen, d. h. über ein RNA-Transcript des Transposon-Originals werden DNA-Kopien (c-DNA) hergestellt, die dann »springen« (S. 79, Gen-Transfer). Transposons beeinflussen oft Genfunktionen an oder nahe ihrem Insertionsort und sind zum Beispiel für viele Mutationen verantwortlich, die von *Drosophila* bekannt sind. Sie können Struktur- und Regulatorgene einfach unterbrechen, zudem besitzen sie oft Signale für Beginn und Abschluß der Transcription. Wenn mehrere Transposon-Kopien auf einem Chromosom eingefügt werden, können Schwierigkeiten bei der Rekombination auftreten.

Für die Beurteilung der Struktur-Mutanten ist wichtig, daß sie vollkommen den Abarten, Aberrationen oder Exotypen der Systematiker gleichen (Abb. 48). Oft findet man in der Natur stark abweichende Exemplare einer Art, die nicht die Endglieder einer kontinuierlichen Variationsreihe sind, sondern isoliert von diesen stehen, etwa der weiße Hirsch, die krause Petersilie oder kurzflügelige Insekten. In der ersten Zeit wurden manche

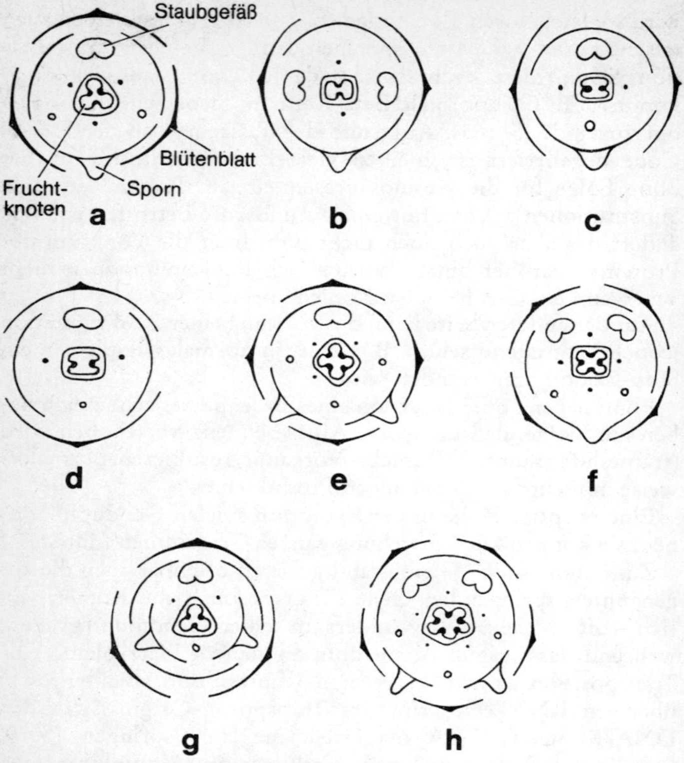

Abb. 48: Blütendiagramme verschiedener Aberrationen einer Orchideen-Gattung, z. B. *Ophrys*. Nach Stenzel (1902).

solcher Abarten als eigene Spezies oder Gattungen betrachtet, aber diese Irrtümer wurden bald korrigiert. Auch die bizarren Mutanten von *Drosophila* werden von geübten Systematikern als Abnormitäten von *Drosophila* erkannt. Die Identität von im Experiment erzeugten Mutanten mit in der Natur vorkommenden Varianten haben Dubinin und Dobzhansky an umfangreichem Material nachgewiesen. Die häufigsten Aberrationen in der Natur betreffen Farben und Farbmuster. Diese Farb- und Mustervariationen sind zwar für die Organisationsumbildung von geringer Wichtigkeit; sie zeigen aber deutlich, daß die theoretisch als möglich demonstrierte Zunahme seltener Mutanten durch sie bestätigt wird. Aberrationen können seltene Einzelindividuen treffen, regional häufig werden und bisweilen ganze Populationen kennzeichnen (rein weiß blühende Leberblümchen in den Pyrenäen, rein gelbe *Primula acaulis* in Nordwesteuropa). Weiterhin konnte gezeigt werden, daß solche Aberrationen oder Mutanten der Stammform regional überlegen sein können, indem sie bestimmten Bedingungen besser angepaßt sind. Die Experimente von Kühn und Engelhard an dem Schmetterling *Ptychopoda seriata* ergaben ein besseres Überleben in feuchter und kühler Umgebung, so daß der »Gebirgs- und Küstenmelanismus« dunkler Tiere leicht erklärbar ist. Bei dem Industriemelanismus, der im letzten Jahrhundert stark zugenommen hat, kommen noch weitere Faktoren hinzu. Auf der dunklen Rinde der Bäume, deren Flechtenbewuchs hier zerstört ist, können die melanistischen Tiere schlechter erkannt werden als hellere. Die Blutmutante der Buche ist gegen Kälte resistenter als die Normalform und kann deshalb jenseits der Grenze der grünblättrigen Buche kultiviert werden.

Farb- und Mustervarianten können so häufig sein, daß man kaum einen Normaltypus erkennen kann. Solche Vielfalt von Farbmustern findet man besonders im Litoral des Meeres bei Aktinien *(Metridium)*, Tunicaten *(Ciona)* und besonders bei Asseln *(Idotea, Jaera, Sphaeroma)* und Amphipoden *(Gammarellus)*, an Land bei Heuschrecken *(Apotettix)* u.a.

Strukturabweichungen im Sinne der vorhin aufgezählten Typen von Mutanten sind in der freien Natur viel seltener als Farbabänderungen. Relativ häufig sind noch Allosymmetrien; im Tierreich Situs inversus als Umkehr der Asymmetrie, bei Pflanzen Pelorien (= Übergang vom zygomorphen zum radiären Blütenbau). Die letztere Variante tritt nur in Einzelpflanzen auf, sie kann in kleinen Populationen mehrere Prozente an Häufigkeit erreichen, z.B. bei *Platanthera bifolia.* Reine Populationen mit solchen Pelorien sind uns unbekannt, auch Arten, die auf diesem Wege sekundär radiäre Blüten erworben haben. Bei Tieren ist das anders: Linksgewundene Schnecken treten zwar meist auch als Einzelindividuen einer rechtsgewundenen Art auf, sie können aber ganze Populationen oder sogar Arten beherrschen. Das gilt auch für die Asymmetrie der Genitalapparate, wie sie bei Wanzen und anderen vorkommen. Diese können bei verwandten Gattungen, z.B. *Sigara* und *Corixa,* gegensätzlich ausgebildet sein.

Organvermehrungen verschiedener Art sind als Variationen

in der Natur vereinzelt nachweisbar: gefüllte Blüten, überzählige Zähne, überzählige Zehen usw. Auch sie können ganze Populationen beherrschen. Das Seifenkraut *Saponaria* kommt in Nordwestdeutschland fast nur in der gefüllten Form vor; gefüllte Blüten dominieren an *Oxalis cernua* in einer bestimmten Höhenzone Teneriffas. Vermehrung der Zahl von Organen kann sich aber auch über Arten und Gattungen ausdehnen; so trägt der Löffelhund *Otocyon* vier statt drei Molaren.

Über die Aberrationen in der Natur finden wir also bestätigt, daß selbst auffällige Strukturmutanten sich zu Artmerkmalen durchsetzen können. Schwer sind dagegen Synorganisationen mit dem bisherigen Material an Mutationen zu erklären. Synorganisationen sind Apparate, deren Teile harmonisch gebaut sind und kooperativ funktionieren müssen, wie z. B. Augen, Zirporgane, Saugnäpfe (Abb. 17) oder bei Pflanzen die Fangblasen des Wasserschlauches *Utricularia* (Abb. 50). Diese Apparate entstehen sicher nicht durch die Mutation eines Gens, sondern durch die Wirkung zahlreicher Gene. Ändert sich zufällig in einem solchen Apparat ein Teil, so wird seine Funktion gestört.

Manche Apparate können durch sukzessive kleine Schritte entstehen: eine Stelle der Haut mit Lichtsinneszellen kann durch Pigmentanhäufung zu einem Augenfleck werden. In einem zweiten Schritt wird der Augenfleck zu einem Napfauge, aber dieser zweite Schritt kann nicht richtungslos an einer beliebigen Stelle erfolgen, sondern ist an den Ort des Augenflecks gebunden. Dadurch wird die Wahrscheinlichkeit einer Weiterentwicklung zu einem Auge stark herabgesetzt, und das ist bei jedem weiteren Schritt der Fall, so daß die Wahrscheinlichkeit einer solchen Entwicklung äußerst gering wird. Darwin schrieb daher in einem Brief an Gray: »Wenn ich an das menschliche Auge denke, bekomme ich Fieber.« Daß man dem Zufall nicht zuviel zumuten darf, sei an einem Beispiel nach Ludwig (1959) gezeigt: »Würde man irgendwen fragen, ob beim Würfeln eine Serie zu vierzig Sechsen auftreten könnte, wenn alle Menschen, die je auf der Erde gelebt haben, täglich tausend Serien zu vierzig Würfeln gewürfelt hätten, so würde die Antwort wohl meistens ›ja‹ lauten. Indessen könnte man selbst dann, wenn auf 1 Million Erden 2 Milliarden Menschen seit 1 Milliarde Jahren täglich 1000×40 Würfe machten, 18 : 1 wetten, daß unter diesen $10^6 \times (2 \times 10^9) \times 10^9 \times (365 \times 10^3)$ Serien keine einzige mit vierzig Sechsen gewesen sei.«

Abb. 49: Mutation aspleniifolia der Rotbuche *(Fagus silvatica).* Zweigstück mit normalen und verschmälerten Blättern und Übergangsformen zwischen beiden. Nach Troll (1938).

Apparate, zu deren Herausbildung mindestens vierzig passende Schritte am gleichen Ort notwendig waren, gibt es in großer Zahl in der Evolution. Beispiele sind die Augen von Wirbeltieren, Tintenfischen und Ringelwürmern *(Alciope),* die Leuchtorgane von Fischen, Krebsen (Euphausiaceen) und Tintenfischen. Solche Organe entstehen in der individuellen Entwicklung nicht durch isolierte Aktionen getrennter Gene, sondern durch komplizierte Beeinflussung von Stoffen und Reizen, die von Zellen, Geweben und Organen ausgehen und ein kompliziertes Netz von Wirkungen und Wechselwirkungen bilden. Die Augenlinse der Wirbeltiere entsteht durch stoffliche Wirkung vom embryonalen Augenbecher aus; es entsteht aber nur dort eine Linse, wo die Haut reaktionsbereit für Linsenbildung ist, und diese Bereitschaft nimmt vom Kopf zum Hinterkörper ab. Das Problem ist also: Wie wird in der Evolution das komplizierte Wirkungsgefüge, mit dem der Organismus von der Erbsubstanz aus den Organismus aufbaut, abgewandelt, wie werden neue Reaktionssysteme auf- und eingebaut? Wie entstehen neue Regelkreise? Für diese Prozesse fehlen uns noch genaue Kenntnisse oder klare Modelle die auf klassischen Mutationen basieren.

Das gilt auch für die Änderungen im Verhältnis zur Umwelt, wie sie in der Abänderung des Verhaltens deutlich sichtbar werden. Phylogenetisch schnell kann sich das Verhalten ändern. Von unseren nahe verwandten Schwalbenarten bauen zwei Nester aus Lehm und Speichel (Mehl- und Rauchschwalbe), die Uferschwalbe baut aber tiefe Röhren in sandige Wände, um dort ihr Nest anzulegen. Das Balzverhalten wechselt von Art zu Art. Der Bau von Fangapparaten, wie er von Spinnen in so großer Mannigfaltigkeit bekannt ist, und der auch stammesgeschichtlich abgeändert werden kann, erfordert immer neue kooperative Reaktionen von Sinnesorganen, Nerven und Muskeln. Primitive Spinnen kleiden eine Röhre mit Spinnfäden aus und bauen an der Mündung eine Klapptür mit Scharnieren. Diese Falltürspinnen verschließen aktiv die Tür, wenn sie in ihre Röhre steigen und halten sie von innen zu. Andere Arten bauen um die Röhrenöffnung Stolperfäden, die vorbeilaufende Insekten behindern. Dann alarmieren die Fäden die Spinnen und zeigen die Richtung des Beutetieres an.

Viele Spinnen bauen komplizierte Netze, wie wir sie von der Kreuzspinne kennen. Solche Radnetze sind unabhängig auch bei einer anderen Familie, den Uloboridae, entstanden. Gleichfalls unabhängig werden besondere Fangfäden konstruiert. Die Tropfenfäden der Kreuzspinnen setzen sich aus Grundfaden und einer Leimhülle zusammen, die sich bald zu einer Reihe winziger Tröpfchen zusammenzieht. Die Fang- oder Cribellumfäden der Uloboridae bestehen aus Grundfäden, auf die aus feinsten Fäden bestehende dichte Fangwolle aufgelagert wird, in der Beutetiere hängenbleiben. Diese Fangwolle wird nur vom Elektronenmikroskop in ihre Einzelfäden aufgelöst; sie wird von Drüsen prodziert und tritt durch eine Siebplatte (Cribellum) an der Bauchseite aus. Die Spinne geht dabei auf einem doppelfädigen, schon vorher gesponnenen Kabel entlang. Sie hält den Metatarsus eines Hinterbeines quer unter das Cribel-

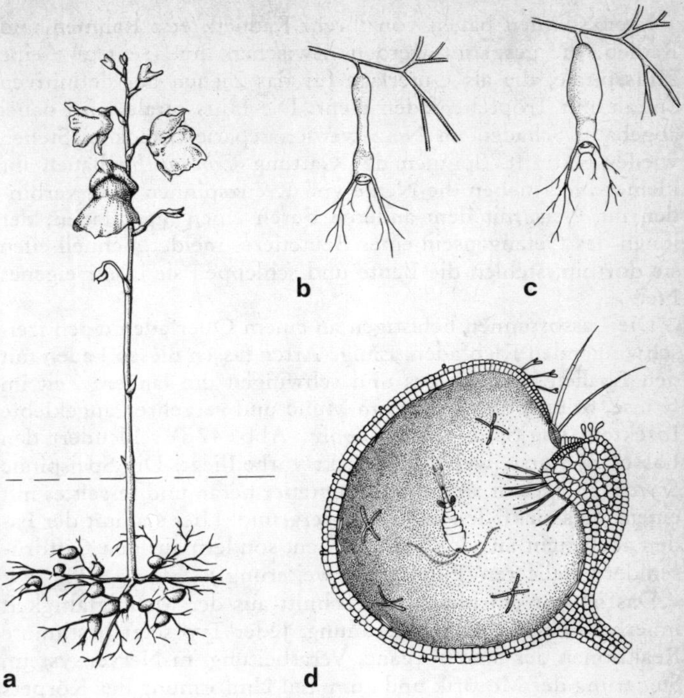

Abb. 50: Wasserschlauch *(Utricularia)* mit Fangapparaten, die umgewandelten Blattzipfeln entsprechen. a. Blühende Pflanze mit vielen Fangblasen im Wasser, b. Fangblase vor, c. nach Beutefang, d. Längsschnitt durch eine Fangblase, in die ein Kleinkrebs eingesaugt wurde. Die kleine Öffnung ist zunächst mit einer nach innen sich öffnenden elastischen Klappe verschlossen. Wenn kleine Wassertiere gegen die auf der Außenseite der Klappe befindlichen Borsten stoßen, öffnet sich diese und saugt die Beute mit einem Wasserstrom in die Blase hinein, wo sie verdaut werden. Nach Schmeil, Seybold (1954), Slack (1979).

lum, dann bewegt sie den Metatarsus – sehr langsam vorwärts gehend – mehrmals in der Sekunde waagrecht wie eine Bürste hin und her. Dabei geraten die aus den vielen Cribellumspulen austretenden Spinnsekretfäden auf eine Reihe paralleler, gebogener Metatarsusborsten (Calamistrum) und werden auf das Kabel gebürstet.

Kreuzspinnen bauen von ihrem Radnetz erst Rahmen und Radien, die gespannt werden. Zwischen ihnen entsteht eine Hilfsspirale, die als Unterlage für das Ziehen der definitiven Spirale mit Tröpfchenfäden dient. Die Hilfsspirale wird dabei abgebaut. Schäden im Netz werden repariert, lockere Stellen wieder gestrafft. Spinnen der Gattung *Conopistha* bauen ihr kleines Netz neben die Netze von Kreuzspinnen u.a., verbinden ihr Netz mit dem anderen durch einen Signalfaden, der ihnen das Gefangensein eines Beutetieres meldet. Schnell eilen sie dorthin, stehlen die Beute und schleppen sie in ihr eigenes Netz.

Die Lassospinnen befestigen an einem Querfaden einen freischwingenden Klebfaden. Einige Arten fassen diesen Faden mit den Krallen eines Beines und schwingen ihn längere Zeit im Kreise, bringen ihn dann zum Mund und verzehren angeklebte Insekten. Die Spinne *Mastophora* (Abb. 42d) schleudert den Lassofaden erst, wenn ein Insekt vorbeifliegt. Die Speispinne *Scytodes* schleicht sich an ein Beutetier heran und fesselt es mit einem Zickzackfaden an den Untergrund. Hier stammt der Faden aber nicht aus den Spinndrüsen, sondern aus den Giftdrüsen der Cheliceren (Funktionserweiterung!).

Das ist nur ein kleiner Ausschnitt aus der Mannigfaltigkeit innerhalb einer einzigen Ordnung. Jeder Typ setzt bestimmte Reaktionen der Sinnesorgane, Verarbeitung im Nervensystem, Steuerung der Motorik und zum Teil Umformung des Körpers voraus. Dieses ganze System muß bei phylogenetischen Änderungen kooperativ umgebaut werden.

Gen-Transfer

Die Molekularbiologie hat in den letzten Jahrzehnten eine Fülle neuer Erkenntnisse gebracht, die auch neue Möglichkeiten für die Evolutionsforschung ergeben. Besonders wichtig sind in diesem Zusammenhang Übertragungen von Erbfaktoren in den Genbestand anderer Individuen, die als Gen-Transfer bezeichnet werden. Sie wurden bislang vorwiegend an Bakterien bearbeitet, die letzten Jahre haben jedoch auch viele Befunde an Eukaryoten erbracht.

Bakterien können genetisches Material von außen aufnehmen und in ihr eigenes Erbmaterial einbauen. Dieser Vorgang kann auf dreierlei Weise ablaufen:

1. Konjugation. Verschiedene Stämme von *Escherichia coli* unterscheiden sich z.B. durch einen Fertilitätsfaktor (F), der

vorhanden sein kann (F^+-Stamm, Spender) oder fehlt F^--Stamm, Empfänger). Der F-Faktor ist ein geschlossener DNA-Ring (Abb. 51a); er wird unabhänig vom ebenfalls ringförmigen Bakterienchromosom repliziert. Bei der Paarung von F^+- und F^--Bakterien wird der F-Faktor von F^+- in F^--Zellen übertragen, er kann auch in das Bakterienchromosom integriert werden. Im Verlaufe der Konjugation wird also genetisches Material in einer Richtung von einem Bakterium auf ein anderes weitergegeben.

2. Transformation. Bietet man einem Bakterium in seinem Nährsubstrat die DNA eines anderen Stammes, so kann es diese

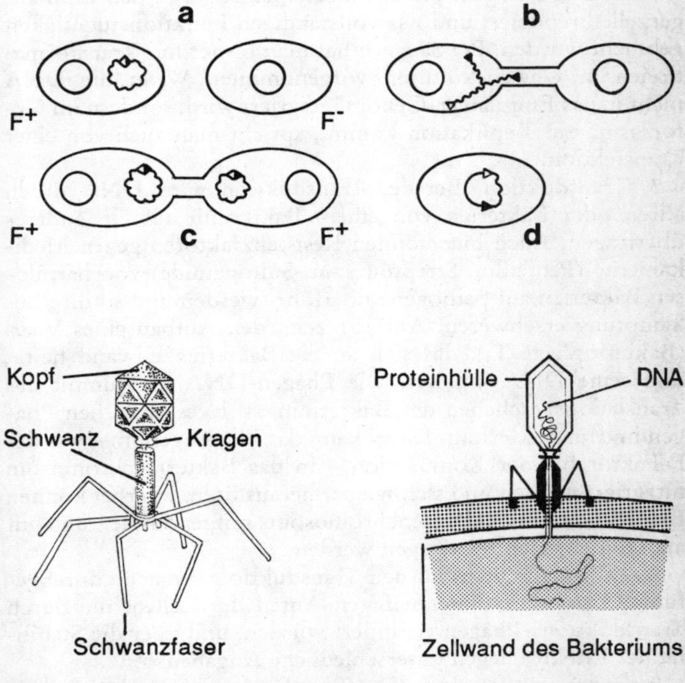

Abb. 51: Oben: Konjugation von Escherichia coli. a. *Escherichia coli:* mit Fertilitätsfaktor (F^+) und ohne (F^-), b. und c.: deren Kreuzung, d. Bakterium, dessen Fertilitätsfaktor in das Chromosom eingebaut ist. Unten: Bakteriophage in räumlicher Rekonstruktion und im Schnitt, die DNA in ein Bakterium injizierend. Nach Woods (1974).

DNA aufnehmen und dadurch erblich verändert werden. Die Tranformation wurde bei einem Erreger der Lungenentzündung, *Pneumococcus,* entdeckt. Die Form der Kapsel einer Variante konnte über die DNA einer anderen Variante erblich verändert werden. Inzwischen hat man Transformationen gezielt vornehmen können: Einem Stamm, der nicht streptomyzinresistent war, konnte diese Resistenz erblich verliehen werden.

Transformations-Versuche wurden auch an höheren Organismen durchgeführt, allerdings liegen die Transformations-Raten bei Eukaryoten generell niedriger als bei Bakterien. Bei Insekten und Fischen hat man an Ganzembryonen Gene mittels Injektion übertragen, die in Einzelfällen sogar in den Empfängerzellen repliziert und zur vollständigen Funktionstüchtigkeit gebracht wurden. Bei Säugern hat man bisher nur Transformationen in Gewebekulturen vorgenommen. Wenn die DNA nicht in das Empfänger-Genom integriert wird, sondern im Cytoplasma zur Replikation kommt, spricht man auch von einer Transfektion.

3. Transduktion. Bei der Transduktion wird DNA durch Viren oder Bakterien von einem Bakterium auf ein anderes übertragen. Auch hier können Resistenzfaktoren gegen Medikamente (Penicillin, Streptomyzin, Sulfonamide) von harmlosen Bakterien auf pathogene überführt werden und so ihre Bekämpfung erschweren. Abb. 51 zeigt den Aufbau eines Virus (Bakteriophage T_4), das sich an die Bakterienzellwand heftet und seine DNA injiziert. Die Phagen-DNA übernimmt das Translationsgeschehen des Bakteriums, d.h. es entstehen Phagen in dem Bakterium. Dabei kann das Phagengenom – wie der F-Faktor bei der Konjugation – in das Bakterienchromosom integriert werden und sich wieder herauslösen. Hierbei können Bruchstücke des Bakterienchromosoms mitgenommen und auf andere Bakterien übertragen werden.

Auch mit Eucyten wurden Transduktionsversuche durchgeführt. Über den zahlenmäßigen Anteil der Zellen, die durch Transduktions-Phagen verändert wurden, und über die Stabilität des Effektes liegen unterschiedliche Angaben vor.

Insgesamt dürfte dem Gen-Transfer in der Evolution eine wichtige Rolle zukommen, die bisher allerdings meist übersehen wird. DNA-Viren können bei Eukaryoten in das Genom integriert und mit ihm repliziert werden. Auch die Übertragung in der Keimbahn ist möglich. Vom Maus-Mammatumorvirus (MMTV) ist bekannt, daß sein Genom dabei in das Wirts-Genom integriert wird. Viren nehmen auf der anderen Seite manchmal einen Teil der Wirts-DNA mit und können diese auf andere Individuen – sogar anderer Arten – transportieren.

Besondere Beachtung verdient im Hinblick auf den Gen-Transfer auch die reverse Transcription. Darunter versteht man das Umkopieren von RNA in DNA. Hierzu sind Retroviren imstande, die aus einsträngiger RNA bestehen, welche unter anderem die Information für die Synthese des Enzyms »Reverse Transcriptase« verschlüsselt enthält. Dieses Enzym ist primär über ein RNA-DNA-Hybridmolekül an der Herstellung einer DNA-Doppelhelix (c-DNA, c von copy = Abschrift) nach Vorschrift der Retroviren-RNA beteiligt. Die c-DNA wird in das Wirtsgenom integriert und wiederum in Virus-RNA transcribiert. Der Transcriptionsprozeß kann auf benachbarte Wirts-DNA ausgedehnt werden, beeinflußt also die Genexpression (z.B. bei der Entstehung mancher Tumoren). Gelegentlich schreibt die reverse Transcriptase auch andere m-RNA-Sequenzen ab.

Schließlich gibt es DNA-Viren (z.B. das Hepatitis B Virus), die auf eine reverse Transcription von RNA in DNA zurückgehen. Es wird zur Zeit für möglich erachtet, daß 20% des Genoms von Säugern auf revers transcribierte Sequenzen zurückgehen, die untereinander nur geringe Differenzen aufweisen.

Gen-Transfer ist sowohl von Pflanzen als auch von Tieren bekannt. Das Bakterium *Agrobacterium tumefaciens*, welches bei Pflanzen Tumoren induziert, trägt über ein Plasmid DNA in das Genom des Wirtes. Das Enzym Superoxid-Dismutase des Leuchtbakteriums *Photobacterium leiognathi*, welches in dem Fisch *Leiognathus splendens* lebt, ist dem entsprechenden Enzym des Fisches ähnlicher als dem anderer Bakterien, so daß man an Gen-Transfer denken muß.

Rekombination

Unter Rekombination versteht man das Entstehen neuer Genotypen durch Neukombination von Erbfaktoren. Bei der Entstehung von haploiden Fortpflanzungszellen (Gameten) aus diploiden Zellen erfolgt eine Reduktion: Aus einer diploiden Zelle entstehen vier haploide Gameten. Diese wachsen nach erfolgter Befruchtung zu einem weiteren diploiden Organismus heran. Im Zuge dieser Vorgänge kommt es nach festen Regeln (Mendelschen Regeln) zu immer wieder anderen Verteilungen der Chromosomen (interchromosomale Rekombination): Daß ein gesundes Menschenkind sowohl von der Mutter als auch vom Vater je 23 Chromosomen bekommen hat, steht fest; ob die beiden haploiden Sätze jedoch vorwiegend von Großmutter oder Großvater stammen, ist dem Zufall unterworfen. Eine weitere Möglichkeit der Rekombination ist die intrachromosomale, der Austausch von Genen zwischen den Chromosomen im Zuge der Reduktion: crossing over. Beide Vorgänge schaffen in der Generationenkette dauernd neue Genotypen und eine große Vielfalt, die sich im Selektionsgeschehen bewähren kann.

Mutation, Gen-Transfer und Rekombination sind die Quelle ständiger Erzeugung neuer Varianten.

Die synthetische Theorie, die auf den hier vorgestellten Faktoren basiert, ist heute das maßgebliche Evolutionskonzept, weil in ihm die Resultate so vieler Arbeitsgebiete nicht nur berücksichtigt, sondern auch weitgehend widerspruchsfrei integriert werden. Es gibt jedoch auch Wissenschaftler, die zwar nicht die beschriebenen Evolutionsfaktoren als solche in Abrede stellen, die aber die Erklärungsleistung der Theorie als noch nicht ausreichend ansehen und deren Erweiterung durch weitere Mechanismen fordern. Je nach Temperament der Autoren wird die synthetische Theorie sachlich ergänzt oder aber auch als »orthodoxe Theorie« zugunsten eigener Vorstellungen abqualifiziert. Publikationen der letzten Kategorie sind mehr durch Polemik als durch neue Erkenntnisse oder klare Gedankenführung gekennzeichnet. Wir berücksichtigen sie hier nicht.

Ein kritischer und begründeter Gedankenansatz geht davon aus, daß allein durch die Selektion der Außenwelt keine ordnende Komponente der Evolution zu erwarten sei und daß man bisher die Anpassung von Organismen an den Lebensraum überbetont habe. Diesem Einwand trägt die »Systemtheorie der Evolution« (Riedl) Rechnung, welche die Konstruktions- bzw. Funktionsbedingungen des Organismus selbst als Selektionsfaktor hervorhebt. Da Strukturen und Funktionen in Organismen aufeinander bezogen sind, bilden sie füreinander Umwelten und beeinflussen sich gegenseitig. Bevor also ein Lebewesen von externen Faktoren geprüft wird, müssen die inneren schon selektiv gewirkt haben. Man sollte, so wird vorgeschlagen, folglich eine äußere von einer inneren Selektion unterscheiden.

Betont wird letztlich, daß die Evolution ein komplexer Systemprozeß ist, was wohl auch von den Baumeistern der synthetischen Theorie nie abgestritten, aber vielleicht nicht immer deutlich genug herausgehoben wurde. Wie bedeutend die Systemeigenschaften von Organismen sind, erkennt man beispielsweise daran, daß in der Evolution nach heutiger Kenntnis niemals ein alter Zustand wieder erreicht worden ist (Irreversibilitätsgesetz, S. 136).

Des weiteren ist die »Neutralitätstheorie« (Kimura) erwähnenswert. Sie bezieht sich im wesentlichen auf die molekulare Evolution. Nach ihr breitet sich der Großteil der molekularen Substitutionen, die den DNA- und Protein-Polymorphismus bewirken, zufällig in einer Population aus (Zufallsdrift) und hat keinen signifikanten Einfluß auf Überleben und Reproduktion. Variabilität auf der molekularen Ebene sei, so Kimura, im wesentlichen selektiv neutral. Die Akkumulationsrate von Mutationen im Laufe der Evolution sei wesentlich größer als bisher angenommen. Wenn sich jedoch die Umweltverhältnisse ändern, verschiebt sich die Lage des Optimums für ein phänotypisches Merkmal: Die Population beantwortet solch eine neue Situation rasch mit der Veränderung ihres Mittelwertes.

Ein weiterer Gedankenansatz stellt heraus, daß bislang die allmähliche Abwandlung der Lebewesen (Gradualismus) zu sehr betont worden sei, daß aber der abrupte Wandel ebenfalls eine besondere Bedeutung habe (Punktualismus). Es wird in diesem Zusammenhang auf die »Sprunghaftigkeit« der fossilen Überlieferungen hingewiesen. Unter anderen Begriffen sind diese Probleme schon vor Jahrzehnten zum Teil sehr differenziert und ausführlich diskutiert worden, eine Klärung steht jedoch noch aus.

Abschließend wollen wir betonen, daß derzeit eine gewisse kritische Einstellung zur synthetischen Theorie bei gleichzeitiger Anerkennung ihrer Grundfesten als angemessen angesehen werden kann und verbreitet ist. Wortreiche Publikationen, in denen Alternativen oder wenigstens wichtige Ergänzungen angeboten werden, existierten in großer Zahl und sollen offenbar den Eindruck erwecken, daß sich heutige Biologen »in einem dogmatischen Schlummer« (Lorenzen) befinden. Selten bringen sie jedoch wirklich neue Erkenntnisse.

b. Artbildung (Speziation)

Arten (Species) nehmen im System der Pflanzen und Tiere eine wichtige Stellung als Verallgemeinerungseinheiten ein. Wir bestimmen Arten, beschreiben Lebensräume aufgrund ihres Arteninventars, nennen Arten in wissenschaftlichen Veröffentlichungen und beschreiben neue Species. Im Prinzip sind Arten als Fortpflanzungsgemeinschaften im allgemeinen weitgehend ähnlicher Individuen definiert, die von anderen derartigen Gemeinschaften reproduktiv isoliert sind (biologischer Artbegriff; Biospecies). Die Erfüllung dieses Kriteriums ist natürlich nur in der Gegenwart zu prüfen.

So klar und einfach diese Definition auch sein mag, es verbergen sich hinter ihr erhebliche Probleme, die bis in die neueste Zeit diskutiert werden, besonders angesichts der Tatsache, daß auch in der Paläontologie – unter erheblich erschwerten Bedingungen – Arten beschrieben werden, bei denen jedoch nicht bewiesen werden kann, ob die erwähnten Kriterien erfüllt sind. Sexualdimorphismus, Überlieferung unterschiedlicher Lebensstadien (Larven, Imagines) und Modifikationen komplizieren die Verhältnisse besonders in der Paläontologie weiter. Aber auch die rezenten Pflanzen und Tiere bergen genügend Probleme; man denke nur an Arten mit Generationswechsel oder an Populationen, die lediglich aus Weibchen bestehen, wie die vieler Rädertiere. Bei Prokaryota, z. B. Bakterien, wird die Situation noch komplizierter, vor allem wegen des verbreiteten Gen-Transfers (S. 186); allerdings spricht man aus praktischen Gründen auch hier von Arten.

Arten verändern sich im Laufe der Generationen. Dieser Vorgang wird als Artumwandlung, Progression oder allochrone Artbildung bezeichnet. Das Kriterium der Fortpflanzungsgemeinschaft kann dann natürlich nicht unmittelbar angewendet werden, und in der Literatur gibt es heftige Kontroversen, ob man in diesem Falle eine oder mehrere, zeitlich aufeinander folgende Arten beschreiben soll. Verbreitet ist die Meinung, auch bei starker Abwandlung in der Zeit keine neue Art zu errichten, sondern höchstens willkürlich festzulegende Unterarten oder Chrono-Subspecies zu benennen.

Unter Artaufspaltung oder synchroner Artbildung (nur diese wird meist Speziation genannt) verstehen wir das Aufspalten einer Art in zwei (dichotome Artbildung) oder mehrere (multiple Artbildung). In diesem Bereich kennen wir die Evolutionsfaktoren recht genau. »The origin of species« in dieser Form ist also im Prinzip gelöst. Allerdings gibt es auch hier Probleme, die in der Literatur zu Auseinandersetzungen bis in unsere Tage geführt haben: Endet die Existenz einer Art mit jeder neuen Speziation? Muß eine weltweit existierende Art einen neuen Namen erhalten, wenn irgendwo eine kleine Inselpopulation reproduktiv isoliert wird? Willmann (1985) hat die verschiedenen Ansichten hierzu unter Einschluß der Problematik in der Paläontologie eingehend diskutiert.

Schließlich kann es – bei Pflanzen gar nicht einmal selten – zur Bastardierung zweier Arten kommen, die schließlich zur Ausbildung normaler Gameten führt. Aus zwei Arten sind dann drei entstanden (Allopolyploidie).

Die Einteilung der Organismen in Arten muß eine sehr lange Geschichte haben, und auch heute differenzieren Naturvölker oft ihre belebte Umwelt in so viele Arten wie es Wissenschaftler tun. Ein Beispiel bietet ein Jägerstamm auf Neuguinea, der dort 136 Vogelarten unterscheidet, gegenüber 137 der Ornithologen. Ein Stamm auf den Philippinen belegte sogar 1600 Pflanzenarten mit Namen, das entspricht über 90% der wissenschaftlich beschriebenen Arten der lokalen Flora!

Praktisch muß der Student und auch der Wissenschaftler meist mit dem morphologischen Artbegriff arbeiten. Mit ihm bestimmt man Tiere und Pflanzen einschließlich der Pilze. Dabei kommt es immer wieder vor, daß man Männchen und Weibchen zunächst als getrennte Arten beschreibt, desgleichen verschiedene Generationen, die bei Algen sogar für verschiedene Gattungen gehalten wurden. Sobald man die zunächst unbekannten biologischen Beziehungen sieht, wird der Irrtum korrigiert. Da das biologische Verhalten den strukturellen Verschiedenheiten übergeordnet ist, hat man erörtert, ob es nicht kryptische Arten gibt, d.h. Arten, die sich äußerlich gar nicht, aber in ihrem biologischen Verhalten, speziell in der Fortpflanzung, unterscheiden. Die getrennte Fortpflanzungsgemeinschaft wäre gegeben, aber keine Trennbarkeit nach sichtbaren Merkmalen. Prinzipiell ist das möglich, aber der Nachweis des Fehlens struktureller Unterschiede ist recht schwer. Differenzen können im Chromosomenbau liegen *(Drosophila obscura* und *Drosophila persimilis),* in der Ausbildung der Larven, Puppen usw. Die Entomologen Europas waren sehr erstaunt, als man den häufigen Tagfalter *Colias hyale* in zwei Arten zerlegte: *Colias hyale* und *Colias australis.* Als Falter sind sie nicht zu trennen, wohl aber hinsichtlich ihrer Raupenstadien und Nährpflanzen. Manche Arten sind in einem Geschlecht, meist im weiblichen, nicht zu trennen, wohl aber im männlichen.

Die Auffassung von der Konstanz der Arten wurde durch zwei Fakten widerlegt: 1. die Differenzierung der Art in verschiedene Formen (Rassen, Subspecies; Varietäten), 2. die Existenz aller denkbaren Übergänge zwischen einer einheitlichen Art und zwei getrennten Arten.

Die Hoffnung, daß Arten erbgleich seien und nur Umweltbedingungen die Unterschiede der Individuen einer Art hervorrufen, läßt sich nicht erfüllen betreffs der Arten, die sich geschlechtlich fortpflanzen. Hier hat fast jedes Individuum seine eigene Genkombination. Das trifft auch für den Menschen zu, trotz immer wieder auftauchender gegenteiliger Ansichten.

Fast alle Arten sind in verschiedene Formen gegliedert, und von diesen führen viele Übergänge bis zu zwar noch nahe verwandten, aber fortpflanzungsmäßig getrennten echten Arten. Besonders starke geographische Untergliederung finden wir bei terrestrischen Organismen, wie wir sie auch in deutlicher Ausprägung beim Menschen finden; im Meer ist sie in sehr viel geringerem Maße ausgeprägt. Arten, die sich aus mehreren Untergruppen zusammensetzen, nennt man polytypische Arten. Dabei gibt es folgende Stufen:

a. Die Merkmale gehen allmählich ineinander über; es besteht eine regionale Transgradation, jetzt meist »cline« genannt. Sie ist besonders bei quantitativen Merkmalen verbreitet, z. B. bei der Größe, Flügellänge, Extremitätenproportionen, Pigmentierung u. ä. In solchen Fällen ist die Trennung in einzelne Gruppen willkürlich. Besser ist die Darstellung gleicher Zonen in der Merkmalsabwandlung durch Linien wie in den Höhenlinien der Atlanten: solche graduell sich verändernden »Isorhythmen« hat z. B. Alpatow für die Rüssellänge der Honigbiene in Rußland gegeben. Bei deutlich getrennten Merkmalen wie Albinismus und Blutgruppen kann ein allmählicher Übergang in der Ab- und Zunahme des prozentualen Anteiles der Einzelvarianten bestehen.

b. Die geographischen Rassen sind durch Schwellen an den Grenzen deutlich getrennt, so daß man objektiv eine Anzahl von Unterarten feststellen kann. Die fruchtbare Vermischung ist aber noch gegeben; dennoch kann die Gendiffusion herabgesetzt sein, wie z. B. bei der Vermischung von Nebel- und Rabenkrähe. Solche Schwellen können durch Hindernisse der

Umweltbedingungen entstehen, die rasch eine Änderung der Selektionsrichtung bringen; sie können an Kontaktstellen früher getrennter Rassen auftreten. Diese Schwellen bleiben aber nur bestehen, wenn die Gendiffusion irgendwie herabgesetzt ist. Sie können auch in der Lebensweise begründet sein. Viele Arten, z.B. der Schwalbenschwanz, haben in Südeuropa zwei Generationen im Jahr, in Nordeuropa nur eine. Zwischenwerte, etwa 1½ Generationen, sind unmöglich. Einwanderung des Schwalbenschwanzes in nördliche Gebiete, bespielsweise Schleswig-Holstein, ist nicht von Dauer. Die Raupen der zweiten Generation geraten spät in den Herbst hinein und sterben bei ungünstigem Wetter.

c. Geographische Subspecies oder Populationen zeigen bereits Sterilität bei Kreuzung. Sie kann auf dem Auftreten von Intersexen, wie beim Schwammspinner *Ocneria dispar*, oder auf Sterilität eines Geschlechts beruhen, wie z.B. bei Populationen der Stechmücke *Culex pipiens*, bei denen ein Faktor im Plasma diese Störung bewirkt (Laven). Der in Kleingewässern felsiger Meeresküsten verbreitete Kleinkrebs *Tigriopus fulvus* ist in seiner Population an der Atlantikküste von Portugal einheitlich und voll fruchtbar; aber mit Populationen des Mittelmeeres ist die Vermehrung gestört, und selbst im Bereich des Mittelmeeres ergibt sich eine Verminderung der Fertilität mit zunehmender geographischer Isolation. Kreuzung von Tieren aus Südfrankreich mit solchen von Algier ergibt keine erwachsenen Nachkommen. Es gibt zahlreiche solcher Fälle. Oft ergeben sich Verzögerungen und Störungen in der Entwicklung von Nachkommen bei der Kreuzung geographisch getrennter Populationen. Sie nehmen mit der Entfernung der Herkunftsorte zu und erreichen bei den Extremen volle Sterilität. Beispiele sind *Rana pipiens*, der Käfer *Epilachna chrysomelina*, der Schmetterling *Lasiocampa quercus*. Der Mensch *Homo sapiens* ist also mit all seinen Rassen eine noch recht einheitliche Art.

Besonders interessant sind die übergreifenden Ringe mancher Arten, die von Vögeln, Schmetterlingen und anderen bekannt sind. Die Kohlmeise *Parus major* ist von Nordasien, Europa, Südasien bis China in mehreren Subspecies verbreitet. In einem Bezirk Ostasiens treffen Anfangs- und Endrasse des Ringes zusammen, überschneiden sich und bilden noch relativ häufig Bastarde (unvollkommene Artbildung). Ein Ring um den Nordpol liegt bei den Silbermöwen vor. Hier erfolgt die Überschneidung in Europa. Die sich überlappenden Endglieder sind hier durch Silber- und Heringsmöwe repräsentiert, die sich nicht mehr vermischen (vollkommene Artbildung). Auch wenn dieser Ring durch Einschieben bestimmter neuentdeckter Formen abgeändert wird, bleibt seine prinzipielle Bedeutung bestehen. Sterben in solchen Ringen die verbindenden Formen aus, so sind aus einer Art zwei geworden. Das demonstrieren auch Fälle zweimaliger Einwanderungen in ein Gebiet. In Europa tritt weit verbreitet eine Art des Schwalbenschwanzes *(Papilio machaon)* auf, in Sardinien und Korsika kommen dagegen zwei Arten vor, *Papilio machaon* und der sehr ähnliche *Papilio hospiton*. Dieser war offenbar ein Erstbesiedler der Inseln und entwickelte sich zu einer eigenen Art. Später kam *Papilio machaon* zum zweiten Mal auf diese Inseln und vermischte sich nicht mehr mit *Papilio hospiton*. Ähnliche Vorgänge spielten sich bei der Artdifferenzierung auf Inselgruppen ab. Hier kann erst eine Insel eines Archipels erreicht werden, dann von dieser aus eine zweite und weitere. Auf jeder Insel können Sonderformen (eigene Arten) entstehen. Diese können, da die Inseln einer Gruppe oft nicht so weit voneinander entfernt liegen wie der Nachbarkontinent, wieder auf schon besiedelte Inseln zurückwandern, sich dann aber nicht mehr mit der Elternart vermischen. Die verschiedenen Darwinfinken der Galapagos-Inseln betrachtet man als Abkömmlinge einer eingewanderten Stammart. Die 22 Arten und 45 Unterarten der Drepanididen Hawaiis führt man auf ein bis zwei eingewanderte Stammarten zurück (Abb. 36), die 3722 bekannten Insekten der Hawaii-Inseln auf 233–254 hier eingetroffene Stammarten.

Nicht selten kommen Artenkreise (= Superspecies) vor. Darunter versteht man nahe verwandte Arten, die ähnlich geographischen Rassen regional getrennt leben, aber schon durch ihre Sterilität bei Kreuzung und durch teilweise Überlappung im Vorkommen sich als frisch entstandene Arten präsentieren.

Für den Systematiker wird die Situation schwierig, wenn räumlich getrennte Areale bestehen, deren Bestände sich nicht deutlich unterscheiden. Beispielsweise existiert der Gorilla im tropischen Afrika in drei Formen: im Kamerun-Gabun-Gebiet »*Gorilla gorilla*«, in Zentralafrika vom Rudolfsee bis zum östlichen Kongo-Gebiet »*Gorilla graueri*« und im Vulkangebiet des Kivu-Sees »*Gorilla beringei*«. Diese Formen unterscheiden sich zum Teil geringfügig am Skelet. Sind es Arten oder Subspecies? Für solche Fälle gebraucht Mayr den Begriff »Semispecies«. Es existieren also alle wünschenswerten Übergangsstadien zwischen geographischen Subspecies und den echten Arten.

Die übrigen Formen einer Art seien nur kurz behandelt. Ökologische Rassen (Ökotypen) besiedeln verschiedene Lebensräume, etwa Wald, Sumpf, Dünen, Tümpel und Seen und haben äußerlich verschiedene Sippen in den Biotopen ausgebildet. Sie existieren räumlich dicht nebeneinander und treten meist punktartig zerstreut überall dort auf, wo die zusagenden Biotope vorhanden sind. Man hielt sie zunächst für reine Modifikationen, dann wären sie für die Evolution ohne Interesse; zunehmend ergab sich aber, daß sie in vielen Fällen genetisch verschieden sind.

Verbreitet sind ökologische Rassen bei Pflanzen, die im Boden wurzeln und besonders abhängig von Bodenart und Klima sind. Infolgedessen können die Bedingungen der Umwelt stark selektionierend auf den Bestand wirken. Es können eine Dünenform und eine Waldform nur wenige Kilometer voneinander vorkommen, und doch sind sie in Wuchs, Blattform und anderen Merkmalen deutlich verschieden. Die wechselseitige Befruchtung ist bei der geringen Entfernung gegeben, die verschiedenen Ansprüche an besondere Lebensbedingungen werden aber die Lebensfähigkeit der Bastarde herabsetzen, da sie selten oder gar nicht einen für sie zusagenden Lebensraum finden. Sie sind weder voll für den Wald noch voll für die Dünen angepaßt.

Auch im Tierreich sind Ökotypen vorhanden, z.B. bei Korallen. Übergänge zwischen geographischen und ökologischen Rassen lassen sich bei manchen Lerchen Afrikas (Ägypten, Südwestafrika; Niethammer) beobachten, die in ihrer Farbe jeweils dem Boden entsprechen, auf dem sie leben. Starke Unterschiede in der Gehäuseform zwischen Populationen in Tümpeln und solchen in großen Seen finden wir besonders bei Schnecken, z.B. bei *Lymnaea stagnalis.* Sie sind wenigstens zum Teil erblich verschieden. Auffällig sind Ökotypen, wenn Arten, die oberirdisch leben, in unterirdische Gewässer eindringen, wie die Wasserassel *Asellus aquaticus* und vor allem der mexikanische Höhlenfisch *Anoptichthys.* Dieser lebt in verschiedenen Höhlen in Populationen mit verschieden starken Umformungen (Reduktion der Augen usw.). Er ist aber noch voll kreuzbar mit einer oberirdisch lebenden *Astyanax*-Art. Obwohl er als eigene Gattung und zum Teil sogar als eigene Ordnung betrachtet wurde, handelt es sich nur um einen extremen Höhlenökotyp dieser Art.

Den Übergang zwischen ökologischen Rassen und Species demonstrieren manche Pflanzen. Nach Grant leben *Tradescantia cariculata* und *Tradescantia subaspera* in weiten Bezirken der Pazifikküste Nordamerikas in gleichen Gebieten, also sympatrisch (Gegensatz: allopatrisch, d.h. sie leben an verschiedenen Plätzen). Die eine wächst an sonnigen Standorten, die andere im Schatten. An Erosionsrinnen von Kliffs, die eine Zeitlang intermediäre Bedingungen liefern, entstehen weitgehend sterile Bastarde. Als ökologische Rassen kann man auch die beiden Läuse des Menschen, die Kopflaus *Pediculus humanus capitis* und die Kleiderlaus *Pediculus humanus vestimenti,* betrachten. Sie sind bei Bastardierung noch fruchtbar, aber die eine bewohnt das Kopfhaar, die andere die Kleidung.

Biologische Rassen sind meist durch ihr Leben an verschiedenen Nährpflanzen oder in verschiedenen Wirtstieren charakterisiert. Die so zahlreichen Linien parasitischer Pilze, z.B. der Rostpilze, machen ihre Bekämpfung an unseren Kulturpflanzen so schwer. F. Heydemann hat ganz nahe stehende Arten, sogenannte Dualspecies (Zwillingsarten, sibling species) bei Schmetterlingen untersucht. Die Mehrzahl unterschied sich hinsichtlich ihrer Nährpflanzen. Knuth unterschied bei der Wasserschwertlilie *Iris pseudacorus* eine Variation *syrphophila,* die von Schwebfliegen (Syrphiden) aufgesucht und bestäubt wird, und eine Variation *bombiphila,* die von Hummeln besucht wird. Wie stark die isolierende Wirkung durch die Bestäubungstiere sein kann, zeigen nordamerikanische *Aquilegia*-Arten. Die Botaniker unterscheiden hier eine Reihe »guter« Arten, die in Kultur aber bei Kreuzung gut fruchtbar sind. Arten mit nickenden Blüten und kurzem Sporn, formosa-Gruppen, werden von Kolibris bestäubt, die unter den Blüten schwirrend mit dem Schnabel den Nektar erreichen und den Pollen auf den Kopf gestäubt bekommen. Die chrysanta-Gruppe mit erhobenen Blüten und sehr langen Spornen wird von Schwärmern (Sphingidae) besucht, die über der Blüte stehend den Rüssel in die langen Sporne einführen. Hier ist es vorwiegend die Struktur der Blüte, die die verschiedenen Besucher bedingt. In anderen Fällen ist es der Duft: viele Orchideen, z.B. Arten der Gattung *Ophrys,* senden den weiblichen Sexualduft als Lockduft für Insektenmännchen aus (Hymenopteren). Die Männchen suchen in der Blüte die Weibchen vergebens und besorgen dabei die Bestäubung. Da der Lockstoff verschieden ist, werden die Blüten verschiedener Arten von Männchen verschiedener Hymenopteren-Arten besucht und sind dadurch isoliert. Die chemische Änderung eines Duftstoffes kann Aasbesucher statt Blütenbesucher anlocken.

Hier seien noch die stationären und die wandernden Rassen vieler Fische erwähnt. Die wandernden führen weite Laichwanderungen aus, die stationären nicht. Wander- und Standrassen sind vor allem unter den Lachsfischen (Salmoniden) weit verbreitet.

Temporalrassen unterscheiden sich durch eine zeitliche Differenzierung in ihrem Auftreten, vor allem hinsichtlich ihrer Fortpflanzungsperioden. Daß solche Unterschiede innerhalb einer Art, je nach den Klimabedingungen, existieren, ist selbstverständlich. Pflanzen blühen im Süden früher als im Norden, in großen Höhen später als in warmen Tälern. Beobachtungen in Experimentalgärten haben gezeigt, daß ein Teil der Formen ortsgemäß blüht, daß aber ein Teil seine herkunftsgemäße Blütezeit beibehält. Dieses sind die Temporalrassen. Sie können bei Überwanderung in die Gebiete anderer Rassen sofort zeitlich isolierte Bestände bilden. Isolierend kann die Zeit auch beim Zusammentreffen von Rassen mit zwei Generationen im Jahr mit solchen mit nur einer Generation wirken. Der Bläuling *Polyommatus icarus* fliegt im Norden Schottlands in einer Generation und erscheint im Juni, in den Gebieten mit zwei Generationen erscheint er im Mai. Das wäre ein Beispiel für allopatrische Artbildung. Es gibt aber auch einen sympatrischen Weg. Der Mensch hat ihn durch das Mähen der Wiesen demonstriert. Die Arten des Augentrostes *Euphrasia* und anderer Rachenblütler haben eine lange Blüteperiode, wobei sich Früh- und Spätblüher auch äußerlich unterscheiden. Durch die Maht sind die mittleren Formen ausgeschaltet, Früh- und Spätblüher sind getrennt. Das kann auch in der Natur durch ungünstige Zwischenperioden geschehen. Die Christrose *Helleborus niger* blüht in der Natur in Mitteleuropa von Februar an, es gibt aber eine Variation *praecox*, die im Herbst blüht.

Unter Heringen *(Clupea harengus)* und *Ammodytes*-Arten gibt es im gleichen Gebiet Temporalrassen mit verschiedener Laichzeit (Frühjahrs- und Herbstlaich; Kändler). Offenbar kann also auch sympatrisch eine Artbildung auf diese Weise erfolgen. Eine große Rolle spielt sie unseres Erachtens bei Arten mit kurzer Sexualperiode. Die Rotatorien mit über 1000 Arten sind weltweit verbreitet. Die Arten, wie auch die der Ciliaten, zeigen kaum eine geographische Differenzierung. Aber die Bildung der Geschlechtsgeneration, und somit die bisexuelle Fortpflanzung, liegt bei den Populationen einer Art und bei nahe verwandten Arten verschieden. Eigenartig sind Unterschiede der Fortpflanzungszeit bei manchen Meerestieren, besonders bei sessilen. Bei Miesmuscheln und anderen löst das Ausstoßen der Geschlechtsprodukte in einem Bestand eine Ausstoßungswelle aus. Der erste in einem Bestand bestimmt also das Verhalten des ganzen Bestandes.

Ethologische Rassen unterscheiden sich durch ihr Verhalten. Nun sind Unterschiede im Balzverhalten eine wichtige Trennungsschranke zwischen Arten. Um so mehr überrascht, daß man so wenig Befunde über die Entstehung dieser Unterschiede hat. Es gibt eine Reihe von Gesangsunterschieden innerhalb einer Art; aber der Vogelgesang ist nur bei einem Teil der Arten voll ererbt. Vielfach wird er durch Tradition und Acception (Aufnahme) kompliziert. Die Paradieswitwen sind Brutparasiten bei Vögeln, ähnlich unserem Kuckuck. Sie singen ganz verschieden und übernehmen durch Prägung den Gesang ihres Wirtsvogels, also durch einen Lernvorgang. Immerhin haben wir einen Befund, der zeigt, daß auch hier Artbildung erfolgen kann. Die Weibchen bestimmter Zikaden *(Euscelis)* verstehen noch den Gesang der Männchen einer verwandten Art, nicht aber die Männchen den der Weibchen.

Es gibt also viele Wege der Artentstehung. Bei manchen Tieren, z.B. den Wirbeltieren und Tagfaltern, überwiegt ganz die allopatrische Artentstehung, die über geographische Rassen verläuft; bei anderen, beispielsweise Parasiten, oligophagen und monophagen Insekten, tritt die sympatrische Artbildung über biologische Rassen in den Vordergrund.

Die trennenden Faktoren sind oft komplex. Geographische Rassen können außer geographischer Trennung auch Unterschiede in Lebensraum und Fortpflanzungszeit aufweisen. Man hat daher Systeme der trennenden Faktoren (Sterilisationsbarrieren, Isolationsmechanismen) entworfen (Dobzhansky, Grant):

1. Räumliche Isolierung (spacial or geographical isolation). Ein Gentransport wird bestimmt durch räumliche Entfernung, speziell zur Fortpflanzungszeit. Diese Form der Isolation ist sehr unterschiedlich. Für Baumbewohner, wie die Affen Südamerikas, kann schon ein breiter Fluß eine Schranke darstellen; bei Windblütlern wird der Pollen (bei Farnen die Sporen) über

Hunderte von Kilometern verdriftet; ebenso werden Tiere des Luftplanktons, wie Blattläuse, manche Raupen und andere Kleintiere, weit verfrachtet, in ähnlicher Weise Larven von Meerestieren durch die Strömung. Diese Isolation kann auch unregelmäßig ausgebildet sein; denn viele Insekten führen aperiodische Schwärmflüge oder Wanderungen aus.

2. Ökologische Isolation (ecological or environmental isolation). Viele Formen leben auf engem Raum nebeneinander und sind ökologisch unterschieden. Sie leben oft so dicht nebeneinander, daß Wechselbefruchtung möglich ist. Ökologische Rassen von *Potentilla glandulosa* unterscheiden sich in über hundert Genen. Hybriden haben infolge Mischung der Anpassungscharaktere kaum Chancen, einen geeigneten Lebensraum zu finden. Die Befruchtung ist nicht blockiert, aber es besteht Lebensuntüchtigkeit der Hybriden aus äußeren Gründen.

3. Isolation durch zeitlich verschiedene Lage der Fortpflanzung, entweder jahreszeitlich oder tageszeitlich (temporal isolation).

4. Isolation vor der Paarungszeit durch verschiedene Lock- oder Kontaktstoffe, Farbmuster, Balzformen und Gesänge. Selbst wenn die Männchen aktiv fremde Weibchen aufsuchen, können sie von diesen abgelehnt werden. Das ist bei vielen *Drosophila*-Arten der Fall. Die Kopulation gelingt, wenn man die Weibchen betäubt oder ihnen die Antennen abschneidet. Ein noch nicht vollständig geklärter Fall ist die bevorzugte Wahl gleichartiger Partner bei der Gattenwahl innerhalb der Art, die Homogamie. Sie ist bei vielen Tieren nachgewiesen; auch bei *Drosophila* paaren sich oft Individuen aus gleichen Gegenden leichter als solche aus verschiedenen. Besonders wirksam ist Homogamie in Bereichen, in denen zwei nahe verwandte Arten im gleichen Bereich vorkommen. Hier sind die Arten oft stärker verschieden als in den Gebieten, die nur eine Art besiedelt. Auch Kreuzung ist hier besonders schwierig. Hier wird durch Divergenz-Selektion und verstärkte Homogamie die Trennung der Zwillingsarten verstärkt.

5. Isolation bei der Paarung: das bedeutet, daß die Kopulation nicht gelingt. Meist liegen mechanische Gründe vor. Bei Paarung zweier Arten der Tse-tse-Fliege *Glossina* verletzt das Männchen einer Art mit seinem Penisdorn das Weibchen so stark, daß es stirbt. Amputiert man den Dorn, so gelingt die Paarung. Ähnliche Verhältnisse liegen bei einer Mutante von *Drosophila* vor. Es sind nicht nur grobe Differenzen in den

Begattungsorganen, sondern auch Reaktionen eines Paares, die Fremdpaarung stören. Bei *Drosophila* und anderen Insekten öffnet das Weibchen eine Klappe für den Eintritt des Penis. Bei der Kreuzung *Drosophila persimilis* mit *Drosophila pseudoobscura* geben die Männchen weniger Sperma ab als bei artgleicher Paarung.

6. Isolation durch Behinderung des Weges der männlichen Keimzellen auf dem Wege zur Eizelle. Pollen, der auf der Narbe gelandet ist, wächst im Stempel bis zu Eizelle vor. Artfremde Pollen führen dieses Wachstum meist nicht bis zur Befruchtung durch oder wachsen langsamer vor. Der Pollenschlauch von *Iris tenax* benötigt auf arteigenen Griffeln 30 Stunden bis zum Erreichen der Eier, der Pollen von *Iris tenuis* auf Griffeln von *Iris tenax* 50 Stunden. Selbst innerhalb einer Art (*Oenothera lamarckiana rubrinervis* und *albinerva*) kann der rassenfremde Pollen langsamer vorwachsen (Zertation). Eine Blockade fremden Samens durch die Weibchen kommt auch bei *Drosophila*-Arten vor, z.B. bei der Kreuzung *Drosophila arizonensis* mit *Drosophila buzzatti.* Nach Eindringen des artfremden Spermas schwillt die Vagina stark an und bildet durch Sekretion einen sperrenden Pfropf.

7. Die Befruchtung erfolgt, aber der Bastardkeim wird in verschiedenen Stadien gestört, oft schon im frühen Embryonalstadium. Die Kreuzung von Ziegenmännchen und Schafweibchen führt zur Implantation des befruchteten Eies, der Embryo wird aber bald abgestoßen oder resorbiert. Es kann eine erwachsene Bastardgeneration entstehen, sie ist aber steril (Maultier, Maulesel), oder ein Geschlecht ist gestört, oder nur einzelne Individuen bringen es zur Produktion von Gameten. Es kann auch eine vielgestaltige Tochtergeneration entstehen mit sterilen und zum Teil fertilen Bastarden. Es gibt also alle Übergänge zwischen voller Fertilität und voller Sterilität bei Bastarden von Arten, aber auch bei Rassen innerhalb einer Art. Wie erwähnt, kann ein Typ der Subspecies mehrere Barrieren aufgebaut haben, geographische Rassen können geographisch, ökologisch, zeitlich, ethologisch usw. von anderen mehr oder weniger isoliert sein. Es ist offensichtlich – das zeigen jede Flora und Fauna – daß Bastarde bei Landpflanzen viel häufiger vorkommen als bei Tieren. Fast jede Art bildet Hybriden mit verwandten Arten auch in der freien Natur. Bei Tieren gibt es nur einzelne Gruppen mit regelmäßiger, aber seltener Bastardbildung (Entenvögel, Karpfenfische und Schwärmer).

Isolationen vor der Paarung können, wenn sie lange dauern, zu starker Umbildung von Formen führen, ohne daß aber ihre Fertilität erloschen ist. Das hat man in letzter Zeit vielfach erfahren. Formen, die man als gute Arten, zum Teil sogar als Gattungen kannte, kamen plötzlich zusammen und bauten eine recht lebendige Bastardpopulation auf. Der Mensch hat durch seine Umgestaltung der Landschaft neue Lebensräume geschaffen, die erst allmählich besiedelt wurden und daher zuerst konkurrenzarm waren. Arten, die vorher ökologisch isoliert waren, treffen hier aufeinander. Bisher waren sie durch ihre Bindung an natürliche konkurrenzreiche Lebensräume ganz getrennt und deutlich verschieden. Jetzt treffen sie auf neuen konkurrenzarmen Sportplätzen, Kulturflächen, Sekundärwäldern u.a. zusammen und beginnen dort zu bastardieren. Zwei anscheinend gute Arten fließen zusammen. Das ist für verschiedene Pflanzenarten in Nordamerika festgestellt worden. Unter den Vögeln können Kreuzungen des Haussperlings und des Weidensperlings in Nordafrika und Südeuropa genannt werden (Meise). Der Haussperling hat sich als Kulturfolger ausgebreitet und trifft dort mit noch nicht zivilisierten Weidensperlingen zusammen.

Grundsätzlich unterscheidet man nach dem Zeitpunkt ihres Wirksamwerdens präzygote und postzygote Isolationsmechanismen, also solche, die eine Zygotenbildung verhindern und andere, die erst nach der Zygotenbildung wirksam werden.

Mancher wird nun fragen, wo denn nun der Artbegriff bleibe. In den meisten Fällen können wir für Tiere eine klare Artbegrenzung vollziehen, z.B. für Vögel und Tagfalter. Es gibt ein paar Grenzfälle, aber man kennt sie als solche (Nebelkrähe, Rabenkrähe). Schwieriger wird die Aufstellung von Rassen und Artkreisen. Bei Pflanzen ist die Situation besonders kompliziert. Hier wechselt in Floren verschiedener Länder die Abgrenzung der Species sehr. Der Evolutionsforscher ist natürlich über die jetzige Situation erfreut. Er kann dadurch die Wege der Abgrenzung von Arten klar erkennen. Er kann den Systematiker damit trösten, daß die jetzige Zeit – geologisch betrachtet – abnorm ist. Wir haben vier Eiszeiten und drei Interglacialzeiten sowie Zeiten mit geringeren Klimaschwankungen hinter uns. Jeder Eisvorstoß jagte viele Pflanzen und Tiere nach Süden in Refugien, wo sie sich mit anderen Populationen der Art mischten oder in sie eindrangen. Das brachte eine Zerspaltung der Art in isolierte Bestände oder Populationen, die klein sein konnten, wie in Teilen der Südalpen, oder umfangreich. Mit dem Rückzug der Gletscher wanderten viele zurück, trafen mit anderen Rückwanderern zusammen und mischten sich mit ihnen oder bewahrten Distanz. Das wiederholte sich mehrfach hintereinander in 2 Millionen Jahren. In den Tropen brachten Pluvialzeiten Ausbreiten und Zusammenfließen von Wäldern, in Trokkenzeiten Isolierung von Wäldern und Ausbreitung der Savannen und Wüsten.

In neuester Zeit schafft nun der Mensch, dieser große Unruhestifter in der Natur, neue Lebensräume, zerstört oder zerteilt alte, verschleppt Pflanzen und Tiere und schafft ein modernes Durcheinander für Rassen und Arten. In ruhigen geologischen Zeiten, etwa im Jura, wird die Systematik, wenn man die gleichzeitig lebenden Organismen in kurzen Zeitabschnitten von etwa 1 Million Jahre betrachtet, sicher viel klarer und einfacher gewesen sein. Die Abgrenzung einer Art gegen ihre Vorfahren in geologischer Vergangenheit wird immer subjektiv bleiben. Nach einer gewissen Abänderung zieht man einen Strich und läßt eine neue Art beginnen. Theoretisch wäre es möglich, die phylogenetische Art von der letzten Abspaltung von einer Nachbarart an als Art zu benennen, aber solche Abspaltungen kennen wir zu wenig. Für Einzelformen kann man in der letzten Eiszeit die Entwicklung bisweilen genauer verfolgen, etwa für die Elefanten oder für die Bären (Kurten).

Trabanten und Artentstehung durch Polyploidie. Der Artbegriff war auf sexuell sich fortpflanzende Arten begründet. Es gibt aber zahlreiche Fälle von großen Gruppen bis zu einzelnen Varietäten, die sich nur parthenogenetisch oder vegetativ vermehren. Die einige hundert Arten umfassende Gruppe der Bdelloidea unter den Rotatorien enthält nur Weibchen, die Männchen sind völlig abgeschafft, die Vermehrung erfolgt rein parthenogenetisch. Man unterscheidet hier auch Arten, und es geht auch ganz gut. Es sind Agamospecies. Obwohl hier die Durchmischung der Gene fehlt, die immer neue Kombinationen für die Auslese schafft, und rein rezessive Mutationen nicht zur Wirkung kommen, ist die Entwicklung der Organe recht mannigfaltig. Beispiele sind der komplizierte Kauapparat, das Räderorgan, der Magen und der Gehäusebau. Vergleichbare Verhältnisse treffen wir auch bei vielen Protozoen (*Amoeba proteus,* Euglenoidea) und Pilzen (Hefepilze).

Oft reihen sich aber Einzelstämme mit abweichender Fortpflanzung und mit abweichenden Chromosomen um eine normale, diploide Art. Diese ist dann die Kernart, die anderen sind die Trabanten. Es gibt zwei Sorten von Trabanten, die generativen und die Polyploid-Trabanten.

a. Generative Trabanten. Ihre Vermehrung erfolgt rein vegetativ durch Sprossung (Knospung, Teilung). Solche Fälle trifft man nicht nur bei Kulturrassen, etwa der Kartoffel, sondern auch in der Natur. *Lysimachia nummularia* blüht zwar bei uns, bildet aber keine Samen, sondern vermehrt sich intensiv durch Ausläufer. Samenansatz kann eintreten bei Bestäubung zwischen weit entfernten Beständen. Im Brackwasser können sowohl Tange *(Fucus)* als auch Blütenpflanzen solche Trabanten besitzen. Im Tierreich kennen wir Stämme von Planarien, die sich nur durch Teilung vermehren (*Planaria alpina* u.a.).

Schwer erkennbar und doch sehr wichtig ist eine besondere Form der vegetativen Vermehrung: die Bildung von Scheinsamen durch Apospermie, oft auch Apomixie genannt. Es entstehen Blüten, die anscheinend normale Samen hervorbringen. Die Eianlagen sind jedoch degeneriert. An ihre Stelle tritt eine Körperzelle aus der Umgebung der Samenanlage und bildet äußerlich normale Samen. Diese Apospermie ist bei Blütenpflanzen sehr verbreitet, z.B. beim Löwenzahn *Taraxacum officinale* und bei dem Hungerblümchen *Erophila verna.* Es sind konstante Formen, die sich in mehreren Merkmalen unterscheiden und bisweilen als Arten geführt werden.

Parthenogenetische Trabanten entwickeln sich aus unbefruchteten Eiern und kommen vielfach als Nebenformen einer Kernart vor, z.B. bei dem Ostracoden *Herpetocypris.* Auch hier gibt es einen täuschenden Fall. Die Eier werden »befruchtet«, das Spermium dient aber nur als Anreger, sein Kern vereinigt sich nicht mit dem weiblichen Kern, sondern wird ausgestoßen oder resorbiert. Solche »Parthenogenese mit Spermien« treffen wir bei Planarien *(Dugesia gonocephala),* bei Nematoden und sogar bei Fischen. Unter den Cyprinoiden gibt es Arten, die nur aus Weibchen bestehen. Diese schließen sich den Laichschwärmen von Nachbararten an und erhalten dabei ihre Anregungsspermien.

Ein weiterer Typ »generativer Trabanten« entsteht bei obligatorischer Selbstbefruchtung. Dieser Fall ist bei der Kleistogamie der Pflanzen gegeben. Bei vielen Pflanzen, z.B. bei *Lamium amplexicaule,* treffen wir neben normalblütigen Pflanzen solche, deren Blüten geschlossen bleiben und somit einer Fremdbestäubung unzugänglich sind. In ihnen vollzieht sich dann die Selbstbestäubung. Da diese zu homozygoten Stämmen (Biotypen) führt, muß hier die Kernart von einer Anzahl homozygoter Trabanten umgeben sein, die außerhalb der Fortpflanzungsgemeinschaft stehen. Im Tierreich kommt Selbstbefruchtung selten vor, jedoch z. B. bei Bandwürmern und Bryozoen. Ob sie hier obligatorisch ist, ist unbekannt.

b. Polyploidtrabanten. Neben der diploiden Kernart stehen Trabanten mit abweichender Chromosomenzahl. Am wichtigsten sind die Polyploidtrabanten. Neben der diploiden, normalen Kernart stehen viele Stämme mit vervielfachten Chromosomensätzen, also triploide mit drei, tetraploide mit vier, pentaploide mit fünf bis dekaploide mit zehn Sätzen. Man bezeichnet solche Vervielfachungen mit +, triploid ist 3+, tetraploid 4+ usw. Sofern es sich um gerade Zahlen handelt, also 4, 6, 8 usw., können die betreffenden Arten eine normale Reduktionsteilung vornehmen und sind voll fruchtbar. Kreuzungen mit der diploiden Kernart sind gestört, da dann ein Überschuß ungepaarter Chromosomen vorhanden ist, die in der Meiose unregelmäßig verteilt werden. Die normale Fruchtbarkeit von Polyploidtrabanten mit geraden Zahlen ist besonders gesichert, wenn die Sätze aus verschiedenen Arten oder Rassen stammen. Dann erfolgt die Paarung der Chromosomen in der Weise, daß sich Doppelpaare gegenüberliegen. Sind die Chromosomensätze völlig gleich, wie es bei Autopolyploidie (Autoploidie – Vervielfachung des Chromosomensatzes ohne Zellteilung) der Fall ist, ziehen sich bei der Chromosomenpaarung 4 Chromosomen an, es kommt zu Unregelmäßigkeiten, da es Paarungen zu 3 + 1 Chromosomen gibt. Es werden also nur die Polyploiden aus Kreuzungen verschiedener Arten (Alloploidie, Allopolyploidie) voll fruchtbar sein. Hat die eine Art einen diploiden Chromosomensatz AA, die andere BB, so enthält die neue Form AA BB. Eine solche Addition kann durch Bildung diploider Gameten an Bastarden entstehen.

Diese Polyploiden verhalten sich wie echte Arten. Sie sind in sich völlig fertil. Damit war ein ganz neuer Weg der Artbildung festgestellt. Experimentell konnten neue Arten erzeugt werden, so ist die Art »Raps« mehrfach aus der Kreuzung von Kohl und Rübsen entstanden. Dieser Weg zur Artbildung war eine überraschende Entdeckung. Er war jedoch bereits von Linné gefordert worden. Dieser erklärte 1760 in seiner ›Disquisitio de sexu plantarum‹, daß zweifellos neue Arten durch Bastardierung entstünden. Da diese Artbildung nur eine beschränkte Umbildung in Proportionen, Wachstum und ökologischen Ansprüchen erreicht und niemals die Organisation ändert, hat sie wohl für die Vermehrung der Arten, nicht aber für die große Evolution Bedeutung. Sie bringt eben nur Trabanten hervor. Bei Pflanzen, speziell Gefäßpflanzen, ist dieser Weg der Artbildung häufig, fast jede Art hat ihre Polyploidtrabanten. Unter Tieren ist der Salzkrebs *Artemia salina* das Musterbeispiel. Hier existieren sehr hochpolyploide Trabanten, ohne daß ihre Gestalt wesentlich verändert ist. Sie kommen auch bei Schmetterlingen und Planarien vor. Nicht jede Erhöhung der Chromosomenzahl deutet auf Polyploidie oder Polysomie (Vermehrung einzelner Chromosomen). Zweischenklige Chromosomen können in zwei einzelne zerlegt werden und so die Zahl erhöhen; das genetische Material wird dabei nicht verändert (Robertson-Effekt). Solche Zahlenvarianten kennt man bei Nagetieren, Schnecken u.a. Es können auch inaktive Chromosomenstücke, sogenannte B-Chromosomen, die Zahl erhöhen, ohne daß das Lebewesen geändert wird. Diese Erscheinung ist bei Pflanzen nicht selten, z.B. findet man sie bei *Poa pratensis.*

Beide Trabanten-Typen, der »generative« und der »polyploide«, sind nun häufig kombiniert, wiederum bei Pflanzen viel häufiger als bei Tieren. Bei Pflanzen kann die Kombination der Polyploidie mit apogamer und parthenogenetischer Vermehrung erfolgen, bei Tieren nur mit parthenogenetischer. In diesem Fall sind bei den Trabanten meist nur Weibchen vorhanden (*Trichoniscus, Artemia* u.a.). Diese Kombination gestattet es auch Triploiden, Pentaploiden und sogar Stämmen mit überzähligen Einzelchromosomen, eigene Linien zu bilden, da sie all ihre Eigenarten auf die Nachkommen weitergeben, also Klone bilden. Ohne diese Kombination sind triploide und aneuploide (d.h. der Chromosomensatz ist um einzelne Chromosomen vermindert oder vermehrt) Organismen nur vorübergehende Einzelerscheinungen, bei denen bestenfalls die Hälfte der Nachkommen ihre Eigenart erhält (bei einem überzähligen Chromosom). Sie sind also nicht in der Lage, Klone zu bilden.

Die Polyploidtrabanten erobern oft neue Lebensräume, z.B. das Gras *Spartina townsendi* an unseren Meeresküsten; oft sind sie in extremen Lebensbezirken vorherrschend. Derartige Trabantenbildung kann große und schwierige Gruppen schaffen, so bei den Weiden *(Salix)*, den Brombeeren *(Rubus)*, den Rosen

(Rosa) und dem Habichtskraut *(Hieracium)*. Solche Gruppen wurden als »crux et scandalum« bezeichnet.

Neue Arten entstehen also auf verschiedenen Wegen: 1. über geographische Rassen (allopatrische Rassen). Das ist der bevorzugte Weg der Wirbeltiere und Insekten; 2. im gleichen Gebiet sympatrisch über ökologische und temporale Rassen; 3. sympatrisch durch Kreuzung (Allopolyploidie).

Die wirkenden Faktoren sind größtenteils geklärt. Nicht bekannt sind die Ursachen, die zur Entstehung neuer Balzformen führen; hier müssen beide Geschlechter neu reagieren, auf eine Frage des Männchens muß das Weibchen die richtige Antwort geben. Einer Klärung bedarf auch noch die Entstehung der Homogamie.

c. Evolutionsökologie
Evolution in Ökosystemen, Konkurrenz

Die Einnischung hat gezeigt, daß nicht nur in Leistung überlegene Arten sich in der Evolution durchsetzen, sondern auch kleinere, in mancher Beziehung leistungsärmere Formen in die Evolution eingehen, wenn sie eine Lebensmöglichkeit in einem Ökosystem finden. Wir kennen ja in der Evolution eine Fülle von degenerativen Entwicklungen, sei es in einzelnen Organen wie den Augen von Höhlentieren und in Erde oder Schlamm lebenden Arten, sei es in der ganzen Organisation wie etwa bei den auf der Wasseroberfläche schwimmenden Wasserlinsen (Lemnaceen), unter denen die Gattung *Wolffia* nur ein grüner Zellhaufen ohne Wurzeln und mit seltenen, stark vereinfachten Blüten ist (regressive oder degenerative Evolution).

Eine Nische ist ein noch unbesetzter Bezirk in einem Lebensbereich, in dem eine zusätzliche Art eine Existenzmöglichkeit finden kann. In Wirklichkeit sind Nischen schwer zu erkennen. In unsere Ökosysteme sind fremde Arten eingedrungen und haben sich intensiv vermehrt, ohne daß man vorher ihre Nische hätte aufzeigen können: Wollhandkrabbe *(Eriocheir sinensis)*, Girlitz, Türkentaube u.a. (vgl. Schadorganismen, S. 162). Das Eindringen einer neuen Art ist meist nicht das Besetzen eines leeren Platzes, sondern ein Einschieben in das vielseitige Netzwerk der Beziehungen schon ansässiger Arten (Einnischung). Es ist wie bei einem neuen Gast, der an einer besetzten Tafel mit einem Stuhl Platz findet, indem die anderen zusammenrücken.

In einem Ökosystem wirken die einzelnen Arten in komplizierten Wechselbeziehungen teils fördernd (probiotisch), teils störend (antibiotisch). Linné hielt das so entstehende Beziehungsgefüge für so fest, daß er in seiner ›Politica natura‹ 1760 schrieb: »Ich wüßte nicht einmal, wie die Welt ohne Schaden bestehen könnte, wenn auch nur eine einzige Tierart auf ihr fehlen würde.« Nun, wir wissen, daß im Laufe der Stammesgeschichte mehr Linien ausgestorben sind als überlebt haben, und daß der Mensch in der kurzen Zeit seiner Existenz viele Arten ausgerottet hat, ohne daß – wenigstens bis jetzt – die Welt der Tiere und Pflanzen zusammengebrochen wäre. Bei der Einnischung einer neuen Form in ein Ökosystem gerät sie aber in die Konkurrenz der Ansässigen. Man hat bisher die Anpassung der Arten durch Selektion meist in bezug auf abiotische Faktoren (Temperatur, Salzgehalt usw.) und auf die Beziehungen zwischen Verfolger und Verfolgtem gesehen. Der Verfolgte senkt die Vernichtungsziffer durch Schutzanpassungen an die Umgebung in Aussehen und Verhalten, durch Ausbildung von Abwehrstoffen oder durch Nachahmung der von Verfolgern gemiedenen Arten (Mimikry). Nun wird die Betrachtung selektiver Faktoren durch die Konkurrenz erweitert. Sie kann zwischen verschiedenen Arten (interspezifische Konkurrenz), aber auch zwischen den Individuen einer Art (intraspezifische K.) wirksam werden. Interspezifische Konkurrenz tritt ein, wenn sich die Lebensbedürfnisse zweier oder mehrerer Arten überschneiden. Das muß nicht im gesamten Bereich der Lebensbedürfnisse sein. Es genügt, wenn in einem Bereich des Lebens die Anforderungen die gleichen sind. Das kann im Bereich der Ernährung sein, aber auch in Notwendigkeiten der Brutfürsorge. In Höhlen brütende Vögel können erbittert um eine Baumhöhle kämpfen. In all solchen Fällen wird der irgendwie Stärkere den Schwächeren verdrängen. Aus diesem selektiven Prozeß hat man den Schluß gezogen, daß Arten mit gleichen ökologischen und biologischen Ansprüchen nicht im gleichen Gebiet existieren können, oder anders ausgedrückt, in einer Nische kann nur eine Art existieren. Dieses Monardsche Prinzip ist aber in seiner Gültigkeit vielfach eingeengt. Die Konkurrenz wird erst im vollbesetzten Lebensbezirk wirksam; oft können nächstverwandte Arten nebeneinander existieren. Das ist in extremen Lebensräumen der Fall, in denen die Besiedlung nur locker ist, weil Katastrophen immer die Vollbesiedlung verhindern. In bestimmten Wüstenbezirken leben als einzige Pflanzen zwei *Zy-*

gophyllum-Arten miteinander. Am Meeresstrand, der durch Fluten oft aufgearbeitet wird, existieren mehrere *Atriplex*-Arten nebeneinander. Auch in neugeschaffenen Lebensräumen, etwa einem Kahlschlag in Wäldern, siedeln sich zunächst viele Pflanzen und Tiere an, die durch die Konkurrenz späterer, aber erfolgreicher Siedler wieder verdrängt werden, bis ein Endstadium (Klimax) eine Stabilität erreicht, in der eine Auswahl von Arten gemeinsam gedeiht. Auch wenn ein Raubtier oder Parasit mehrere verwandte Arten kurz hält, können diese nebeneinander leben, ohne sich durch Konkurrenz zu verdrängen. Das Monardsche Prinzip ist also ein Extremfall in vollerfüllten Ökosystemen, in denen jede Art ihre optimale Siedlungsdichte erreicht – natürlich und optimal unter den Einschränkungen, die durch die Wechselbeziehungen im Ökosystem gegeben sind.

Reife Ökosysteme (Klimax) bleiben über Tausende von Jahren stabil, wenn der Mensch nicht eingreift. Das gilt vom Wald ebenso wie vom Plankton des Meeres. In der Phylogenie gibt es keine Konstanz, da die einzelnen Arten sich zunehmend an die belebte und unbelebte Umwelt anpassen und sich so eine günstigere Position im Daseinskampf erobern, aber auch Gegenreaktionen hervorrufen. Gleichzeitig können sie mit ihrer Anpassung neue Nischen erschließen. Die Ananasgewächse (Bromeliaceen) haben sich z.T. von der Ernährung durch die Wurzeln freigemacht. Sie benutzen sie höchstens als Haftorgane. Gleichzeitig nehmen sie viel Wasser auf, indem sie aus Blättern einen Becher formen, in dem sich Regenwasser sammelt. Diese Aquarien (Phytotelmen) bieten nun Tieren eine Lebensmöglichkeit, und viele Arten (Frösche, Käfer, Mückenlarven, Würmer, Oligochaeten) haben sich auf diesen neuen Lebensraum an Stämmen und Kronen von Urwaldbäumen spezialisiert. *Tillandsia*-Arten, die ihren Wasserbedarf aus der feuchten Luft decken, haben sogar Telegraphendrähte als neue Nische erobert und liegen in Feuchtluftwüsten auf dem Boden, hier einer Anzahl von Tieren Lebensmöglichkeit bietend. So läuft in der Phylogenie ein dauernder Wechsel von Lebensmöglichkeiten mit stets neuen Konkurrenzsituationen ab, die selektiv wirken.

Manches Problem bietet noch die intraspezifische Konkurrenz. Da die Individuen einer Art in ihren Lebensbedürfnissen besonders ähnlich sind, sollte man innerhalb der Art eine besonders intensive Konkurrenz erwarten. Sie müßte bald zum Durchsetzen nur einer Erblinie führen, so daß die Arten erblich homogen sein müßten. Das Gegenteil ist aber der Fall. Alle Untersuchungen zeigen, daß bei Arten, die sich mittels Befruchtung vermehren, die Erbverschiedenheit der Individuen so groß ist, daß wohl nur eineiige Zwillinge und Mehrlinge erbgleich sind. Das gilt bekanntlich auch für den Menschen. Diese enorme Vielgestaltigkeit ist für die Evolution wichtig, da sie ein reiches Ausgangsmaterial für die Selektion bietet. Wie kommt sie aber zustande? Die Mutabilität kann sie nur teilweise erklären, da die Mutanten überwiegend in ihrer Vitalität der Wildform unterlegen sind, und – wenn sie überlegen sind – in kurzer Zeit die Wildform verdrängen müßten, soweit diese Überlegenheit reicht. Das ist z.B. bei manchen Formen mit schwarzer Färbung (Melaniten) bei einigen Schmetterlingen *(Biston betularia)* der Fall. Wichtig ist aber die Tatsache, daß vielfach mischerbige (heterozygote) Individuen vitaler sind als die homozygoten Stammformen. Diese Erscheinung ist als Heterosis besonders bei Pflanzen bekannt, und bei manchen Kulturpflanzen (Mais, Zuckerrübe) gibt man für den Anbau heterozygote Samen aus, da der Ertrag erbreiner Linien viel geringer ist. Schließlich sind die Klimaschwankungen von Jahr zu Jahr wichtig. Durch sie können in einem Jahr, das etwas feuchter als der Jahresdurchschnitt ist, einzelne Erblinien gefördert werden, in einem anderen, trockenen Jahr andere. So ist die Konkurrenz sicher ein wichtiger Faktor für die Evolution, der aber oft wegen seiner Kompliziertheit schwer zu durchschauen ist.

d. Evolutionsstrategie

In der Technik gibt es eine Arbeitsrichtung, die die Evolutionsfaktoren kopiert und zur Optimierung technischer Systeme einsetzt, die Evolutionsstrategie. Der Ausgangspunkt ist folgender: Die Evolution hat Organismen hervorgebracht, die in ihrer Gesamtheit und im Detail sehr leistungsfähig sind. Eine Kopie der Evolutionsfaktoren und deren Einwirken auf technische Systeme müßte diese ebenfalls optimieren. Das Verfahren ist bisher an mehreren Beispielen erfolgreich durchgeführt worden. Drei sollen hier kurz erläutert werden:

1. Gesucht wurde ein Stromlinienkörper mit möglichst kleiner Wandreibung. Eine rechnerische Lösung war nicht möglich. Man baute einen flexiblen Strömungskörper, dessen Kontur durch innen verlaufende Zahnstangen und -räder veränder-

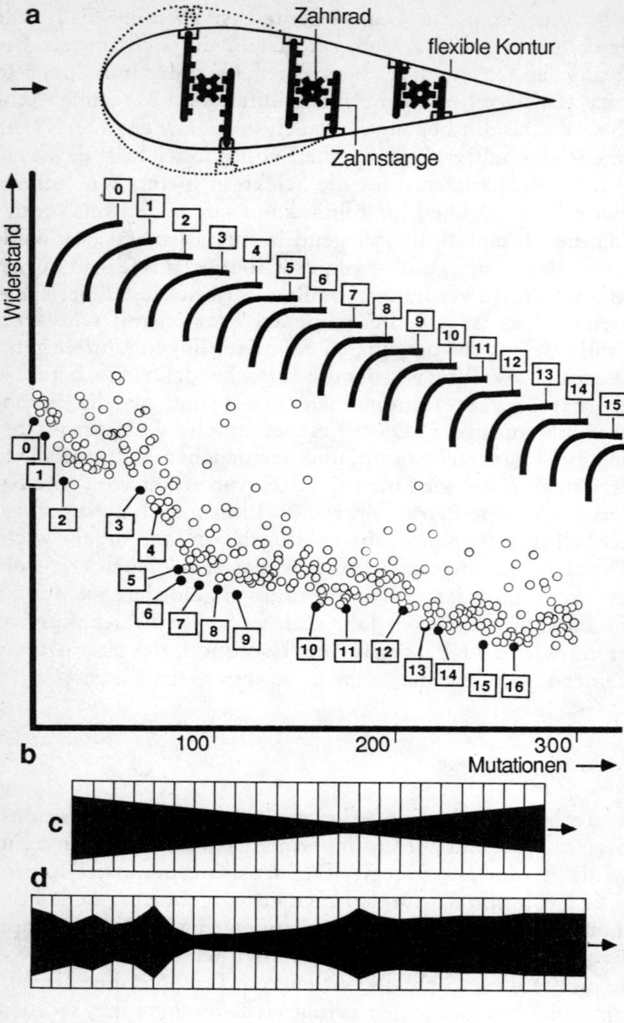

Abb. 52: Evolutionsstrategie. a. Strömungskörper, dessen Kontur durch Zahntriebe verändert werden kann. Der Pfeil zeigt die Strömungsrichtung an. b. Verlauf der Optimierung eines Rohrkrümmers (0–16), c. und d. Evolution einer Zweiphasen-Überschalldüse, c. Ausgangsform, d. Optimalform. Nach Rechenberg (1973).

bar war (Abb. 52a). Veränderungen in deren Einstellung wurden zufällig vorgenommen – im einfachsten Fall durch ein Würfelspiel, am besten durch einen Experimentierautomaten (»Optimierungsautomaten«). Sie entsprachen also den Mutationen der Evolution und ließen wie diese keine Tendenz erkennen. Ergab eine solche zufällige Veränderung einen erhöhten Widerstand, so wurde die entstandene »Mutante« nicht weiter verwendet, sie wurde als »letal« angesehen. Bewirkte eine Veränderung eine Widerstandsverminderung, so arbeitete man mit dieser Einstellung (»positive Mutation«) weiter, d.h. an ihr wurde die nächste »Mutation«, d.h. Verstellung, vorgenommen. Die Auswahl erfolgte also in einer Richtung, man kopierte die Selektion. Durch laufende Anwendung dieses einfachen Prinzips ließ sich eine Idealform mit besonders kleinem Widerstand entwickeln.

2. Man stellte die Frage, ob eine Wasserleitung, die zunächst senkrecht und dann waagrecht verläuft, optimal konstruiert ist, wenn beide Rohre durch eine rechtwinklige Rohrumleitung verbunden sind, in der ja beträchtliche Reibungsverluste auftreten, die zu vermindern von praktischem Interesse ist.

Ausgehend von einem biegsamen Viertelkreiskrümmer (Abb. 52b) wurde anhand der geschilderten Mutations-Selektions-Methode eine andere Form mit einem um etwa 2% geringeren Gesamtwiderstand als optimal gefunden.

3. Ein weiteres Problem stellte sich bei dem Bau einer rotationssymmetrischen Düse, die man in einem für Raumfahrzeuge gedachten Kernkraftwerk brauchte. Durch sie sollte verflüssigtes und verdampftes Metall besonders günstig strömen und hoch beschleunigt werden. Eine Berechnung der komplizierten Strömungsvorgänge war nicht möglich.

Man ging von einer konvergent-divergenten Düse aus (Abb. 52c), die aus zahlreichen Einzelsegmenten mit unterschiedlichen Durchbohrungen bestand. Es enstand ein im Ein- und Ausströmungsteil unerwartetes System, das jedoch einen erheblich größeren Wirkungsgrad hatte als die Ausgangsform (Abb. 52d).

Wohl kaum ein anderes Gebiet der Evolutionsbiologie hat in den letzten Jahren einen solchen Aufschwung erlebt wie die Erforschung der frühen Lebensspuren auf der Erde. 1980 wurden die bisher ältesten fossilen Organismen in den Warrawoona-Sedimenten Westaustraliens gefunden – nahe einem Ort, der wegen seiner Abgelegenheit von Bergleuten Nordpol getauft worden war. Die Mikrofossilien sind 3,5 Milliarden Jahre alt, standen wohl auf dem Niveau der Prokaryota und haben im flachen Wasser Matten gebildet. Ähnlich alt sind die Onverwacht-Sedimente in Südafrika (Swaziland). Noch ältere Fossilien sind in Grönland zu erwarten. Die dortigen 3,8 Milliarden Jahre alten Sedimente sind die ältesten überhaupt bekannten. Nach derzeitigem Wissensstand entstanden Lebewesen vor über 3,8 Milliarden Jahren, die Photosynthese vor über 3,4 Milliarden Jahren, Eukaryota vor 2 bis 1,3 Milliarden Jahren, die Metazoa vor etwa 680 Millionen Jahren.

Neben der Paläontologie haben Molekularbiologie und vergleichende Stoffwechselphysiologie von Mikroorganismen unser Bild von der frühen Lebensentfaltung differenziert. Allerdings erweist sich die Entstehung der Organismen als sehr viel komplizierter, als in früheren Zeiten angenommen.

In Europa gingen bis etwa zur Mitte des 19. Jahrhunderts die Vorstellungen über die Herkunft des Lebens auf Aristoteles zurück, nach dessen Ansicht sich Organismen direkt aus unbelebter Materie entwickeln konnten (Urzeugung, generatio spontanea). Man stellte sich vor, daß Motten oder Würmer aus Schlamm und Unrat entstanden seien, Frösche sollten durch Sonnenstrahlen aus Schlamm, Bienen aus Kuhmist entstehen. Nach Auffassung der Alchemisten wuchsen Parasiten aus Blut und Eiter heran. Vereinzelt wurde sogar vermutet, daß Gestirne an solchen Urzeugungsprozessen beteiligt seien: Nach Avicenna sollte so bei einem Donnerschlag einmal ein halbfertiges Kalb vom Himmel herabgestürzt sein. Solche Anschauungen hielten sich bis in die Jahre Goethes, der auf Anfrage des Herzogs Karl August geantwortet haben soll, daß man Flöhe aus einer Mischung von Sägemehl und Urin erzeugen könne.

Nach mittelalterlichen Vorstellungen leiteten sich viele Tiere von Baumfrüchten her. Auf einen derartigen Glauben geht zurück, daß Gänse- und Entenfleisch wegen seiner »pflanzlichen« Herkunft damals als Fastennahrung zugelassen war. Die Legende vom Gänsebaum läßt sich bereits am Anfang des 12. Jahrhunderts beim Kardinal Pietro Damiani finden. Diese Fastenspeise wurde jedoch später durch eine besondere Verfügung des Papstes Innozenz III. verboten. Allerdings wird noch am Ende des 15. Jahrhunderts ein Essen des Herzogs von Clarence beschrieben, das dieser zu Ehren von Ritter Leo von Rozmital in London gegeben hat. Als zweites Gericht wurde unter der Bezeichnung Fisch als Fastenspeise Ente serviert, die sich an den englischen Küsten spontan entwickeln sollte (Abb. 53). Bemerkenswert fand Rozmital jedoch, daß dieser »Fisch« so ähnlich wie Ente schmeckte!

Diese Vorstellungen spiegeln das Gedankengut der damals vorherrschenden Urzeugungslehre wider, nach der bestehende Formen direkt aus ihrer Umwelt ableitbar sind. Abb. 54 erläutert eine weitere, früher sehr verbreitete Vorstellung.

Zur Zeit Ludwigs XV. versuchte der Schotte Needham zu beweisen, daß auch Erhitzen die Keime nicht abtötete. Nach Erhitzen einer Fleischprobe sollten aus dieser anschließend wieder Fäulniskeime entstehen. Als der Italiener Spalanzani 1765 diesen Versuch mit höheren Temperaturen wiederholte, kam er zu dem gegenteiligen Schluß. Das Hin und Her von Meinungen und Interpretationen der Versuche veranlaßte die französische Akademie der Wissenschaften einen Preis für denjenigen auszusetzen, der dieses Problem endgültig klären konnte. 1864 erhielt Pasteur diesen Preis für seine Arbeit, mit der es ihm gelang, aufgrund von Sterilisationsexperimenten die Möglichkeit einer spontanen Entstehung von Lebewesen zu widerlegen. So war also die weit verbreitete und anerkannte Urzeugungslehre, die die große Kluft zwischen »Unrat« und Organismen höchster Organisation mit Leichtfertigkeit überbrückte, durch die gegenteilige Anschauung abgelöst. Zusammen mit vertieften Erkenntnissen über die Fortpflanzungsverhältnisse der Tiere und Pflanzen (Harvey, 1651: omne animal ex ovo – jedes Tier entsteht aus einem Ei; Swammerdam, 1669: omne vivum e vivo – alles Leben leitet sich von Leben her) entstand jetzt ein festgefügtes Bild, in dem der Unterschied zwischen Leben und Unbelebtem unüberbrückbar erschien.

Vor etwa 100 Jahren schrieb Charles Darwin in einem Brief an seinen Freund, den englischen Botaniker Hooker, daß es völliger Unsinn sei, über den Ursprung des Lebens zu sprechen.

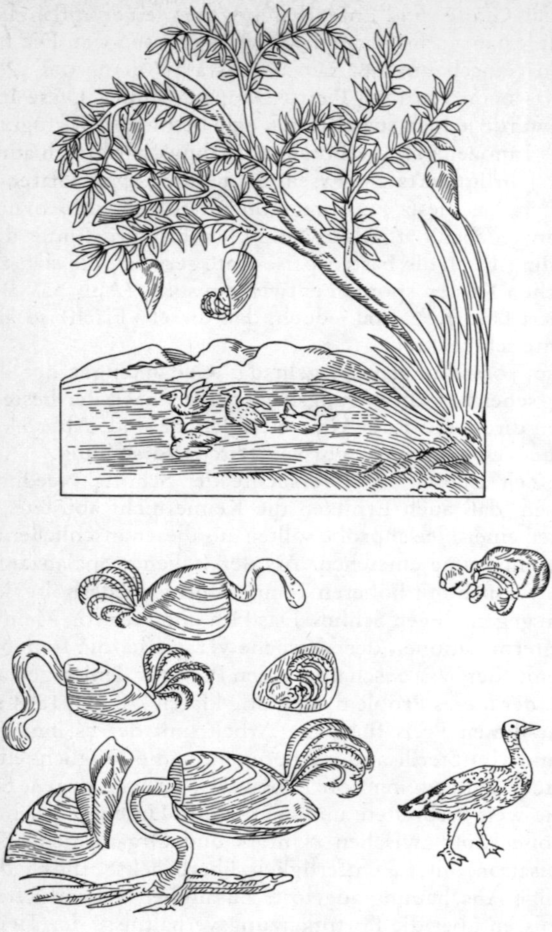

Abb. 53: Mittelalterliche Darstellung des Gänsebaumes (oben) und der scheinbaren Entwicklung der Gänse (Weißwangengans, *Branta leucopsis*, engl. barnacle goose) aus seinen Früchten über Entenmuscheln (Seepocken: barnacles). Die Vorstellung, daß Gänse von »Muscheln« gezeugt werden, die ihrerseits Früchten von Bäumen entstammen, findet sich schon Anfang des 11. Jahrhunderts. In der Folgezeit wurde die

Wenige Jahrzehnte vorher waren Chemiker sogar noch der Meinung, daß zwischen anorganischen und organischen Verbindungen ein grundsätzlicher Unterschied bestehe. Organische Stoffe sollten nur mit einer bestimmten Kraft, der vis vitalis, entstehen können. Als es Wöhler 1824 und 1828 gelang, erstmalig aus anorganischen Bausteinen organische Verbindungen herzustellen (Oxalsäure und Harnstoff), war dieses Dogma widerlegt. Inzwischen ist die Vollsynthese der früher erwähnten Peptidhormone Oxytocin und Vasopressin (Abb. 26) gelungen. Selbst große organische Moleküle wie das Hormon Insulin (bestehend aus 51 Aminosäuren, Molekulargewicht fast 6000) und das Enzym Ribonuclease (124 Aminosäuren) können heute im automatisierten Prozeß synthetisiert werden. Ein grundsätzlicher Unterschied zwischen anorganischen und organischen Verbindungen besteht also nicht, eine spezielle Lebenskraft braucht nicht angenommen zu werden.

Nun besteht aber zwischen organischen Verbindungen und Lebewesen ein sehr großer Unterschied. Lebende Organismen sind durch eine Reihe von Merkmalen charakterisiert, die nur ihnen zukommen. Sie bestehen aus Stoffen, die in der unbelebten Natur nicht auftreten, z.B. Eiweißen (Proteinen), Kohlenhydraten, Fetten und Nucleinsäuren. Lebende Organismen besitzen meist eine zelluläre Organisation, sind durch Stoff- und Energiewechsel ausgezeichnet, können sich fortpflanzen und sind reizbar, d.h. sie können auf Umweltveränderungen aktiv mit Erregungen antworten, usw.

Proteine und Nucleinsäuren finden sich von Viren bis zum Menschen. Sie stellen hochkomplizierte organische Verbindungen dar, die nur in lebenden Zellen entstehen. Unter den heute auf der Erde herrschenden Verhältnissen bilden sich diese Verbindungen also nicht außerhalb von Organismen; Leben oder auch nur Vorstufen davon können sich in der freien Natur daher nicht aus organischen Stoffen neubilden. Nun wissen wir

Lehre von der pflanzlichen Herkunft der Gänse und Enten so allgemein anerkannt, daß ihr Fleisch als Fastennahrung Verwendung fand. Diese Legende beruhte vermutlich auf der Beobachtung, daß bestimmte Krebse (»Entenmuscheln«), die an Treibgut festgeheftet leben, an den Küsten Nordschottlands und Irlands angetrieben wurden, wenn junge Polargänse aus dem Norden dorthin geflogen kamen. Nach Oparin (1957).

Abb. 54: Wagner erzeugt den Homunculus. Illustration zu Goethes ›Faust‹. Die Lehre vom Homunculus kam wahrscheinlich im ersten Jahrhundert n. Chr. auf. Sie beruhte auf der Vorstellung, daß man durch Mischung des passiven mütterlichen Prinzips mit dem aktiven männlichen den Zeugungsakt künstlich reproduzieren und den Embryo eines kleinen Menschen hervorbringen könne (Homunculus). Paracelsus (1498–1541) gibt sogar ein genaues Rezept zur Herstellung des Homunculus: Sperma vom Menschen befördere man in einen versiegelten Kürbis und unterwerfe es komplizierten Manipulationen; der entstehende Mensch sei jedoch außerordentlich klein! Nach Oparin (1957).

aber, daß die Zusammensetzung der Gashülle der Erde seit ihrer Entstehung großen Veränderungen unterworfen war. Heute sind die wesentlichen Bestandteile Stickstoff mit etwa 78% und Sauerstoff mit etwa 21%. Der kleine Rest setzt sich aus Kohlendioxid, Wasserdampf und einigen Edelgasen zusammen. Nach der Entstehung der festen Erdkruste ist die Atmosphäre aus Gasen entstanden, die bei vulkanischen Eruptionen freiwurden. Sie bestand vor allem aus Wasserdampf und Stickstoff und zu kleineren Anteilen aus Wasserstoff und Kohlendioxid sowie Spuren von Kohlenmonoxid. Freier Sauerstoff dagegen fehlte. Er kommt in vulkanischen Gasen nicht vor, weil er vollständig in Silikaten und anderen Oxiden gebunden ist. Im Laufe der Zeit können geringe Mengen Sauerstoff durch die ultraviolette Strahlung der Sonne entstanden sein, denn UV-Licht zerlegt Wasserdampf in Wasserstoff, Sauerstoff und Ozon. Da nun der so entstandene Sauerstoff und das Ozon die ultraviolette Strahlung absorbieren, wurden die weitere Spaltung von Wasserdampf unter UV-Einfluß (Photolyse) und die Bildung von Sauerstoff verhindert. Man nimmt an, daß höchstens ein Tausendstel der heute vorhandenen Sauerstoffmenge durch die Sonnenstrahlung entstanden sein kann.

Schließlich ist noch hervorzuheben, daß vor 4 Milliarden Jahren gewaltige Strahlungsenergien von der Sonne bis auf die Erdoberfläche gelangten, weil die damalige Atmosphäre für sichtbares und ultraviolettes Licht durchlässiger war als die heutige Luftschicht. Es wird angenommen, daß die Intensität der Sonnenstrahlung auf die Erde damals etwa einhundertmal höher war als heute. Dazu kamen die energiereiche kosmische Strahlung, elektrische Entladungen und schließlich vulkanische Eruptionen.

Da man die Verhältnisse der Uratmosphäre und die energetischen Bedingungen der Urzeit glaubte abschätzen zu können, lag es nahe, diese Verhältnisse im Laborversuch nachzuahmen und zu prüfen, ob unter diesen Bedingungen organische Verbindungen aus anorganischen entstehen konnten. Die entscheidenden Experimente glückten Miller, seine Ergebnisse publizierte er im Jahr 1953. Im Anschluß an Überlegungen von Oparin, Haldane und Urey benutzte er eine einfache Glasapparatur (Abb. 55). An Ausgangsprodukten verwendete Miller Methan, Ammoniak und Wasserdampf, die auch wichtige Bestandteile der Uratmosphäre waren. Dieses Gasgemisch setzte er für einige Stunden elektrischen Entladungen aus. Die anschließende Analyse des in der Apparatur befindlichen Gasgemisches sowie der im Wasser gelösten Substanzen erwies, daß sich Kohlenmonoxid, Kohlendioxid und Stickstoff gebildet hatten. Außerdem fand Miller in Wasser gelöst etwa zwanzig organische Substanzen, z. B. Aminosäuren (Glycin, Alanin u. a), andere organische Säuren (Essigsäure, Milchsäure), Harnstoff u. a. Insgesamt wurden 15% des ursprünglich in dem Gasgemisch befindlichen Methans in andere organische Verbindungen umgebaut.

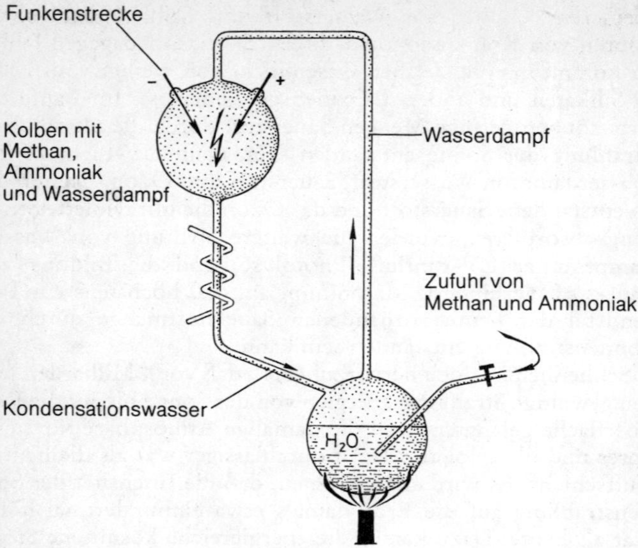

Abb. 55: Versuchsapparatur von S. L. Miller zur abiogenen Synthese von Aminosäuren und anderen niedermolekularen organischen Verbindungen.

Diese Experimente zeigen, daß auch vor mehreren Milliarden Jahren vor der Entstehung des Lebens auf der Erde organische Verbindungen durchaus auch auf abiogene Weise, d.h. ohne die Mithilfe von Organismen, entstanden sein können. Die folgende Aufzählung zeigt, aus welchen Stoffen komplizierte organische Verbindungen abiogen hergestellt werden konnten, wenn man sie mit Wärme, elektrischen Entladungen, Licht, UV-, Röntgen- und ionisierenden Strahlen, Radioaktivität und Ultraschall behandelte (nach Rahmann, 1972).

Ausgangsstoffe: Wasser, Methan, Ammoniak, Wasserstoff, Schwefelwasserstoff, Cyanwasserstoff (HCN), in Spuren Kohlenmonoxid, Kohlendioxid, Formaldehyd, verschiedene Mineralien und Ionen.

Endprodukte: Organische Säuren: Ameisensäure, Essigsäure, Bernsteinsäure, Milchsäure, Propionsäure u.a.

Aminosäuren: Glycin, Alanin, Valin, Leucin, Serin, Threonin, Tyrosin, Phenylalanin, Tryptophan, Asparaginsäure, Glutaminsäure, Lysin, Arginin, Cystein, Methionin u.a.

Zucker: Glucose, Mannose, Fructose, Ribose, Desoxyribose, u.a.

Purinderivate: Adenin, Guanin, Xanthin, Hypoxanthin, Harnsäure.

Pyrimidinderivate: Uracil, Thymin, Cytosin.

Ferner wurden gefunden: Harnstoff, Thioharnstoff, Isoprene und Porphyrine.

Eine weitere Quelle für zahlreiche organische Stoffe stellen bestimmte Meteoriten dar, die kohligen Chondrite, welche auch heute z.B. Aminosäuren aus extraterrestrischen Regionen auf die Erde transportieren. Ihre Bedeutung für die Entstehung des Lebens auf der Erde wird unterschiedlich beurteilt.

Im Anschluß an die Untersuchungen von Miller wurden von zahlreichen anderen Wissenschaftlern Versuche unternommen. Man prüfte die Möglichkeit der Synthese organischer Substanzen in Gasgemischen, in wäßrigem sowie wasserfreiem Medium. Positiv fielen die Ergebnisse immer dann aus, wenn das Reaktionsgemisch reduzierend war. Wurde Sauerstoff beigefügt, so fand keine nennenswerte Synthese organischer Verbindungen statt.

Wichtig ist nun, daß unter den im Labor entstandenen organischen Stoffen solche reichlich vertreten sind, die beim Aufbau von Organismen eine Schlüsselstellung einnehmen. Heute geht man davon aus, daß das Vorkommen von Glucose besonders wichtig ist. Die Pentosen Ribose und Desoxyribose konnten beispielsweise durch Bestrahlung von Formaldehydlösung mit UV- oder Gammastrahlen gewonnen werden. Desoxyribose wurde auch aus Acetaldehyd und Glycerinaldehyd in Gegenwart von Ammoniumhydroxid als Kondensationsprodukt hergestellt. Purin- und Pyrimidinkörper, die zusammen mit Ribose, Desoxyribose und Phosphorsäure die Nucleotide aufbauen und sich in verschiedenen Coenzymen finden (Nicotinamid-adenin-dinucleotid [NAD], Flavin-adenin-nucleotid [FAD] und Coenzym A), entstanden in Versuchen ebenfalls in umfangreichem Maße. Außerdem stellt das Adenin in Form von Adenosinmonophosphat (AMP), Adenosindiphosphat (ADP) und besonders Adenosintriphosphat (ATP) eine der wichtigsten energiespeichernden Verbindungen der Organismen dar. Da diese Stoffe chemisch verhältnismäßig stabil sind, können sie nach ihrer Bildung lange existieren.

Erhitzt man Lösungen von Cyanwasserstoff in Ammoniak mehrere Tage, dann entsteht in beträchtlicher Menge der Purinkörper Adenin. Das Pyrimidinderivat Uracil kann verhältnismäßig einfach aus Methan, Wasserstoff und Wasser erzeugt werden: es entstehen unter Uratmosphärenbedingungen zunächst Essigsäure und Apfelsäure. Die Apfelsäure reagiert mit Harnstoff, und unter Zusatz von Polyphosphorsäure als Katalysator entsteht Uracil.

Aminosäuren schließlich lassen sich zum Teil schon dadurch gewinnen, daß man Methangas durch wäßrige Ammoniaklösung leitet, anschließend das entstandene Gasgemisch durch eine auf etwa 100°C erhitzte, mit Quarzsand oder Kieselgel gefüllte Säule leitet und in erwärmter Ammoniaklösung auffängt. In dem Hydrolysat lassen sich zahlreiche Aminosäuren nachweisen. Glycin, Alanin, Serin, Glutaminsäure, Valin, Isoleucin und Phenylalanin kann man auch gewinnen, indem wäßrige Lösungen von Formaldehyd und Ammoniumsalzen einer UV-Bestrahlung ausgesetzt werden.

Die Experimente der letzten Jahre haben aber weiter geführt als bis zur Herstellung organischer Verbindungen aus anorganischen Ausgangsstoffen unter Nachahmung der Verhältnisse, die in der Uratmosphäre der Erde geherrscht haben. Wesentliche Substanzen, die in allen Lebewesen vorkommen, stellen Polymere dar, z.B. Nucleinsäuren (Kernsäuren) und Proteine (Eiweiße). Kernsäuren bestehen aus Ketten von einigen tausend bis über hunderttausend Nucleotiden. In Eiweißen sind zahlreiche Aminosäuren aneinandergereiht. Es galt also, in Experimenten die Frage zu beantworten, ob unter den Bedingungen, wie sie einst auf der Erde herrschten, auch Polymere entstehen konnten. Man kann davon ausgehen, daß zwar die Wahrscheinlichkeit ihrer Genese in verdünnten wäßrigen Lösungen sehr gering ist, daß aber örtlich solche Lösungen eindampften oder austrockneten, z.B. in der Umgebung von Vulkanen. Wenn man nun ein trockenes Gemisch von Aminosäuren einige Stunden auf etwa 140°C – 200°C erhitzt, entstehen Aminosäurenketten, die eine Reihe wichtiger Merkmale mit Proteinen gemeinsam haben, welche heute in den Organismen synthetisiert werden.

Das Experiment zeigt also, daß aus einfachen, isolierten Molekülen wie Methan, Wasser und Ammoniak über zahlreiche Zwischenstufen hochpolymere, geordnete Verbindungen entstehen können, allerdings nicht unter den heute auf der Erde existierenden Bedingungen, sondern in der reduzierenden Uratmosphäre. Unter geeigneten und keineswegs unwahrscheinlichen Verhältnissen konnten hier – allein aufgrund chemischer und physikalischer Gesetze – zunehmend komplexe Substanzen entstehen, die auch heute wesentlich am Aufbau der Organismen beteiligt sind.

Die thermisch erzeugten Aminosäure-Ketten können auch Beschleunigungen im Ablauf bestimmter chemischer Reaktionen bewirken, d.h. sie haben eine katalytische oder enzymatische Funktion. Sie fördern beispielsweise die Hydrolyse von ATP, Decarboxylierung verschiedener Carbonsäuren und Desaminierung der Glutaminsäure. Dieser speziellen Eigenschaft kommt sicher große Bedeutung zu: unter ihrer Mitwirkung kann der erste Stoffwechsel angeregt worden sein.

Auch Nucleinsäuren konnte man unter abiogenen Bedingungen herstellen. Von sehr großer Bedeutung ist der experimentell gewonnene Nachweis, daß eine synthetisch hergestellte Nucleinsäurenmatrize die Bildung komplementärer (−)-Stränge begünstigt. Diese (−)-Stränge können die Bildung weiterer (+)-Stränge steuern.

Das Leben ist nun aber nicht ein unkontrolliertes Nebeneinander von Stoffen, auch nicht von so komplizierten wie Nucleinsäuren, die sich selbst verdoppeln (replizieren) können und Proteinen mit Enzym- und Hormoncharakter. Wesentlich ist, daß sich diese Bestandteile zu individualisierten Gebilden organisieren, die durch Stoffwechsel, Reproduktion und Mutagenität gekennzeichnet sind. Wie dies möglich war, wissen wir bis heute nicht. Hypothesen, die dieses Problem betreffen, gewinnen jedoch aufgrund rasch zunehmender experimenteller Befunde zunehmend an Wahrscheinlichkeit.

Man hat berechnet, daß unter den Bedingungen der Uratmosphäre das Meer zu einer etwa 10%igen Lösung von organischem Material wurde. In dieser »Ursuppe«, so nimmt man heute an, haben die ersten Schritte zu einer Entstehung von Organismen darin bestanden, daß sich Makromolekülaggregate aus dem wäßrigen Milieu absonderten.

Viele Wissenschaftler, darunter Oparin, sehen als primitivsten Organisationstyp dieser Stufe die sogenannten Koazervattröpfchen an. Diese entstehen, wenn stark verdünnte wäßrige Lösungen verschiedenartiger Makromoleküle miteinander vermischt werden. Die Koazervattropfen enthalten Ansammlungen dieser Moleküle, die durch membranartige Schichten vom umgebenden Flüssigkeitsmedium getrennt werden. Koazervate können selektiv verschiedene Stoffe, z. B. Proteine, aus der Umgebung aufnehmen und konzentrieren. Unter geeigneten Bedingungen laufen in ihnen stoffwechselähnliche Prozesse ab. Oparin gelang es, Koazervattropfen herzustellen, die – je nach Zusammensetzung – Stärke überwiegend auf- oder abbauten. Er setzte sie aus Gummi arabicum und Histonen (Proteinen) zusammen und brachte das Enzym Phosphorylase hinzu. Nach Zugabe von Glucose-1-phosphat zum Außenmedium häufte sich in den Tropfen das Polysaccharid Stärke an. Enthielten die Koazervate auch noch Alpha-Amylase, so wurde die Stärke zu Maltose abgebaut. Das gegenseitige Verhältnis der beiden Enzyme entschied, ob auf- oder abbauende Vorgänge überwogen. Die Koazervattropfen können in Teile zerfallen, die dem Ausgangstropfen wieder ähnlich werden. Die Koazervatbildung ist also unter Umständen eine Ausgangsform für den Beginn der Organisation der aus vielen verschiedenartigen Molekülen bestehenden individualisierten Systeme.

Eine Arbeitsgruppe um Fox benutzte zur Nachahmung der Verhältnisse in der »Ursuppe« Temperaturen über 100°C, und nicht gemäßigte Temperaturbedingungen wie Oparin. Außerdem arbeiteten sie nicht wie Oparin mit biogenen Molekülen, sondern mit abiogen entwickelten Ausgangssubstanzen. Durch trockene thermische Kondensation entstandene Aminosäure-Ketten wurden in Wasser gelöst und erhitzt, anschließend kühlte man die Lösung ab. Die Aminosäure-Ketten organisierten sich dann zu kleinen Kugeln von etwa 2 μm ($^{1}/_{500}$ mm) Durchmesser, die außerordentlich formbeständig sind. Diese Gebilde wurden von Fox »microspheres« (Mikrosphären) genannt. Sie haben an ihrer Oberfläche elektronenmikroskopisch nachweisbare Membranen, wie sie ähnlich auch alle lebenden Zellen besitzen. Die Mikrosphären stellen also eine höhere strukturelle Ordnung dar als einfache Aminosäure-Ketten und besitzen zudem einige Eigenschaften, die für Organismen typisch sind, sie können z. B. Adenosintriphosphat zerlegen. Diese Reaktion ist in lebenden Zellen die Energiequelle für nahezu alle energieverbrauchenden Prozesse wie chemische Synthesen, Muskelkontraktion und Aufbau sowie Erhaltung elektrochemischer Gradienten an Zellmembranen. Dazu kommen weitere Eigenschaften von Bedeutung, wie Bewegungsfähigkeit, Wachstum und Fortpflanzung.

Erstaunlich ist die strukturelle Übereinstimmung dieser Mikrosphären mit über 3 Milliarden Jahre alten Mikrofossilien, die Barghoorn und Mitarbeiter fanden (Abb. 56a).

Mikrosphären können sich durch Knospen vermehren, die unter verschiedenen äußeren Bedingungen entstehen. Bei erhöhter Temperatur werden vermehrt Knospen gebildet. Bei einer Temperatur von 25°C nehmen sie aus einem Nährmedium Stoffe auf und vergrößern ihren Umfang. Aus den neugebildeten Mikrosphären entstehen nach einer Woche oder etwas längerer Zeit abermals Knospen. Die Mikrosphären stellen also vielleicht Modelle dar für Urlebewesen (Eobionten), die sich rein heterotroph ernähren, d.h. auf organische Stoffe angewiesen sind. Ihnen fehlt jedoch im Unterschied zu den heute lebenden Organismen die enge funktionelle Verknüpfung von Nucleinsäuren und Proteinen. Die Mikrosphären, die den primitivsten Organismen am nächsten kommen, weisen – außer den geschilderten Übereinstimmungen – Ähnlichkeiten mit Lebewesen in folgenden Merkmalen auf: sie besitzen, wie gesagt, eine sich abgrenzende Membran, die im unteren pH-Bereich einschichtig, bei geringer pH-Erhöhung jedoch doppelschichtig sein kann. Diese ist semipermeabel und weist ein bestimmtes Selektionsvermögen auf, wie es für Zellmembranen typisch ist; die Verdoppelung der Membran der Aminosäurenaggregate bei pH-Veränderungen deutet auf Selbsterneuerungen hin.

Koazervate und Mikrosphären weisen zwar wichtige Kennzeichen von Lebewesen auf, und der Definition des Lebens, die vor einiger Zeit üblich war, hätten sie auch Genüge getan. Ihnen fehlt jedoch die Kombination von Nucleinsäuren und Proteinen, die für das Leben auf der Erde typisch ist. Beide Stoffklassen sind – wie oben gezeigt wurde – unabhängig voneinander entstanden und heute in der auf S. 70 beschriebenen Weise funktionell verbunden.

In einem solchen System aus Nucleinsäure und Protein (bzw. Polypeptid) kann nun das letztere die Synthese des ersteren fördern, während das erstere die Information für die Synthese des letzteren enthält. Solche Systeme – Hyperzyklen genannt – sind offene Systeme, die sich weitab von einem Gleichgewichtszustand befinden. Sie nehmen einen Strom von Stoff und Energie auf, die sie in anderer Form an ihre Umwelt wieder abgeben. Eigen wies nach, daß solche Hyperzyklen miteinander in Konkurrenz stehen, daß also Darwinsche Selektion ein Prinzip ist, welches an physikalische Voraussetzungen gebunden und nicht auf Organismen beschränkt ist. Sie ist typisch für bestimmte

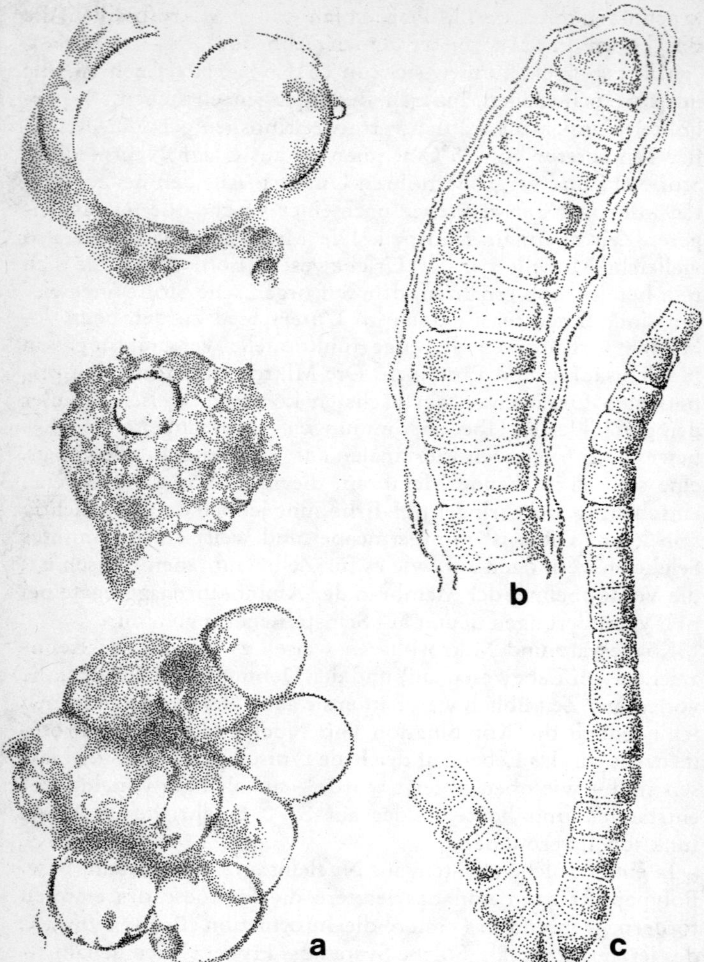

Abb. 56: Verschiedene Mikrofossilien. a. Kugelige Formen aus Südafrika, etwa 3 Milliarden Jahre alt; b. und c. Filamentöse Prokaryoten aus Westaustralien, b. 2,8 Milliarden Jahre alt, c. 3,5 Milliarden Jahre alt (Warrawoona). Nach Schopf (1983).

Moleküle, die Stoffwechsel, Selbstreproduktion und Mutagenität aufweisen.

Arbeiten der 70er Jahre, z.B. von Prigogine zur Thermodynamik offener Systeme, von Eigen, Kuhn und anderen, haben zu der Erkenntnis geführt, daß molekulare Vorgänge im Bereich der Lebenserscheinungen grundsätzlich mit den Gesetzen von Chemie und Physik erklärbar sind. Nur dem Leben eigentümliche Kräfte lassen sich nach Eigen »durch nichts begründen als durch Ignoranz der komplizierten Verhältnisse«, oder, um eine Formulierung von Unsöld zu gebrauchen: »Das Wunder des Lebens ist, das es kein Wunder ist.«

Offen ist die Frage, ob der genetische Code der DNA zufällig entstanden ist oder ob seine Entstehung aufgrund der Struktur der beteiligten Moleküle gar nicht anders verlaufen konnte. Ebenfalls nicht beantworten können wir die Frage, warum Organismen nur die L-Formen der Aminosäuren handhaben können. An diesen offenen Problemen setzen spekulative Gedankengänge an, die nach Leben auf anderen Sternen fragen.

Ein weiterer Mechanismus der Herstellung variabler Nucleinsäuresequenzen, der möglicherweise am Anfang der Evolution replizierender Systeme stand, liegt in der katalytischen Natur der RNA. So ist es möglich, daß RNA-Sequenzen ohne treibende Kraft von außen eine Vielfalt von Ribonucleinsäuremolekülen herstellten.

Im Vorangehenden wurde gezeigt, daß die ersten zum Stoffwechsel und zur Fortpflanzung befähigten Systeme auf der Erde sich heterotroph ernährten. Bei deren starker Vermehrung muß nun aber der Vorrat an organischen Nahrungsstoffen dauernd abgenommen haben, da die abiogene Neuentstehung dieser Stoffe mit dem Verbrauch sicher nicht Schritt halten konnte. Die primär heterotrophe Ernährung dieser Systeme kann also nur ein Übergangsstadium gewesen sein und ist nicht zu vergleichen mit der heterotrophen Ernährung heute lebender Tiere. Diese sind auf die organischen Bestandteile anderer Organismen angewiesen, also auf biogen entstandene organische Stoffe. Organismen aber gab es zur Zeit der Eobionten nicht. Außerdem lebten diese in sauerstofffreiem Medium, waren also anaerob, während die heute lebenden Tiere fast ausschließlich auf Sauerstoff angewiesen sind, also aerob leben.

Nach heute vorherrschender Ansicht waren diese ersten Organismen (1) chemoheterotrophe Prokaryoten, die anaerob lebten und ihren Kohlenstoff sowie ihre Energie durch Abbau einfacher abiotisch entstandener organischer Verbindungen wie Glucose erhielten.

Die weitere Evolution führte zur Entstehung von anaerob lebenden (2) Chemoautotrophen – unter den rezenten Prokaryoten gehören die methanogenen Bakterien in diese Kategorie –, die imstande sind, CO_2 zu binden.

Über (3) Photoheterotrophe entstanden dann anaerob lebende (4) Photoautotrophe. Die Photoheterotrophen decken ihren Kohlenstoffbedarf durch die Reduktion organischer Verbindungen unter Ausnutzung der Sonnenenergie, die Photoautotrophen nutzen ebenfalls die Sonnenenergie, allerdings zur Reduktion von Kohlendioxid. Als Reduktionsmittel fungieren anorganische Stoffe, beispielsweise Schwefelwasserstoff.

Ein Modell für den Übergang von Photoheterotrophen zu Photoautotrophen stellen die rezenten Purpurbakterien dar. Sie leben anaerob und besitzen das sogenannte Bakterienchlorophyll, einen photosensiblen Farbstoff, der es ihnen ermöglicht, Licht in chemische Energie zu überführen. Ein Teil dieser Bakterien (Athiorhodaceen) ist heterotroph, andere (Chloraceen und Thiorhodaceen) sind nicht mehr auf organische Verbindungen angewiesen. Sie leben in Gewässern, die durch Mineralstoffreichtum einschließlich Schwefel sowie durch Sauerstoffarmut gekennzeichnet sind. Die prokaryotischen Mikroorganismen hatten sich also eine neue Energiequelle erschlossen, das Sonnenlicht. Die erste Energiekrise der Evolution, die durch das Ausnutzen der »Ursuppe« bevorstand, war gemeistert.

Alle bisher aufgeführten Stadien lebten anaerob; jetzt entstanden Formen, die gasförmigen Sauerstoff bildeten (5). Sie entsprechen weitgehend heutigen Cyanobakterien. Sauerstoff entsteht als Endprodukt bei der Photosynthese, die durch Wasserstoffabspaltung von Spendermolekülen und dessen Verbindung mit Kohlendioxid zu den energiereichen Kohlenhydraten gekennzeichnet ist.

Entsprechend der weiten Verbreitung von Wasser darf man annehmen, daß die Systeme einen Evolutionsvorteil besaßen, die sich dieser Substanz bedienen konnten und nicht auf andere niedermolekulare Wasserstoffspender angewiesen waren, die seltener auftraten. Sauerstoff allerdings ist für die Anaerobier ein schweres Gift. In der Folge entstanden nun Mechanismen, die den Stoffwechsel vor Sauerstoff und seinen Abkömmlingen schützten.

Sauerstoff ist für Pflanzen und Tiere sowie andere Aerobier im Stoffwechsel unabdingbar, er wird bei Atmungsvorgängen und für Biosynthesen verwendet. Als Nebenprodukte dieser Vorgänge treten allerdings giftige, sehr aktive Stoffe auf wie das Superoxid-Radikal O_2^- und Wasserstoffperoxid, die es zu entgiften gilt. Die Zellen haben hierzu verschiedene Systeme entwickelt, wovon die Superoxid-Dismutase genannt sei, ein Metall enthaltender Enzymkomplex, der das Superoxid-Radikal in H_2O_2 umwandelt, dieses wiederum wird durch Enzyme (Katalasen) in Wasser und molekularen Sauerstoff überführt.

Wir befinden uns zur Zeit der Entstehung der O_2-produzierenden Photosynthese an einer Gabelung des Lebensstromes: Ein Giftstoff für die alte Kategorie von Organismen – die obligaten Anaerobier, die auch heute unter den Prokaryoten noch weit verbreitet sind und in O_2-freien Refugien leben – wird zur Lebensgrundlage für die neue Kategorie der Aerobier, zu der zum Beispiel Pflanzen und Tiere gehören. Freier Sauerstoff ist also entweder tödlich oder nötig. Die Aerobier haben schließlich durch Photosynthese den Sauerstoff produziert, der unsere Erdatmosphäre mit über 20% O_2 und einer Ozonschicht so einzigartig macht.

Trotz aller Fortschritte auf dem Gebiet der Biogenese-Forschung darf allerdings nicht der Eindruck entstehen, als seien die wesentlichen Probleme der Lebensentstehung gelöst. Es gibt vielmehr grundsätzliche Probleme, die diesen Vorgang schwerer erforschbar machen als die Evolution der Pflanzen und Tiere. Bisher kennen wir auf der Erde keine Sedimente, die älter sind als 3,8 Milliarden Jahre – das ist aber die Zeit, in der Leben entstanden sein muß. Sedimente dieser Zeit sind zudem oft hochgradig verändert und enthalten keine Fossilien. Auch muß man sich vor Augen halten, daß die Struktur der ersten Prokaryoten wenig differenziert gewesen sein wird, so daß Fossilien dieser Stufe auch gar nicht viel mitteilen können. In der amerikanischen Literatur spricht man manchmal – in Anspielung auf den VW-Käfer – auch vom Volkswagen-Syndrom der Prokaryoten: Die äußere schlichte Gestalt hat sich vergleichsweise wenig geändert, aber im Inneren – bei Prokaryoten im Stoffwechsel – ist viel umgestaltet worden. In der Tat sind die Stoffwechselwege von Pflanzen und Tieren geradezu simpel im Vergleich zu den vielen Variationen der Bakterien.

Die meisten Hoffnungen sind daher auf die vergleichende Erforschung des Stoffwechsels von Prokaryoten gerichtet und auf die Entwicklung von Modellvorstellungen. Letztere werden jedoch immer Anlaß zu Kontroversen geben.

Derzeit kennt man eine ganze Reihe von präkambrischen Stromatolithen*, die uns z. T. einen Einblick in die hohe Besiedlungsdichte früher Organismen gaben. Vermutlich handelt es sich um photoautotrophe Prokaryoten (Blaualgen). Sie lebten im Meer, später auch in Süßgewässern. Abb. 56 b, c zeigt solche filamentösen Riff-Matten-Bildner. In diesem Lebensraum muß auch – vor schätzungsweise 2 bis 1,3 Milliarden Jahren, die Eucyte entstanden sein, jene Zelle, die Pflanzen und Tiere aufbaut. Wie das erfolgte, läßt sich aufgrund der Fossilfunde nicht belegen, Hypothesen können jedoch aufgrund unserer Kenntnisse rezenter Formen entwickelt werden. Unter Zugrundelegung der Zellstruktur sind heute lebende Organismen in Prokaryota (aus Protocyten bestehend; Bakterien, Cyanobakterien) und Eukaryota (Pilze, Pflanzen, Tiere) aufzuteilen.

Protocyten sind meist 1 bis 10 μm groß, ihnen fehlen Zellkern, Mitochondrien, Plastiden, endoplasmatisches Reticulum und Golgi-Apparat. Viele leben anaerob und ertragen Sauerstoff nicht. Ihre Stoffwechselwege sind sehr verschieden. Ihre Enzyme für die Oxidation organischer Moleküle liegen in der Zellmembran, bei ihnen kommen anaerobe und aerobe Photosythese vor, als deren Endprodukte z. B. Schwefel, Sulfat und Sauerstoff auftreten.

Eucyten sind meist 10 bis 100 μm groß, besitzen die oben erwähnten Organellen und sind reich kompartimentiert. Sie leben aerob – Ausnahmen sind sekundäre Anpassungen –, ihre Stoffwechselwege unterliegen durchgehenden Prinzipien wie Glykolyse, Citrat-Zyklus und Elektronentransportkette. Die Enzyme für die Oxidation organischer Moleküle liegen in der inneren Mitochondrien-Membran. Photosynthetisierende Eucyten produzieren immer Sauerstoff.

Diesem Sachverhalt versuchen verschiedene Hypothesen gerecht zu werden; am wahrscheinlichsten ist die Endosymbionten-Hypothese.

Sie geht davon aus, daß die Eucyte das Produkt einer Symbiose von prokaryotischen Organismen ist, Chloroplasten werden von photoautotrophen, blaualgenartigen Organismen abgelei-

* Stromatolithen wurden jetzt als älteste lebende Fossilien aus der Karibik bekannt; im Großen Barriere Riff Australiens wurden sie schon vor einigen Jahrzehnten gefunden.

tet, Mitochondrien von farblosen, bakterienartigen; die prokaryotische Wirtszelle – wohl ein thermophiles Archaebakterium – war für die Entwicklung des Zellkerns und eines Mitoseapparates verantwortlich. Diese Hypothese erklärt also, weswegen es praktisch keine Übergangsstadien zwischen Proto- und Eucyte gibt und weswegen eine extranucleäre Vererbung existiert. Sie stützt sich auf zahlreiche Indizienbeweise: Plastiden und Mitochondrien entstehen wie Prokaryoten durch Teilung ihresgleichen; wie diese enthalten sie nicht mit Proteinen verbundene DNA; ihre Ribosomen entsprechen denen von Prokaryoten, und auch die Proteinsynthese trägt prokaryotische Züge. Man stellt sich Mitochondrien und Plastiden als durch Phagocytose aufgenommene Symbionten vor: Dementsprechend werden sie von zwei Membranen begrenzt, einer inneren, welche nach Maßgabe der Organellen-DNA aufgebaut wird, und einer äußeren, welche vom Genom des Zellkerns kontrolliert wird. Dieser Vorstellung entspricht auch die Lokalisation der Photosynthesepigmente und der Atmungspigmente in der Innenmembran. Mitochondrien und Plastiden sind allerdings nicht imstande, mit ihrer DNA sämtliche Eigenmerkmale zu kontrollieren, das Kerngenom ist daran beteiligt.

Wenn vor Jahrzehnten über die Entstehung des Lebens diskutiert wurde, war auch von Viren die Rede, jedoch heute nicht mehr. Viren bestehen aus DNA oder RNA, die von Protein umhüllt werden, und sind viel kleiner als Zellen. Ihre Vermehrung ist auf den Stoffwechsel von Zellen angewiesen, den sie für sich nutzen. Außerhalb von Zellen wachsen und vermehren sie sich nicht, einige können sogar wie Mineralien kristallisieren. In diesem Zustand können sie Jahre überdauern.

Man vermutet, daß Viren aus dem Nucleinsäurebestand zelliger Organismen entstanden sind. Sie replizieren sich selbst und zwar oft in Massen, aber dazu müssen sie in ihre alte Heimat zurück. Untereinander sind sie sehr verschieden; einige, so die defekten Leukämieviren, haben Teile ihres Genoms durch Stücke des Wirtszellgenoms ersetzt.

Lange Zeit galt das vermeintlich plötzliche Erscheinen vieler komplizierter Tierstämme im frühen Kambrium vor etwa 550 Millionen Jahren – zu einem Zeitpunkt, als schon ⅞ der Erdgeschichte abgelaufen waren (Abb. 57) – als unerklärlich. Heute kennt man jedoch gut erhaltene Folgen von Sedimenten, die anzeigen, daß an der Grenze von Präkambrium und Kambrium keine Diskontinuität vorliegt, daß es vielmehr im Präkambrium eine Fauna gab, in der die Verwandten der heutigen Polypen und Medusen (Cnidaria, Nesseltiere) vorherrschten, die aus vergleichend-anatomischen Gründen schon lange als Vorläufer aller höheren Tiere, der Bilateria, galten.

Eine Schlüsselrolle in der präkambrischen Entfaltung des Lebens spielt offenbar die weitverbreitete Ediacara-Fauna (Abb. 58), genannt nach den »Ediacara Hills« in Südaustralien, die vor etwa 700 bis 570 Millionen Jahren existierte. Diese Tiere waren vorwiegend flache, weichhäutige Kreaturen, nur wenige trugen eine Schale, so *Cloudina* (Abb. 58d) aus Namibia und *Sinotubulites* aus Südchina. Während manche flachen und radiären Formen, z.B. *Tribrachidium* (Abb. 58a), keinem rezenten Tierstamm mit Sicherheit zuzuordnen sind, werden zwei Drittel der bekannten Ediacara-Fauna zu den Cnidariern gestellt. Oft handelt es sich um medusenähnliche Formen, dazu kommen solche, die man zu den Seefedern stellt (*Charniodiscus*, Abb. 58c). Etwa ein Viertel der Ediacara-Fauna wird von Ringelwürmern gestellt (z.B. *Spriggina*), daneben gibt es auch schon einige Gliederfüßler (*Praecambridium*).

Die ungewöhnlich starke Oberflächenvergrößerung mehrerer Formen aus dieser Zeit legt die Vermutung nahe, daß diese im Dienst der Ernährung stand. Man hat dabei auch an eine Symbiose mit photo- oder chemoautotrophen Einzellern wie einzelligen Algen, Bakterien und Blaualgen zu denken. In der Tat sind solche Symbiosen bei heute lebenden primitiven Metazoen verbreitet. Die riesigen Korallenriffe der Tropen – so das große Barriere-Riff Australiens mit über 2000 km Länge – verdanken ihre Existenz einer Korallen-Grünalgen-Symbiose, und auch das einfachste bekannte Metazoon in der rezenten Fauna, *Trichoplax*, enthält nicht nur Symbionten, sondern ist ein flacher, aus einem dorsalen und einem ventralen Epithel bestehender

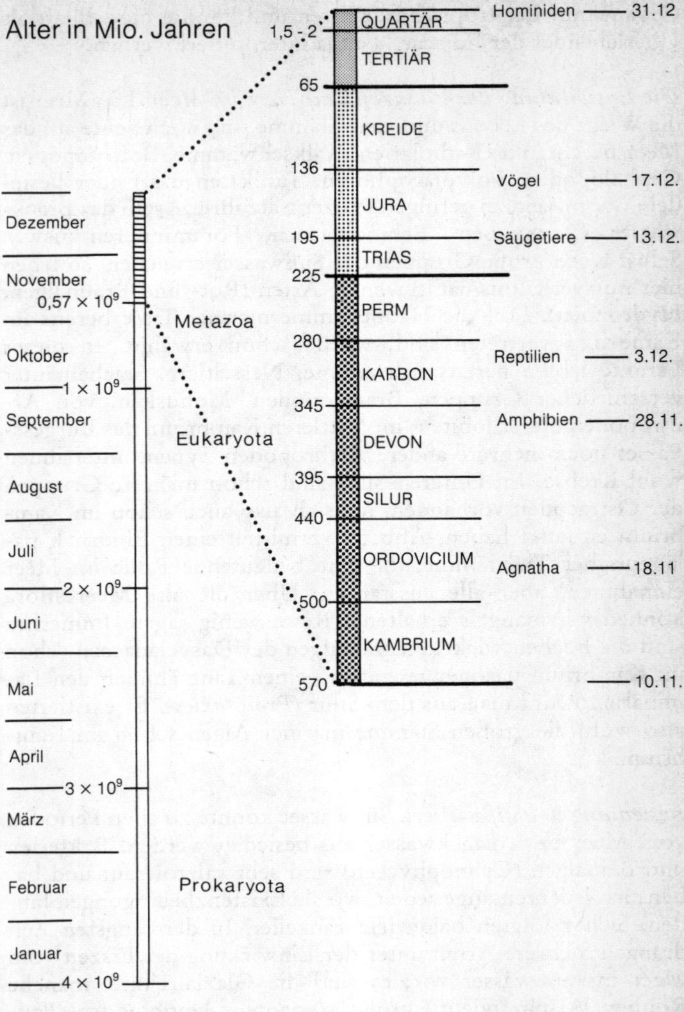

Abb. 57: Der geologische Zeitablauf – verglichen mit dem Ablauf eines Kalenderjahres. Die Zeit vor dem Kambrium, das sogenannte Praekambrium, umfaßt einen etwa 6–7mal größeren Zeitabschnitt als der für die Entwicklung der höheren Tiere und Pflanzen maßgebliche Zeitraum. Nach Flügel und Hüssner (1987).

Organismus der tropischen Küsten und könnte modellhaft als Überlebender der Ediacara-Fauna interpretiert werden.

Die Entwicklung der Pflanzen und Tiere im Meer. Das Meer ist die Wiege des Lebens und viele Stämme sind noch heute auf das Meer beschränkt (Radiolarien, Kalkschwämme, Brachiopoden, Cephalopoden, Polyplacophoren, Tunikaten u.a.) oder besiedeln nur mit einem geringen Prozentsatz ihrer Arten das Brackwasser (Anthozoen, Echinodermen, Foraminiferen usw.). Selbst wenn große Gruppen das Süßwasser erreichen, so leben hier nur verhältnismäßig wenige Arten (Rot- und Braunalgen, Hydrozoen). Daß die Hauptstämme mariner Tiere bereits im Kambrium vertreten sind, wurde schon erwähnt. In dieser Periode lebten bereits Schwämme, Nesseltiere, Stachelhäuter verschiedener Gruppen, Brachiopoden, Mollusken, von Arthropoden die Trilobiten; im Mittleren Kambrium des Burgess-Passes noch mehrere andere Arthropoden-Typen, unter ihnen wohl Krebse. Im Unteren Silur sind schon mehrere Gruppen der Ostracoden vorhanden, die sich also auch schon im Kambrium entfaltet haben. Abb. 59 vermittelt einen Eindruck paläozoischer Tierstämme, die eine bedeutende Rolle im Meer einnahmen, aber alle ausstarben. Über die alte Meeresflora können wir mangels erhaltener Reste wenig sagen. Immerhin sind die hochentwickelten Kalkalgen der Dasycladaceen schon im Kambrium nachgewiesen, und einen Tang ähnlich den Laminarien kennt man aus dem Silur *(Prototaxies).* Es existierten also wohl die großen Stämme mariner Algen schon im Kambrium.

Besiedlung des Süßwassers. Süßwasser konnte zu allen Perioden vom Meer bzw. Brackwasser aus besiedelt werden. Bakterien und Blaualgen (Cyanophyceen) sind sehr salztolerant und haben sich jederzeit angesiedelt, wo sie Existenzbedingungen fanden. Sicher folgten bald viele Einzeller. In der jüngsten Zeit drangen mehrere Arten unter der Einwirkung der Eiszeit vom Meer ins Süßwasser vor; es sind die Glazialrelikte, manche Robben, Asseln, wie die große *Mesidotea,* Amphipoden *(Pontoporeia affinis, Gammaracanthus loricatus),* Glaskrebse *(Mysis relicta),* Fische *(Cottus quadricornis)* u.a. Das Süßwasser ist in allen Regionen, die Leben ermöglichen, besiedelt worden. Nicht nur Seen, Tümpel und Flüsse sind Lebensstätten, sondern auch kleine Bezirke in den Blattachseln von Pflanzen

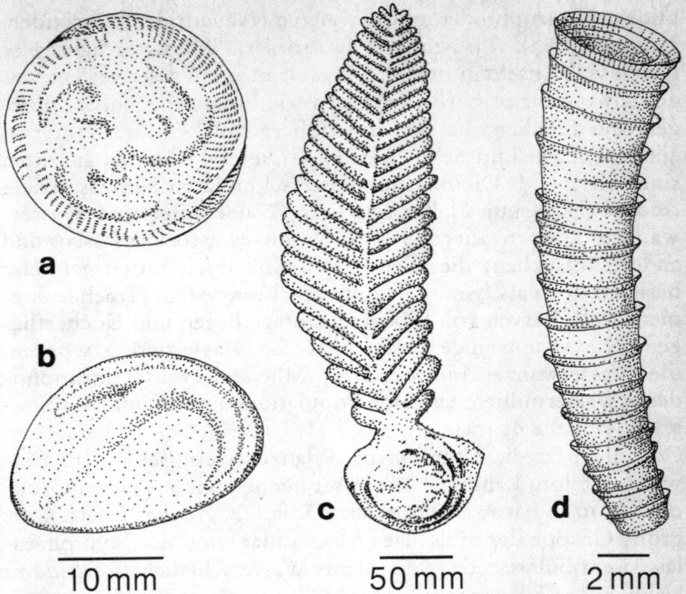

Abb. 58: Formen aus der Ediacara-Fauna. a. *Tribrachidium,* b. *Parvancorina,* c. *Charniodiscus,* d. *Cloudina.* Nach Cloud und Glaessner (1982).

(Phytotelmen), etwa in den Bromelien auf Urwaldbäumen, austrocknende Kleingewässer, die »Feuchte«, d.h. das Porenwasser in Humusböden, in der Waldstreu, in Polsterpflanzen, ja, sogar im Mist. Unerwartet reich ist die Tierwelt im unterirdischen Grundwasser und in Spaltengewässern entwickelt.

Als Wege vom Meer ins Süßwasser dienten allmählich ausgesüßte Seen und Buchten sowie Flüsse und das Porenwasser ihrer Sande am Ufer. Ein direkter Wanderweg führte vom Meer über das sogenannte Küstengrundwasser des Meeresstrandes in das süße Grundwasser. Nur so sind die vielen Arten mariner Herkunft gerade in diesem Bezirk zu erklären: Polychaeten *(Troglochaetus),* Amphipoden *(Bogidiella),* Asseln *(Microcerberus)* u.a.

In großer Zahl sind Tiere und Pflanzen vom Lande ins Süßwasser eingewandert, z.B. die Lungenschnecken der Planorbiden und Lymnaeiden, eine Fülle von Käfern (Dytisciden, Halipliden, Hydrophiliden u.a.), Wanzen (Naucoriden, Corixiden, Notonectiden), Milben (Hydracarinen). Merkwürdigerweise haben viele Insekten nur ihre Larvalzeit ins Wasser verlegt, das gilt sowohl für primitive Gruppen wie Eintagsfliegen, Steinfliegen und Libellen, als auch für höhere Mücken, Trichopteren, einige Fliegen und Schmetterlinge. Die erwachsenen Insekten sind luftlebend. Die meisten dieser sekundären Süßwassertiere sind übrigens nur Halbwassertiere. Wasserkäfer und Wasserwanzen können fliegend ihre Wohngewässer verlassen und andere aufsuchen; die allermeisten sind noch Luftatmer oder besitzen doch als Larven das alte Tracheensystem (Tracheenkiemen), z.B. Larven von Libellen, Eintagsfliegen und Köcherfliegen. Nur sehr wenige sind vollständig Wassertiere geworden, die Wasserwanze *Aphelocheirus,* Mückenlarven (Chironomiden), Wassermilben, einzelne Populationen von *Lymnaea peregra (Lymnaea ovata).*

Ähnlich ist die Situation im Pflanzenreich. Sekundäre Einwanderer vom Land ins Süßwasser kennen wir aus vielen Gruppen: Moose, Farne *(Ceratopteris, Salvinia, Azolla, Isoetes),* die große Gruppe der Helobiae (Alismatidae) und der Nymphaeales, Lentibulariaceen (mit dem Wasserschlauch *Utricularia* [Abb. 50]), Droseraceen – wohin der Sonnentau gehört – mit *Aldrovanda* u.a. Auch hier sind die meisten Halbwasserpflanzen. Ihre Blüte liegt über oder auf dem Wasser, die Spaltöffnungen befinden sich an der Oberfläche der Schwimmblätter. Ganz unter Wasser einschließlich der Blüten lebt z.B. das Hornkraut *(Ceratophyllum).*

Die Entfaltung der vom Meer ins Süßwasser vorgedrungenen Gruppen ist sehr verschieden. Manche haben, auch wenn sie schon alte Süßwassertiere sind, hier kaum mehr als zehn Gattungen und weniger als hundert Arten gebildet. Das gilt für die primitiven Lophopoden unter den Bryozoen (Moostierchen), die Spongilliden unter den Poriferen (Schwämmen), die Phyllopoden, Notostracen und Conchostracen und andere. Andere haben sich im Süßwasser zu artenreichen Gruppen entwickelt, besonders Kleinformen, so unter den Pflanzen die Jochalgen (Conjugatae), besonders die einzelligen Desmidiaceen, die Volvocales und die Characeen (Armleuchteralgen). Tiere mit starker Entwicklung im Süßwasser sind die beschalten Amöben (Testaceen), die Rädertiere (Rotatorien), die Gastrotricha Chaetonotoidea, die Wasserflöhe (Cladoceren), unter den Copepoden die Cyclopiden, Canthocamptiden und Parastenocariden,

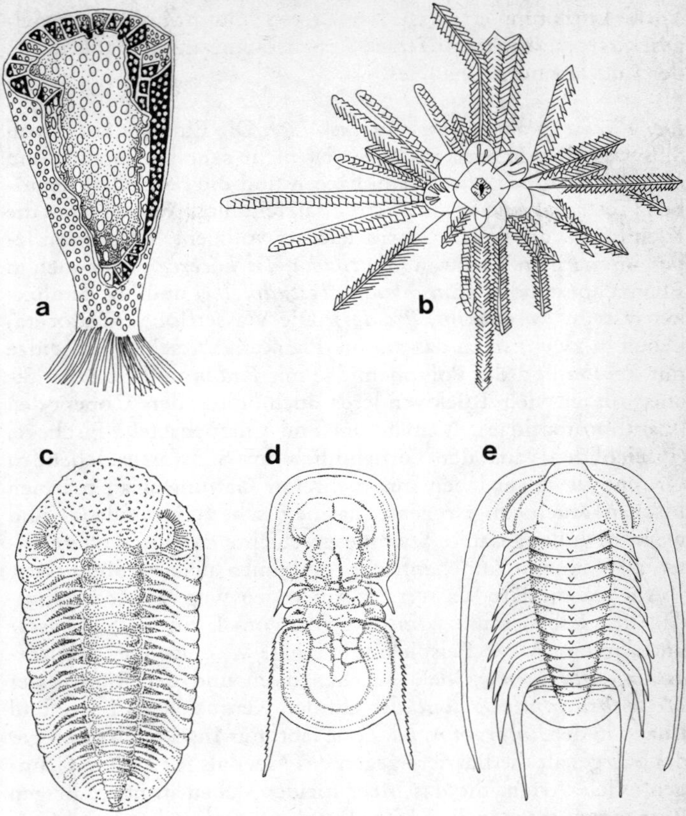

Abb. 59: Tiere aus paläozoischen Meeren. a. Rekonstruktion eines Archaeocyathiden; diese Gruppe ist ausgestorben und steht wohl in der Nähe der Schwämme; b. *Orthograptus* (Graptolitha: diese ausgestorbene Gruppe gehört in die Nähe der Hemichordaten); c–e. Trilobita (ausgestorbene, verhältnismäßig ursprüngliche Gliederfüßler); c. *Phacops*, d. *Pleuroctenium*, e. *Bathynotus*.

weiterhin die fast ausschließlich im unterirdischen Lückensystem lebenden Bathynellaceen (Brunnenkrebse), unter den Muscheln die Unioniden und Sphaeriiden, unter den Fischen die Ostariophysen und Cyprinodontiden. Je nach der Artenzahl der Ordnung haben auch die Insekten mit aquatilen Larven eine starke Entfaltung erfahren. Die Larven sind oft im Wasser vielgestaltiger und an zahlreichere Lebensräume angepaßt als die an der Luft lebenden Imagines.

Der Rückweg vom Süßwasser ins Meer. Die Einwanderung von Süßwasserbewohnern ins Meer ist nicht sehr bedeutend, und manche Gruppen wie Desmidiaceen und die beschalten Amöben (Testacea) sind in allen Arten salzfeindlich. Wieder ist es die Kleinfauna, die diesen Schritt leichter vollzieht. Rotatorien leben im marinen Plankton *(Synchaeta, Trichocerca)*, aber auch in Pflanzenbeständen *(Encentrum, Testudinella)* und im Sandlükkensystem *(Encentrum, Proales)*. Die Wasserflöhe (Cladocera) haben in zwei Linien das marine Plankton erreicht, die Sididae mit *Penilia* und die Polyphemidae mit *Podon* und *Evadne*. Sicher finden sich Rückwanderer auch unter den Copepoden (Canthocamptidae), Nematoden und Oligochaeten. Fischegel (Piscicoliden) aus der vornehmlich im Süßwasser lebenden Gruppe der Egel leben mit mehreren Gattungen an marinen Fischen. Auch einige rezente marine Fische (Cyprinidae) – und wenn man die gesamte Stammesgeschichte der Fische betrachtet, alle marinen Knochenfische – stammen aus dem Süßwasser.

Auch sekundäre Wassertiere haben den Weg ins Meer gefunden. Ihr Lebensraum wechselte also vom Land ins Süßwasser und dann ins Meer. Beispiele sind einige Wassermilben *(Pontarachna, Litarachna)*, viele Mückenlarven und der Rüsselkäfer *Mesembriorrhinus eatoni*, der auf den Kerguelen als Larve und Imago in der *Enteromorpha*-Zone lebt. Für Insekten ist weniger der Salzgehalt die Barriere gegen das Meer als für andere Gruppen. Viele Arten, die das Meer meiden, leben in hochsalzigen Binnengewässern, z.B. Käfer *(Enochrus, Ochthebius)* und Fliegenlarven (Ephydridae). Für alle Insekten, die zum Luftholen an die Wasseroberfläche kommen, ist die unruhige Wasserfläche des Meeres das wesentliche Hindernis, das ihre Ausbreitung im Meer begrenzt hat. Wassermilben und Mückenlarven atmen im Wasser.

Nur wenige Süßwasseralgen dringen ins Meer vor (*Tolypella* unter den Characeen), Blütenpflanzen tun dies in großer Individuenzahl und haben dort sogar neue Lebensräume geschaffen, die von einer reichen Fauna besiedelt werden. Es sind die Seegräser, Potamogetonaceen der Gattungen *Zostera, Posidonia, Cymodocea* und Hydrocharitaceen der Gattungen *Halophila* und *Thalassia*. Auch diese sind in Bestäubung und Samenverbreitung von der Luft unabhängig geworden. Seegräser gab es offensichtlich bereits in der Kreide.

Eroberung des Landes. Die Eroberung des Landes als Lebensraum begann etwa im oberen Silur, also bereits in der mit Fossilien gut belegten Zeit. Wenn Sporen von Pflanzen noch in früheren Schichten gefunden worden sind, so ist aus diesem Befund nicht zu schließen, ob diese Wasserpflanzen waren, die mit ihren Sporenträgern in die Luft ragten, etwa wie die heutigen Wasserschachtelhalme, oder ob es sich bereits um Landpflanzen handelte.

Es ist wahrscheinlich, daß sich zunächst an feuchten Stellen Rasen von Blaualgen bildeten, die zwischen den Sandkörnern oder auf dem Boden dünne Schichten aufbauten, wie heute im Wattenmeer. Auch Algenbeläge – ähnlich dem grünen Belag an unseren Bäumen oder den *Vaucheria*-Polstern auf dem Land – entstanden, aber diese Flächen führten noch nicht zu einer Vegetationsdecke. Immerhin konnten sie Lebensraum kleiner Landtiere sein. Über das Erscheinen der Pilze und Flechten als Landpflanzen können wir weniger sagen. Sicher sind die Pilze alt; an Land sind sie aber Parasiten, Saprophyten oder über die Mykorrhiza abhängig von höheren Pflanzen wie unsere Röhrenpilze. Zudem brauchen sie reichlich organisches Material für ihre Ernährung, so daß sie sicher nicht Pioniere bei der Besiedlung des Landes waren. Die Flechten, dieses Konsortium aus Pilzen und Algen, haben diese Pioniereigenschaft. Sie können sogar extreme Standorte besiedeln: Steine, Felshänge, Wüsten sowie tropischen Regenwald und sogar eine niedrige Pflanzendecke bilden, die aber nur von wenigen Tierarten ausgenutzt wird. Flechten sind auch in arktischen und antarktischen Gebieten weit verbreitet. Da ganz verschiedene Algen und Pilze zur Bildung der Flechten zusammentreten, sind sie sicher mehrfach entstanden. Fossilien kennen wir erst seit dem Eozän.

Die Pflanzen, die am Lande Vegetationsdecken bildeten, erschienen im Oberen Silur und brachten schon im Oberen Devon »Bäume« von 20 m Höhe hervor und im Karbon die berühmten Steinkohlenwälder. Dieser Prozeß der Eroberung des Landes erfolgte nur einmal, höchstens zweimal, falls man die Moose als eigenen Zweig betrachtet. Wichtig ist, daß die devonischen Psilophyten nahezu eine ideale Ausgangsgruppe für Farne, Bärlappe, Schachtelhalme und Samenpflanzen enthalten. Innerhalb dieser Gruppe ist die mitteldevonische Gattung *Rhy-*

nia (Abb. 60a) fast die ideale Ausgangsform (*Cooksonia* aus dem Obersilur ist allerdings älter). Spaltöffnungen zeigen, daß sie Landpflanze war; Blätter fehlen; gabelige, verzweigte, stielförmige Organe (Telome) mit einfachen Leitbündeln liefern das Material für Sproßachsen und Blattorgane späterer Pflanzen. Einige Telome tragen endständige Sporangien. Die zu Farnen, Bärlappen usw. überleitenden Formen sind einander ähnlicher als heutige Angehörige einer Familie, etwa in den Ranunculaceen der Winterling *(Eranthis)*, der Mäuseschwanz *(Myosurus)*, der Rittersporn *(Delphinium)* und der Wasserhahnenfuß *(Ranunculus aquatilis)*.

Diskutiert wird die Frage, ob die Landpflanzen vom Meer aus über den Gezeitenstrand oder vom Süßwasser aus zum Landleben übergingen. Viele Algen leben im Gezeitengebiet und sind in mannigfacher Weise dem Leben oder Überleben während des Niedrigwassers, also im Luftraum, angepaßt. Sie können zum Teil in dieser Phase assimilieren. Auf Felsboden in kühlerem Wasser entstehen hier die »Urwälder des Meeres«. Sie werden ausschließlich von Tangpflanzen aus der Gruppe der Braunalgen (Phaeophyceen) gebildet und erreichen mit *Macrocystis* und *Nereocystis* Längen von 70 m. Bei Niedrigwasser liegen sie dem Boden auf. Arten der Gattung *Postelsia (Lessonia)* bleiben wie Palmen halbaufrecht. Es bestehen aber Bedenken, die echten Landpflanzen auf diesem Wege direkt von Meeresalgen abzuleiten:

1. Diese Tangwälder siedeln nur auf Hartböden, besonders auf Felsen der Brandungszone. Von hier führt kaum ein Weg zu echten Landpflanzen, die sich mit ihren aus Rhizoiden entstehenden Wurzeln in Weichböden verankern und aus ihm Nährsalze und Wasser entnehmen. Felspflanzen müssen in Spalten solche Erde finden. Im Meer sitzen primär alle Algen auf festem Untergrund, mögen dies Felsen, Steine oder Muschelschalen sein; nur wenige Arten *(Caulerpa, Udotea)* sind mit Rhizoiden im Boden verankert. Solche Verankerung im Boden entwickelt sich in ruhigem Wasser. Selbst die widerstandsfähigen Mangrovewälder der Jetztzeit werden sofort zerschlagen, wenn sie in den Bereich der Meeresbrandung geraten.

2. Die Wälder des Meeres werden von Braunalgen gebildet, die nur wenige kleine Überläufer ins Süßwasser entsenden. Die Landpflanzen stammen aber von Grünalgen (Chlorophyceen) ab, die im Süßwasser verbreitet sind. Letztere haben einige wesentliche Merkmale gemeinsam: z. B. die Assimilationspigmen-

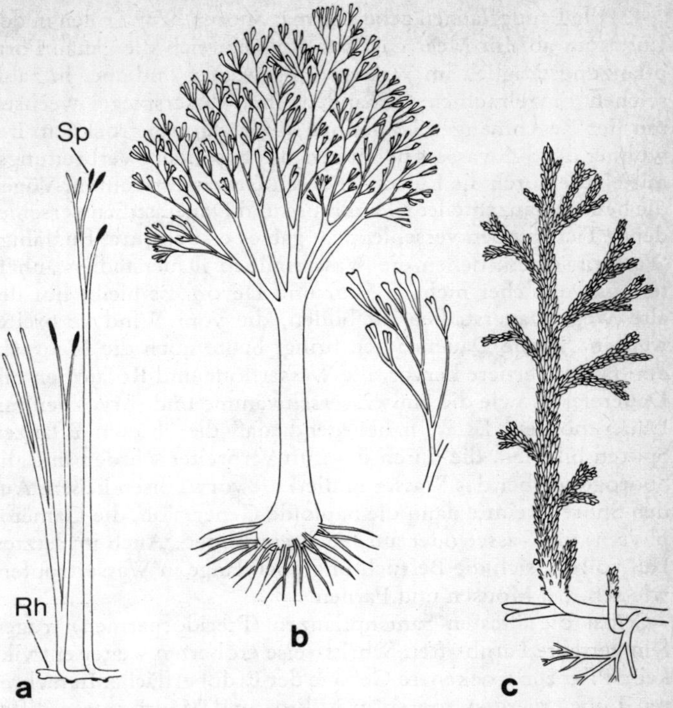

Abb. 60: Urlandpflanzen (Psilophytales). a. *Rhynia,* blattloser Sproß mit Rhizom (Rh) und Sporangien (Sp); b. *Pseudosporochnus* mit Makrophyllen (Vorläufer großer Blätter = Wedel); rechts Makrophyll mit distal verbreiterten Assimilationsflächen; c. *Asteroxylon* mit zahlreichen Mikrophyllen (kleine Blätter = Nadelblätter). Nach Kidstone, Lang, Zimmermann aus Strasburger (1962).

te Chlorophyll a und b, das Assimilationsprodukt Stärke und Zellwände aus Cellulose.

3. Alle heutigen Vertreter primitiver Landpflanzen, Farne, Moose, Bärlappe und Schachtelhalme, sind salzfeindlich.

Unter den 10000 Arten der Farne dringt nur die Gattung *Acrostichum* in schwachsalziges Wasser der Mangrovegebiete vor, *Asplenium marinum* wird an seinen Blättern gelegentlich mit Meerwasser besprüht, das Wassermoos *Fontinalis* dringt bis ins Brackwasser vor. Salzwiesen und Mangrovenwälder besiedeln nur Blütenpflanzen.

4. Alle Landpflanzen geben primär Sporen bzw. Pollen in den Luftraum ab. Im Meer dagegen vollzieht sich die ganze Fortpflanzungstätigkeit im Wasser. Süßgewässer sind aber in zahlreichen Einzelräumen vorhanden, ihr Wasserspiegel wechselt mit der Regenmenge. Sie können sogar ganz austrocknen. Bewohner des Süßwassers benötigen also besondere Verbreitungsmittel, die durch die Luft zu anderen Gewässern führen. Vögel, die heute Pflanzenteile, Kleinkrebse und Dauerstadien verschiedener Tiergruppen verschleppen, gab es erst ab Jura, flugfähige Wasserinsekten, denen die Wassermilben Dauerstadien anheften, gab es sicher nicht in Silur und Devon. Es bleibt nur der alte Weg, Dauerstadien zu bilden, die vom Wind verbreitet werden. Solche Dauerstadien bringt heute noch die Mehrzahl der Süßwassertiere hervor, die Wasserflöhe und Rotatorien mit Dauereiern sowie die Süßwasserschwämme und -bryozoen mit Dauerknospen. Es ist naheliegend, daß die ältesten Pflanzen Sporen bildeten, die durch die Luft verbreitet wurden und die Sporogone über das Wasser in die Luft vorwachsen ließen. Aus den Sporen keimte dann die haploide Generation, die Gametophyten, im Wasser oder auf feuchtem Boden. Auch im letzten Fall vollzog sich die Befruchtung noch lange in Wassertropfen, wie z.B. bei Moosen und Farnen.

Selbst die ältesten Samenpflanzen (Pteridospermen) trugen fein zerteilte Farnblätter. Schrittweise eroberten weiter entwikkelte Pflanzen trockenere Gebiete der Erdoberfläche. In mehreren Linien werden Sporen in Mikro- und Makrosporen differenziert. Die Makrosporen bilden den zunehmend reduzierten weiblichen Gametophyten direkt im Sporophyten. Zunächst wird für den Empfang des Pollens noch vor den Eizellen ein flüssiger Empfangstropfen gebildet, in dem noch bei Ginkgo und Cycadeen bewegliche Spermien (Spermatozoiden) die Befruchtung vollziehen. Dann wurde auch dieser Prozeß vereinfacht, und nur Zellen des Pollenschlauches vollziehen die Befruchtung. So entstehen die »Samen« der Pflanzen, die nun ihrerseits die Verbreitung übernehmen. Solche Samen entstanden bei Bärlappgewächsen *(Lepidocarpon)*, besonders aber bei den Samenpflanzen (Spermatophyta), die sich im Oberdevon aus primitiven Farnen (Primofilices) entwickelt haben. Hier liegt auch die Wurzel der Nacktsamer (Gymnospermen). Die Gattung *Archaeopteris* zeigt Merkmale der Nadelhölzer und der Cycadeen, z.B. echtes Holz mit Hoftüpfeln. Diese Nacktsamer mit ihren verschiedenen Linien übernehmen nun ab Perm, nachdem die permokarbonische Eiszeit die Mehrzahl der großen Pflanzen der Steinkohlenzeit ausgelöscht hatte, die Bildung der Vegetationsdecke und erschließen gleichzeitig trockenere Räume für die Vegetation. Ihre Blätter sind meist zungenförmig, nadelartig oder einfach gefiedert und fest. Aus der Gruppe der primitiven Farnsamer, die jetzt meist an die Basis der Cycadophytina gestellt werden, entwickelt sich schon im Karbon eine Gruppe mit bandförmigen Blättern, die Cordaiten, die auch waldbildend auftraten. Das gleiche Schicksal hatten die Glossopteriden, die von Karbon bis Trias Hartlaubgewächse in den Südkontinenten die Gondwana-Flora bildeten. Aus derselben Wurzel stammen die Caytoniales mit vierteiligen Blättern, sie reichten nur von Obertrias bis Unterkreide. Im gleichen Zeitraum entfalteten sich und verschwanden die Bennettitales, die mit zwittrigen Blüten und wahrscheinlich Insektenbestäubung eine Parallele zu den Blütenpflanzen darstellen.

Drei der heute existierenden Nacktsamergruppen, die Nadelhölzer, Cycadeen und Ginkgogewächse, erscheinen schon am Übergang Karbon-Perm, hatten aber ein verschiedenes Schicksal. Die Ginkgogewächse überlebten nach einer Blütezeit im Mesozoikum nur mit der einen Art *Ginkgo biloba.* Die oft palmenartigen Cycadeen hatten gleichfalls eine Blütezeit im Mesozoikum, existieren heute aber noch in den Tropen mit zehn Gattungen und einigen Dutzend Arten. Die erfolgreichsten Nacktsamer sind die Nadelhölzer. Schon im Oberkarbon mit den verwandten Cordaiten erscheinend, reichen mehrere Familien in die Neuzeit. Heute leben noch etwa 600 Arten. Sie bilden große Wälder in kühlen Klimazonen, besonders Kiefern und Fichten (Taiga). Hierher gehören auch *Araucaria, Taxodium* und *Sequoia.* Ihr Lebensbezirk reicht von Sumpfwäldern bis zu Regionen mit mäßigem Trockenklima. Am weitesten in den Wüstenbereich dringt die sonderbare *Welwitschia* (zu den Gnetales gehörend) vor, die aber nur an wenigen Stellen in der Namib Südwestafrikas wächst.

Eine ausgedehnte Eroberung trockener Landgebiete brachte die rapide Entfaltung der bedecktsamigen Blütenpflanzen (Angiospermen = Magnoliophytina). Nach schwachen Ansätzen im Oberen Jura erfolgte in der Kreide eine explosive Entfaltung, die sie bald zu der artenreichsten Pflanzengruppe werden ließ und eine Fülle von Anpassungsformen hervorbrachte. Die Gräser schufen Wiesen und Steppen, Bäume paßten sich stark dem Trockenklima an, z.B. *Eucalyptus-*, *Casuarina-* und *Aca-*

cia-Arten. Viele Familien bildeten Sukkulenten aus, die besonders Halbwüsten besiedeln, in Afrika Euphorbien und *Mesembryanthemum*-Verwandte, in Amerika Kakteen u. a. Alle Trockengebiete sind vor allem von Angiospermen besiedelt.

Komplizierter verlief die Besiedlung des Landes durch Tiere. Zahlreiche Linien drangen sowohl vom Meeresstrand als auch vom Süßwasser auf das Land vor: die Gliedertiere (Arthropoden) in ca. zehn Linien, die Schnecken in fünf, die Anneliden in zwei bis drei, die Wirbeltiere in einer Hauptlinie und einigen »Strandläufern«. Die Arthropoden waren durch ihren festen Chitinpanzer, der einen Austrocknungsschutz gewährte, und ihre Extremitäten, die eine Bewegung an Land ermöglichten, für einen Übergang zum Land prädisponiert, die Schnecken durch ihre schützende Schale. Erstaunlich ist, daß schon im Oberen Silur (Gotlandium) Skorpione vorhanden waren *(Palaeophonus)*, die den rezenten ganz ähnlich sind. Vermutlich lebten sie am Strand von angespülten Organismen, da andere Landtiere als Beute in dieser Zeit kaum vorhanden waren. Manche Autoren nehmen an, daß sie Wassertiere waren, da in den Bauchplatten keine Atemöffnungen erkennbar sind; aber die Atemhöhlen mündeten zunächst hinter den Bauchplatten, erst später wurden sie in diese eingefaltet.

Für Tiere ist der Strand als Siedlungsraum sehr geeignet. Jede Flut hinterläßt eine Fülle angespülter Pflanzen sowie tote und lebende Meerestiere, die auch heute von zahlreichen Landtieren ausgenutzt wird.

Im Mittleren Devon des Old-Red-Sandsteines bei Rhynie (Schottland) lebten verschiedene Landarthropoden, z. B. der Collembole *Rhyniella*, die Milbe *Protacarus* und Spinnen der Gattung *Palaeocharinus*, von der nur vier Arten bekannt sind. Außerdem fand man einen Insektenkiefer mit zwei Gelenkflächen, wie er heute für die Fluginsekten (Pterygoten) charakteristisch ist. Es sind keine urtümlichen Ausgangsformen, sondern relativ moderne, besonders die Milben. Diese Landformen müssen schon eine lange Entwicklung an Land durchgemacht haben, die bis ins Silur reicht. Die zweite Phase könnte in den Rhyniales-Büschen, aber auch in Algenpolstern des Landes abgelaufen sein. Ob die erste Phase sich auch am Meeresstrand abspielte, ist unsicher. Heute leben Springschwänze (Collembolen) und Milben in Massen am Meeresstrand. Auch die primitiven Onychophoren *(Peripatus)* sind sicher alte Landbewohner.

Im Steinkohlenwald entfalteten sich nun Spinnentiere und Insekten zu einer enormen Mannigfaltigkeit. Fast alle rezenten Ordnungen und Unterordnungen sind bereits vorhanden, zum Teil sogar heute noch lebende Familien (Telyphoniden). Außerdem existierten damals Ordnungen, die heute ausgestorben sind, wie Architarbi, Haptopoda, Anthracomarti, Trigonotarbi, Kustarachnida. Die Spinnentiere haben also sehr rasch im Karbon einen Höhepunkt in Artenzahl und Organisationstypen erreicht.

Die Insekten waren zu diesem Zeitpunkt bereits Flugtiere. Das ist erstaunlich, da ihre Flügel nicht umgewandelte Extremitäten sind, sondern einen langen Bildungsprozeß, von unbeweglichen Seitenplatten zweier Rückenlappen ausgehend, durchlaufen haben. Die ältesten Formen der Fluginsekten sind aus dem Oberdevon bekannt (Archaeoptera), die große Entfaltung erfolgte in Oberkarbon und Perm. Hier finden wir ausgestorbene Primitivformen, die Palaeodictyopteren mit zum Teil 30 cm Flügelspannweite. Mindestens einige besaßen einen Saugrüssel *(Eugereon)* und waren offensichtlich Pflanzensauger. Daneben traten Formen auf, die in das Vorfeld heutiger Ordnungen gehören: Urschaben (Protoblattoidea), Urlibellen (Protodonata), Ureintagsfliegen (Protoephemerida) usw. Die Wurzeln der höheren Insekten – Käfer, Schmetterlinge und Fliegen – lassen sich kaum im Paläozoikum nachweisen, ihre große Entfaltung erfolgte erst mit den bedecktsamigen Blütenpflanzen und machte sie hinsichtlich der Artenzahl zur beherrschenden Tiergruppe.

Etwa gleichzeitig mit Insekten erschienen die Landwirbeltiere im Old-Red-Sandstein Grönlands (Oberdevon) mit den Ichthyostegiden (Abb. 14). Es sind aber nicht, wie devonische Insekten und Spinnentiere, weiterentwickelte Formen, sondern sie tragen noch die Spuren des Wasserlebens, Reste der Kiemendeckel und der Flossenstrahlen. Sicher ist ferner, daß sie dem Süßwasser entstammen. Eine Eigenart machte die echten Fische prädisponiert für das Leben am Land, sie schluckten bei Sauerstoffarmut des Gewässers Luft an der Wasseroberfläche, eine Verhaltensweise, die wir bei vielen Aquarienfischen beobachten können. Die Luftbläschen sammelten sich in Höhlungen des Darmes und wurden ein Ansatz zur Ausbildung von Luftatmungsorganen. Aus einem solchen Luftsack, der sich in den hinteren Kiementaschen bildete, entstanden die Lungen, später aus ihnen die Schwimmblasen. So wurden Fische zu Doppelatmern. Sie konnten bei Austrocknung der Gewässer die Lungenatmung einsetzen. Die Ahnen der Landwirbeltiere kennen wir gut. Es sind die Osteolepiformes unter den devonischen Crossopterygiern, besonders die Gattung *Panderichthys*. Sie standen den ersten Landwirbeltieren so nahe, daß ihr Übergang aufs Land wohl im Devon erfolgte. Sie waren Räuber, denen das Land zuerst kaum Nahrungsraum bot; es war wohl vielmehr Fluchtraum, in den sie auswichen, oder der bei Austrocknen des Gewässers aufgesucht wurde, um in andere Gewässer zu wandern. Aus diesen Formen entwickelten sich die Amphibien, von denen es im Steinkohlenwald gewimmelt haben muß. Von hier sind zahlreiche Amphibien verschiedener Organisation und Größe bekannt. Sie blieben in ihrer Fortpflanzung noch vom Wasser abhängig, sind also nur Halblandtiere. Noch heute ziehen Kröten, Frösche und Molche zum Laichen ins Wasser, und ihre Larven atmen durch Kiemen. Nur wenigen Amphibien ist es gelungen, ihr ganzes Leben aufs Land zu verlegen, durch Lebendgebären (Alpensalamander), Durchlaufen der Larvalentwicklung in Hauttaschen (*Pipa,* Beutelfrösche) oder in einem Kehlsack, in den die Eier durch Verschlucken gelangen *(Rhinoderma).* Aber spätestens im Perm gelang es einer Gruppe, die Embryonen durch eine von ihnen gebildete Hautfalte zu umschließen, die den wachsenden Keim in Flüssigkeit einbettet (Amnionhöhle mit Fruchtwasser). Die Embryonen entwickelten sich also in einem Mikroaquarium, wie es dann für alle weiteren Landwirbeltiere zutrifft. Diese Amnioten, zu denen Reptilien, Vögel und Säugetiere gehören, wurden echte Landtiere; die Eier wurden an Land abgelegt, die Haut erhielt durch die Hornschicht einen Verdunstungsschutz. So konnten die Amnioten die Wassernähe und die Feuchtluft der Wälder verlassen und die inzwischen von Vegetation bedeckten trockeneren Gebiete besiedeln. Die Entfaltung der Reptilien, der ältesten Amnioten, zu immer neuen Lebensformen, die vom Perm bis zur Kreide reichte, hat dem Mesozoikum den Namen »Zeitalter der Reptilien« verschafft. Fliegen konnten zuerst die Pterosaurier als Flughautflieger, ab Jura nahmen ihnen allmählich die Vögel als Federflieger den Lebensraum fort. Was diese so reich entfalteten Saurier in der Kreide zum Verschwinden brachte, kann hier nicht erörtert werden.

Die neue Welt der Landtiere des Tertiärs entstand nicht plötzlich. Die Säuger waren schon in der Oberen Trias vorhanden, blieben aber über 100 Millionen Jahre kleine Tiere. Die Eidechsen und Schlangen (Squamaten) erscheinen in eventuellen Ahnenformen auch schon in der Trias, in modernen Formen ab Jura. Die Krokodile sind heute im Abstieg begriffen, die Rhynchocephalen überlebten nur in einer Restart auf Neuseeland. Nur die merkwürdigen Schildkröten sind durch das Mesozoikum bis zur Jetztzeit eine relativ stabile Gruppe geblieben.

Für die Entfaltung der Säuger, Eidechsen und Schlangen sowie der Vögel im Tertiär ist sicher die neue Pflanzendecke der Angiospermen mit ihren Blättern, Früchten und Samen, die in reichem Maße von Insekten besiedelt wurden, maßgebend. Die restlichen Tiergruppen, die Landbewohner aufweisen, bleiben gegenüber den Wirbeltieren, Insekten und Spinnentieren nebensächlich. Aus dem Süßwasser stammen die Landblutegel, die den Menschen in den Tropenwäldern von Indien bis Australien so quälen können. Der Weg der Regenwürmer ist ungewiß. Unter den Schnecken ist die Deckelschnecke *Ampullaria* Doppelatmer. Die Atemhöhle ist in einen Wasser- und einen Luftraum geteilt. Verwandt mit ihr ist die Landschnecke *Pomatias elegans* unserer Wälder.

Die Mehrzahl der amphibisch lebenden Formen dieser Gruppen lebt am Meeresstrand, zahlreiche Schnecken (*Littorina, Siphonaria,* Ellobiidae) sowie Krebse. Der Tropenstrand wimmelt von auffälligen Krabben *(Ocypode, Uca, Dotilla, Cardiosoma, Aratus)* verschiedener Herkunft und Einsiedlerkrebsen *(Coenobita).* Sie blieben in ihrer Fortpflanzung abhängig vom Meer, in dem ihre Larven leben. Diese Bremse wirkt bei Asseln und Flohkrebsen nicht, da auch ihre Meeresbewohner Eier und Jugendstadien im Brutbeutel tragen. Sie mußten aber erst während des Landlebens eigene Luftatmungsorgane erwerben. Nur die Oniscoidea unter den Asseln sind artenreich und sogar in Wüstengebiete vorgedrungen.

Die Schnecken haben in mehreren Linien den Weg vom Strand ans Land gefunden: die Rissoaceen mit der kleinen *Acme* in der Bodenschicht unserer Wälder, die Littorinaceen mit den Landdeckelschnecken *(Pomatias),* die Neritinaceen mit in den Tropen reich entwickelten Formen. Der große Wurf war aber die Ausbildung der Lungenschnecken. Ihre primitiven Vertreter (Ellobiiden) leben am Meeresstrand, einige besitzen noch freie Larven, die meisten haben aber ebenso wie die übrigen Landschnecken das freie Larvenstadium abgeschafft und die Kiemenhöhle zur Lunge umgewandelt. Mit Tausenden von Arten haben sie Landbiotope besiedelt, selbst Trockengebiete (xerophile Schnecken). Das scheint absurd, da die Schnecken in ihren Aktivitätsphasen auf Feuchtigkeit angewiesen sind. Sie sind aber in der Lage, hohen Flüssigkeitsverlust zu ertragen und diesen rasch durch Wasseraufnahme durch die Haut bei Regen oder Tau zu ergänzen und Trockenperioden in einem Ruhezustand, geschützt durch einen abgeschiedenen Deckel an der Schalenöffnung, zu überdauern. So können Schnecken in niederschlagsarmen Gebieten existieren, in denen nicht einmal jährlich Regen fällt.

Die Wanderung vom Land ins Meer. Daß eine Besiedlung des Meeres vom Land über das Süßwasser ins Meer erfolgt, wurde bereits erwähnt. Gerade Pflanzen waren hier durch die Bildung von Seegraswiesen erfolgreich. Im direkten Weg haben Pflanzen nur die Gezeitenzone, aber nicht das eigentliche Meer erreicht. In der Gezeitenzone können sie aber bestandsbildend sein; man denke an die Mangrovenwälder in Lagunen, Buchten und Flußmündungen der Tropen. Da sie nur aus höheren Pflanzen bestehen, sind sie eine Errungenschaft des Tertiärs. Sie bilden natürlich eine ideale Übergangszone zwischen Meer und Land, da extreme Sonneneinstrahlung und Trockenheit sehr gemildert sind und ein Reichtum an Nahrung besteht. So findet sich in den Mangroven eine vielgestaltige Tierwelt: Fische mit ersten Ansätzen zum Landleben, z.B. *Periophthalmus*, der beim Schwimmen den Kopf aus dem Wasser hebt und auf Baumstämme klettert, Landpolychaeten, Landsipunculiden, Einsiedlerkrebse und Krabben, die nur selten das Meereswasser aufsuchen. Außerdem kommen in der Mangrove zahlreiche Formen vor, die terrestrischer Herkunft sind (Insekten, Spinnentiere, Schlangen, Vögel usw.). Die Mangrovenbäume können sehr salztolerant sein, *Avicennia* wächst auf Inseln des Roten Meeres noch in Gewässern von über 40‰ Salzgehalt. Wenn wir die vielen Strandpflanzen beiseite lassen, die geringe Meeresüberflutungen ertragen, sind es nur einige *Salicornia*-Arten, die bestandsbildend das Wattenmeer besiedeln, und einige Gräser (Andel, *Spartina*, zum Teil *Distichlum*), die im Gezeitenbereich Salzwiesen bilden. Auch sie sind eine Formation geologisch jungen Alters. Vorher war der Strand außerhalb des Felsbereichs größtenteils nackt. Das Eindringen der Landtiere in das Meer ist nach Gruppen sehr verschieden. Die Wirbeltiere entsenden immer wieder Einwanderer in das Meer, die dort oft artenreich werden (Wale, Robben). Die Amphibien, die in großer Zahl zu vollem Leben ins Süßwasser zurückgekehrt sind (Riesensalamander, Krallenfrosch, Olm u.a.) sind heute sehr salzfeindlich. Nur ein Frosch *(Rana cancrivora)* hält sich im Meerwasser auf; aber die Labyrinthodonten der Gruppe Trematosaurier finden sich in der Unteren Trias mit Ablagerungen mariner Fische. Auch die Reptilien entsandten zahlreiche Stämme ins Meer. Die Ichthyosaurier beherrschten die Meere von der Trias bis zur Kreide, es folgten Thalassosaurier, Nothosaurier, Placodontier, Plesiosaurier, Mosasaurier u.a. Sie sind alle ausgestorben. Heute gibt es Meeresschildkröten *(Caretta, Dermochelys)*, Seeschlangen in Korallenriffen und im offenen Meer, unter den Echsen *Amblyrhynchus* auf den Galapagos-Inseln, die nach Algen tief ins Meer taucht. Die Fortpflanzung der Seeschildkröten und von *Amblyrhynchus* erfolgt am Land, die Ichthyosaurier waren lebendgebärend. Die Vögel zeigen wenigstens in den Pinguinen einen Ansatz zum Leben im Meer, da ihre Flügel Flossen geworden sind. Die Säugetiere setzen die Reihe fort, im Eozän gehen Wale und Seekühe ins Meer, beide gebären im Wasser. Die Seehunde bringen jedoch ihre Jungen noch am Strand zur Welt, bleiben also in der Fortpflanzung vom Land abhängig. Weiterhin ist der Meerotter *(Enhydra lutris)* fast völliges Meerestier.

Gegenüber diesem reichen Einstrom vom Land ins Meer bei Wirbeltieren gibt es bei Wirbellosen nur Einzelfälle. Ins Gezeitengebiet dringen allerdings viele Gliedertiere vor, die die Flut in einem Luftraum überdauern. Viele Käfer *(Bledius, Dyschirius, Aepus)*, Wanzen *(Aepophilus)*, Collembolen, sogar Pseudoskorpione *(Obisium maritimum)*, Hundertfüßler *(Scolioplanes, Heteroschendyla)*. Es sind Lufttiere unter Wasser. Auf der Oberfläche des Meeres sind Wanzen *(Halobates)* weit in den Ozean vorgedrungen. Echte marine Wassertiere sind wenige Spinnen (*Desis* u.a.) und flügellose Weibchen von Mücken *(Clunio)* und ein Schmetterling *(Acentropus)*, der beim Schlüpfen unter Wasser bleibt. Aber das sind Einzelfälle. Allein eine Milbengruppe (Halacarinen) hat mit Hunderten von Arten das Meer bis in große Tiefen erobert. Ihre nächsten Verwandten leben am Land, viele in der Gezeitenzone, die meisten aber als Pflanzensaftsauger oder an Tieren im eigentlichen Meeresbereich. Alle sind Bodentiere ohne Schwimmfähigkeit.

Diese verschiedene Leistung im Übergang vom Land zum Meer von Wirbeltieren und Wirbellosen ist wohl durch die verschiedene Größe bedingt, da für kleine Tiere mit Luftatmung der Übergang in das bewegte Meer schwierig ist.

Leben unter extremen Bedingungen: Eis, heiße Quellen, Feuer. Organismen haben mehr Lebensräume besiedelt als vorhergehend beschrieben, vielfach sogar solche, die man vor nicht geraumer Zeit noch als tödlich angesehen hätte. Erst in neuerer Zeit zeichnen sich die Ausmaße von Lebensgemeinschaften im Meerwassereis von Antarktis und Arktis ab, die unter dem Kürzel SIMCO (sea ice microbial communities) bekannt wurde. Sie sollen in manchen Gebieten 20% der Primärproduktion hervorbringen. Wenn es zum Winter hin in den Polargebieten zur Meereisbildung kommt, entstehen Eiskristalle, zwischen denen ein Interstitium von Kanälen und Taschen mit einer konzentrierten Salzlösung bestehen bleibt. Hier leben Bakterien, Algen und kleine Tiere (Abb. 61). Insgesamt kennt man bis heute 500 Organismenarten aus Meereis. Es dominieren Diatomeen, die hier wachsen und assimilieren, weiterhin kommen autotrophe und heterotrophe Flagellaten vor, unter den Rhizopoden Amöben, Heliozoen und Foraminiferen, Ciliaten und auch kleine Metazoen wie Faden- und Ringelwürmer sowie Krebse. Die genauen Beziehungen all dieser Organismen zueinander kennt man bisher nur unzureichend, aber man weiß, daß die selbst unter Eis und Schnee ablaufende Photosynthese – welche freilich im Dauerdunkel des Winters zum Erliegen kommt – zu umfangreicher Primärproduktion führt. Schmilzt das Eis im Frühjahr ab, wird diese Mikrolebewelt (auch Eisplankton genannt) in die Polarfluten entlassen und stellt die Nahrungsgrundlage für Konsumenten wie zum Beispiel den Krill dar, bevor die erste Planktonblüte im freien Wasser entsteht. Polychaeten, Copepoden, Amphipoden, Krill u. a. dringen sogar in Spalten des Eises ein und grasen die Mikroorganismen ab. Abb. 61 zeigt die vermuteten Beziehungen in der Eisflora und -fauna der Antarktis.

Auch bei hohen Temperaturen hat sich Leben entfaltet, was man vor einigen Jahren noch für undenkbar gehalten hätte. Die optimalen Wachstumstemperaturen der extrem thermophilen Archaebakterien *Pyrodictium*, *Pyrococcus* und *Pyrobaculum* liegen in flüssigem und unter Druck stehendem Wasser um 100 °C und darüber. Für andere Lebewesen bedeutet diese Temperatur den sicheren Tod. Derartige Bakterien sind bislang aus heißem Wasser und Schlamm vulkanischer Gebiete bekannt, die noch dazu einen hohen Salzgehalt, viel H_2S oder SO_2 aufweisen können, wie in den Hydrothermalgebieten der Ozeane (Abb. 62). Die Stabilisierung der DNA kommt zum Beispiel

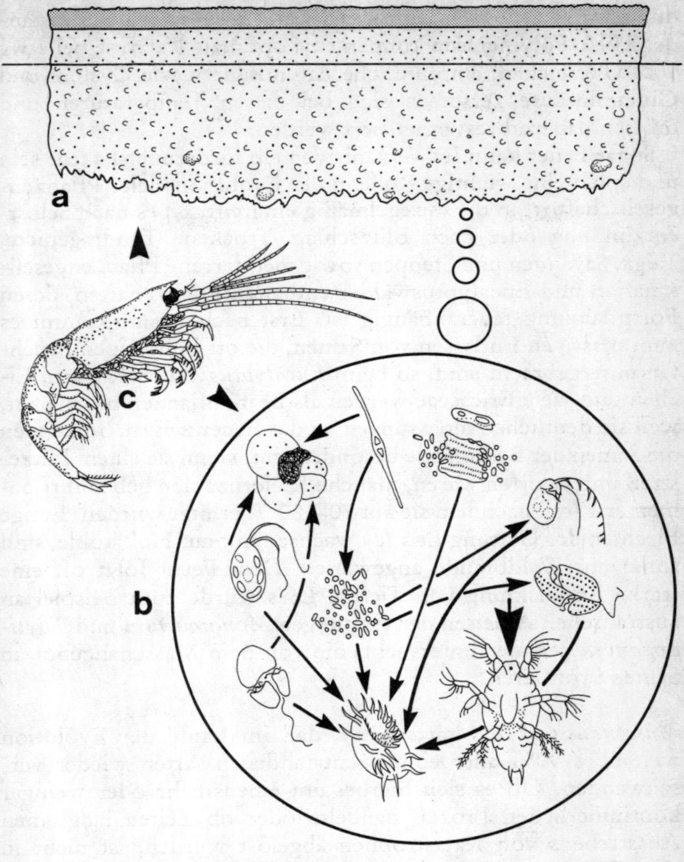

Abb. 61: Leben im antarktischen Eis. Das Packeis (a) ist von einer Schneelage (dicht gerastert) bedeckt und taucht tief in das Meerwasser ein. In den Salzlaugenkanälchen des Eises lebt eine reiche Bakterien-, Pflanzen- und Tierwelt, die beim Abschmelzen ins Meerwasser entlassen wird (b) und dann zum Beispiel dem Krill (c), einem in riesigen Schwärmen lebenden Krebs, zur Verfügung steht. Die Pfeile zeigen die wesentlichen Abhängigkeiten in diesem Nahrungsnetz. Nach Garrison, Sullivan, Ackley (1986), Spindler (1988).

durch einen erhöhten Anteil von Guanin und Cytosin zustande, RNA-Polymerasen können eine optimale Katalyse bei etwa 100 °C erreichen, empfindliche Aminosäuren wie Cystein und Glutaminsäure zersetzen sich bei diesen Temperaturen und müssen dauernd resynthetisiert werden.

Sogar Feuer kann für Organismen ein fördernder Faktor sein und spielt eine wichtige Rolle in der Evolution vieler Pflanzengesellschaften, in die es regelmäßig eingreift, sei es nach Selbstentzündung oder nach Blitzschlag. Trockene Tundragebiete, Taiga, Savannen und Steppen sowie mediterrane Pflanzengesellschaften und Eucalyptuswälder enthalten Pflanzenarten, deren Fortpflanzung feuerabhängig ist. Erst nach Brand kommt es zum massiven Entlassen von Samen, die oft in holzigen Früchten untergebracht sind, so beim *Eucalyptus*. Auch Kiefern, Eichen und viele Ericaceae werden als Brandpflanzen bezeichnet, weil sie deutliche Anpassungen an das Feuer zeigen. So keimen die Samen der Besenheide besonders gut, wenn sie einem Hitzestreß unterworfen waren, manche Kiefernzapfen geben ihre Samen erst frei, nachdem sie auf 70 – 80 °C erhitzt wurden. Einige Flechten der Gattung *Lecidea* wachsen nur auf Holzkohle, sind somit auf Waldbrände angewiesen. Dem Feuer folgt oft eine starke Entwicklung von Tieren. Dies wurde zum Beispiel an australischen Ameisen der Gattungen *Monomorium* und *Thytidoponera* genauer untersucht, die von dem Massenangebot an Samen profitieren.

Massenaussterben Man schätzt, daß im Laufe der Evolution weit über 90% aller einmal entstandenen Arten wieder verschwanden. Ob es sich hierbei um einen mehr oder weniger kontinuierlichen Prozeß handelte oder ob Zeiten langsamen Aussterbens von Katastrophen abgelöst wurden, ist nicht in allen Fällen klar erwiesen. Abgesehen von der heutigen, in großem Maßstab erfolgenden Ausrottung von Tier- und Pflanzenarten durch den Menschen (S. 276) haben mindestens fünf Episoden von Massenaussterben stattgefunden (Abb. 63): im späten Ordovizium (vor 450 Millionen Jahren), im Oberdevon (vor 350 Millionen Jahren), am Ende des Perm (vor 230 Millionen Jahren), am Ende der Trias (vor 190 Millionen Jahren) und an der Kreide-Tertiär-Grenze (vor 65 Millionen Jahren). Alle fünf Episoden sind durch große Verluste im freien Wasser und am Boden lebender Meerestiere gekennzeichnet. Der größte Einschnitt erfolgte Ende des Perm, als etwa 50% der marinen

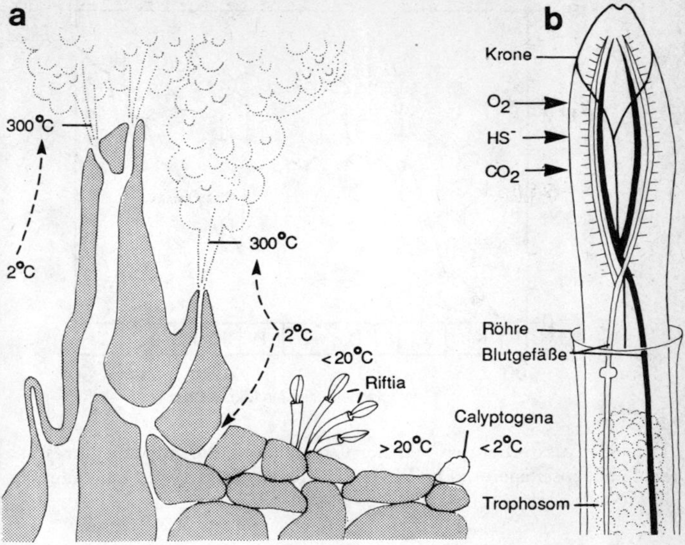

Abb. 62: Hydrothermalquellen der Tiefsee. Dieser Lebensraum wurde 1977 in einer Tiefe von etwa 2500 m im Ostpazifik entdeckt. Er ist durch das Austreten heißen Wassers und die extrem hohe Besiedlungsdichte von Tieren gekennzeichnet, deren Existenz wiederum auf der Tätigkeit von Bakterien beruht. a. Schnitt durch eine Zone mit heißen Quellen, die aus Lavaspalten austreten. Das austretende Wasser hat eine Temperatur von etwa 300 °C und zieht das 2° kalte Tiefenwasser nach. In einer Warmwasserzone (bis 25°) gibt es dichte Bestände von 1–2 m langen Röhrenwürmern (*Riftia;* Pogonophora) und Muscheln (z. B. die 30 cm lange *Calyptogena*) sowie vielen anderen Tieren. Dieses reiche Leben basiert auf chemosynthetischer Primärproduktion, wie sie sonst nirgends auf der Erde beobachtet wurde. Lichtenergie wird durch geothermische Energie ersetzt; statt oxidiertem Sauerstoff entsteht oxidierter Schwefel, der z. B. aus Schwefelwasserstoff gewonnen wird, einer für die meisten Tiere sehr giftigen Verbindung. b. Vorderende von *Riftia.* Diese Röhrenbewohner nehmen über ihre Tentakelkrone nicht nur Sauerstoff auf, der in Blutgefäßen an Hämoglobin gebunden transportiert wird, sondern auch Schwefelwasserstoff und Kohlendioxid für ihre Bakterien-Symbionten, die in einem speziellen Organ (Trophosom) leben und die Hälfte des Gewichts einer *Riftia* ausmachen können. Sie produzieren organische Substanz, die wiederum dem Wurm zugute kommt. Original H. W. Jannasch (1988).

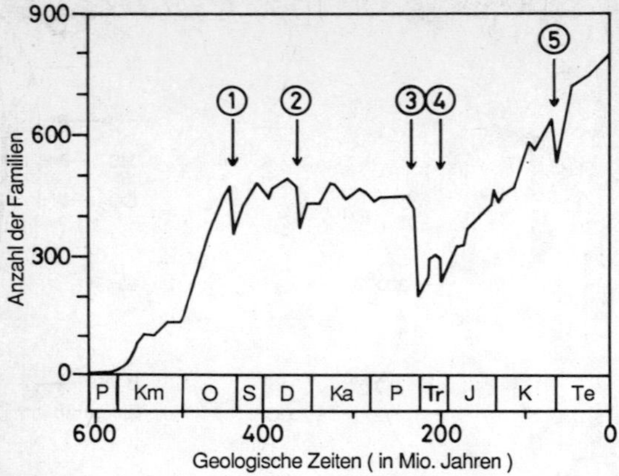

Abb. 63: Aussterberaten mariner Organismen, die aufgrund ihres Skelets leicht fossilisieren. Die Pfeile 1–5 zeigen die großen Massenaussterben. Nach Sepkoski (1982).

Wirbellosen-Familien verschwanden und wohl über 75% der Arten. Neuere Untersuchungen zeigten, daß es im Paläozoikum und im Mesozoikum weitere Phasen des Aussterbens in großem Ausmaße gegeben hat, manche Autoren gehen sogar von einer Periodizität aus, die etwa 26 Millionen Jahre beträgt.

Über die vermuteten Ursachen dieser Ereignisse wird viel publiziert, die Beweislage ist allerdings keineswegs eindeutig. Besonderes Aufsehen haben Veröffentlichungen erregt, die für die hohe Aussterberate in der Kreide (vor 66 Millionen Jahren) kosmische Ursachen angeben: ein Meteorit soll die Erde getroffen haben. Als Belege dafür werden hohe Iridiumwerte in Sedimenten dieser Zeit angegeben (Iridium ist in kosmischer Materie in höherer Konzentration vorhanden als in irdischen Gesteinen) und Veränderungen von Quarzen an verschiedenen Orten der Erdoberfläche, z.B. in Europa und Neuseeland, die auf hohe Drucke zurückgeführt werden. Einschränkend muß allerdings gesagt werden, daß nach heutigen Kenntnissen nicht alle Organismengruppen »auf einen Schlag« ausgestorben sind.

Es gibt keinen Grund zu der Annahme, daß alle Phasen des Massenaussterbens dieselbe Ursache hatten.

7. Evolution des Menschen

Die Frage nach der Herkunft des Menschen war und ist ein umstrittenes Problem, nicht weil sie mit wissenschaftlichen Methoden nicht zu bearbeiten und zu beantworten wäre, sondern weil Emotionen vielen Menschen eine sachliche Beurteilung unmöglich machen. Hier spielt die Verwurzelung in Religion oder Ideologie eine wichtige Rolle. Andererseits gab es schon immer Forscher, die sich um eine vorurteilslose und rationale Antwort bemühten und eine Einordnung des Menschen in die Säugetiere und die Primaten vornahmen.

Diese Zwiespältigkeit zieht sich durch die Jahrhunderte. Linné reihte den Menschen in die Primates (Herrentiere) ein, zu denen die Affen gehören, und stellte in die Gattung *Homo* Mensch und Menschenaffen. Der Engländer Prenant protestierte damals dagegen, erklärte aber ehrlich, daß ihm seine Eitelkeit diese Zusammenstellung verbiete. Blumenbach errichtete bald darauf für den Menschen eine eigene Ordnung, die Bimana (Zweihänder), und für Affen eine andere, die Quadrumana (Vierhänder) und übersah dabei, daß die Hinterbeine der Affen Greiffüße und keine Hände sind. Zeitweise glaubte man einen Unterschied zwischen Affen und Menschen im Vorkommen eines Zwischenkiefers (Os praemaxillare; Knochen, der die oberen Schneidezähne trägt) gefunden zu haben: Affen sollten diesen Knochen besitzen, der Mensch nicht. In diese Diskussion griff auch Goethe ein und demonstrierte in einer umfangreichen Arbeit über diesen Knochen, daß er auch beim Menschen vorkommt. Viele dieser anatomischen Beobachtungen Goethes hatten übrigens schon andere vergleichende Anatomen vor ihm gemacht, zum Beispiel Vic d'Azyr. Goethe ging es um die Einheit des Typus, der Mensch und Säugetiere verbindet. Übrigens verwächst auch beim Schimpansen die Trennungsnaht zwischen Oberkieferknochen und Zwischenkiefer frühzeitig, so daß nach diesem Merkmal die Trennungslinie eher zwischen Mensch und Schimpanse einerseits und den übrigen Affen andererseits verläuft.

a. Die Stellung des Menschen im natürlichen System

Sicher ist, daß der Mensch zu den Wirbeltieren, den Säugetieren und den Primaten gehört und – so seltsam es klingt – zoologisch gesehen ein Affe ist. Die Affen (= Simiae) sind eine von vier Linien der Primaten (Abb. 64). Sie sind gekennzeichnet durch soziales Zusammenleben in Gruppen – nur der Orang Utan nähert sich dem Einsiedler – und durch ihr nacktes Gesicht, so daß Mimik als Ausdrucksmittel der jeweiligen Stimmung (Wut, Drohen, Lachen, Kontaktfreudigkeit usw.) und als soziales Kommunikationsmittel dienen kann. Es kommen noch zahlreiche weitere Merkmale, z. B. im Gebiß, im Genitalsystem (Menstruation) und im Gehirn hinzu. Innerhalb der Affen gehört der Mensch zu den Altweltaffen (Catarhina, Abb. 64), die zwei Hauptlinien enthalten 1. die Cercopithecoidea mit den Hundsaffen (Cercopithecidae), zu denen vor allem die Meerkatzen, Makaken, Mangaben, Paviane und die weniger bekannten Blätteraffen (Colobinae) mit Hanuman, Kleideraffe, Nasenaffe und vielen anderen gehören, und 2. die Hominoidea mit Menschenaffen und Mensch. Innerhalb der Hominoidea werden die Gibbons Südostasiens in einer eigenen Familie (Hylobatidae) zusammengefaßt; ihre Fossilgeschichte soll hier nicht weiter verfolgt werden, möglicherweise leiten sie sich von *Proconsul* oder *Propliopithecus* her. Die großen Menschenaffen (Orang Utan, Gorilla, Schimpanse) und der Mensch bilden die Familie der Hominidae. Letztere läßt sich in Ponginae (Orang Utan und verwandte Fossilformen) und Homininae (die afrikanischen Menschenaffen, Mensch und verwandte Fossilformen) gliedern (Abb. 67). Die hier vorgenommene gut begründbare systematische Gliederung der Hominidae ist nicht die einzig mögliche; v. a. in älteren Texten wird der Mensch gern allein in die Familie der Hominidae eingeordnet, und die drei großen Menschenaffen werden ebenfalls in einer eigenen Familie, den Pongidae, untergebracht; vereinzelt wird der Orang Utan dem Menschen besonders eng angegliedert, was aber offensichtlich auf einer Überbewertung von wenigen Einzelmerkmalen beruht, die dieser isoliert stehende Menschenaffe mit dem Menschen teilt.

Der Orang Utan (malaiisch: der Waldmensch, wissenschaftlicher Name: *Pongo pygmaeus*), einst weit über Südostasien verbreitet, lebt nur noch auf Borneo und Nordsumatra. Seine Zahl hat durch die Zerstörung seines Lebensraumes und die Verfolgung durch den Menschen so abgenommen, daß sein Ausster-

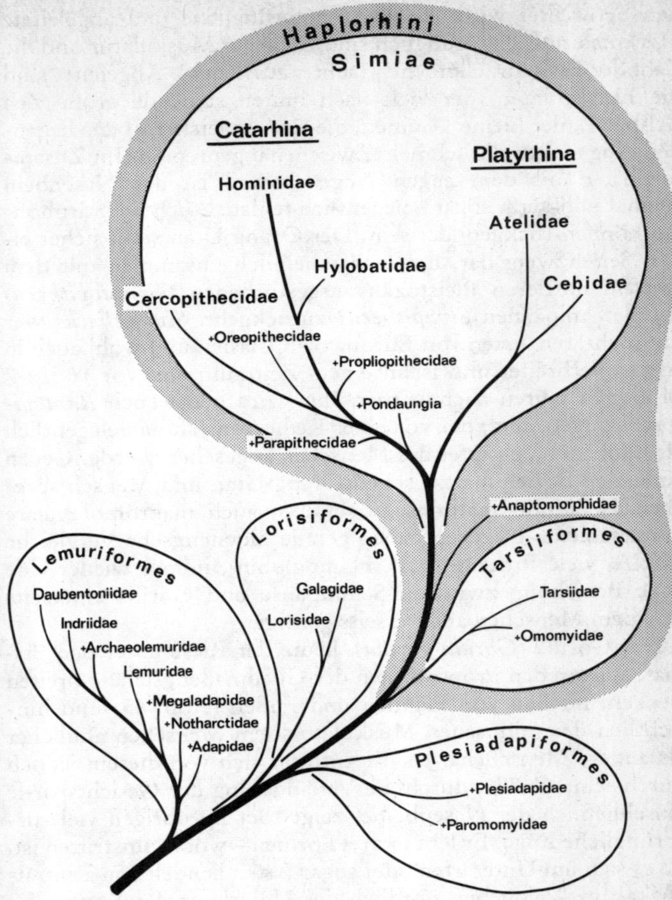

Abb. 64: Stammbaum der Primaten. Es gibt vier Unterordnungen: Lemuriformes, Lorisiformes, Plesiadapiformes und Haplorhini. Die ersten drei und die Gruppe der Tarsiiformes aus der vierten Unterordnung weisen neben hochspezialisierten Merkmalen ursprüngliche Charaktere auf und werden daher oft »Halbaffen« genannt. Die höherentwickelten Haplorhini (Haplorhini: die Affen mit trockener Haut zwischen äußerer Nasenöffnung und Oberlippe) sind die Simiae, denen auch der Mensch zugehört. Der systematische Rang der Gruppen der Simiae wird unterschiedlich bewertet, so werden z. B. die Neuweltaffen (Platyrhina) heute oft in nur noch zwei Familien zusammengefaßt.

ben befürchtet wird. Er weist ursprüngliche und abgeleitete Merkmale auf. Ursprünglich sind Züge der Muskulatur und die Zahl der Fußwurzelknochen (acht statt sieben). Abgeleitet sind die Extremitäten, der weit nach hinten stehende große Zeh (Abb. 65), der kleine Daumen, die fast in gleicher Ebene liegenden Augen und die schmale Zwischenaugenregion. Im Zusammenhang mit dem engen Augenabstand ist das Nasenbein schmal und kann sogar gelegentlich fehlen. Auch die Stirnhöhlen können rückgebildet sein. Der Orang Utan stellt sicher einen Seitenzweig dar, der wahrscheinlich zusammen mit dem erst im mittleren Pleistozän ausgestorbenen *Gigantopithecus* auf den miozänen *Sivapithecus* zurückgeht. *Sivapithecus* war mit mehreren Arten von Europa bis Ostasien und wohl auch in Afrika verbreitet und ist in einem Zeitraum von vor 16 bis 7 Millionen Jahren nachweisbar. Ihm wird heute auch *Ramapithecus* zugeordnet, der vor einer Reihe von Jahren gelegentlich als miozäner Vorläufer des Menschen angesehen wurde. Gegen eine enge Beziehung zwischen Orang Utan und Mensch sprechen nicht nur anatomische sondern auch makromolekulare Unterschiede. Dagegen haben gerade biochemische Vergleiche (DNA, viele Proteine, z.B. Hämoglobin), immer wieder eine enge Beziehung zwischen Schimpanse und Gorilla einerseits und dem Menschen andererseits gezeigt.

Der Gorilla *(Gorilla gorilla)*, heute der Riese unter den Primaten, ist in den Proportionen der Gliedmaßen, seinem breiten Becken, im Bau von Händen und Füßen (Abb. 65) und hinsichtlich der mimischen Muskulatur dem Menschen ähnlicher als andere Menschenaffen. Er entfernt sich von diesem jedoch durch seine Größe, durch die Verlängerung der Gesichtspartie einschließlich der Nasenbeine, zeigt aber im übrigen viele ursprüngliche Züge. Er lebt in drei Formen – wobei umstritten ist, ob es sich um Unterarten oder sogar Arten handelt – in Zentralafrika: im Waldgebiet nördlich des Unterlaufs des Kongo, im Gebiet vom Turkana-See bis zum östlichen Kongo und auf den Vulkanbergen um den Kivu-See (Berggorilla). Gorillas sind vorwiegend Vegetarier und durch die vordringende Zivilisation sowie Wilderer in höchstem Maße gefährdet.

Der Schimpanse *(Pan troglodytes)* ist in vielen Merkmalen besonders menschenähnlich. Beispiele sind zeitiger Verschluß der Zwischenkiefernaht, die Morphologie der Backenzähne und des Brustbeins. Der Schimpanse ist abgeleitet in Merkmalen, die mit seinem Spring- und Schwinghangeln zusammenhängen:

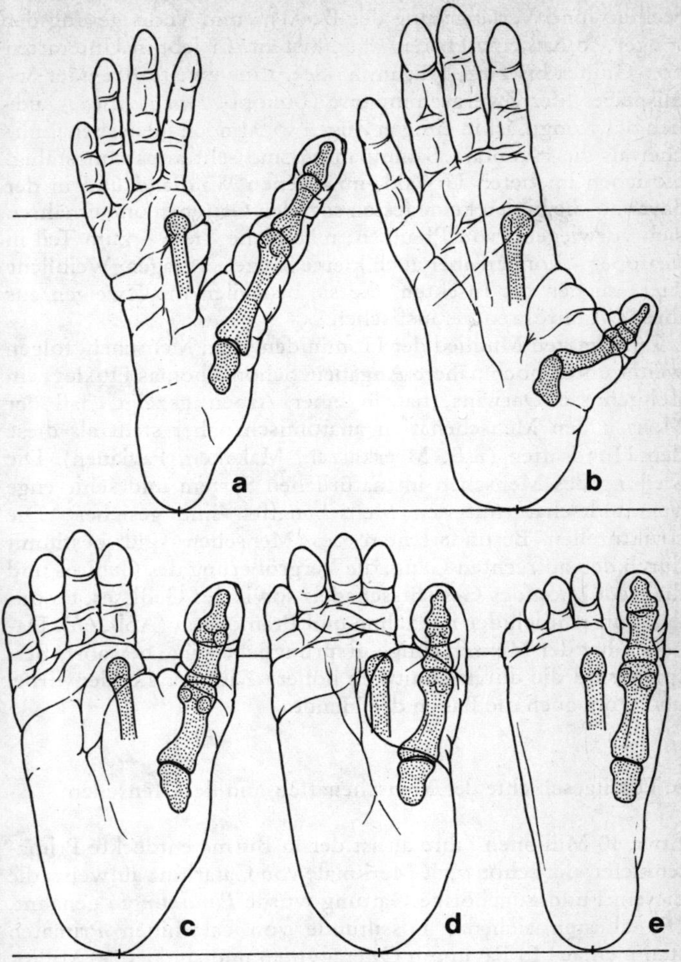

Abb. 65: Füße verschiedener Menschenaffen und des Menschen: a. Gibbon, b. Orang Utan, c. Schimpanse, d. Berggorilla, e. Mensch. Nach Schulz (1950).

Stellung und Verlängerung des Beckens und Verlängerung der Finger, so daß eine Hakenhand entsteht. Er lebt in Unterarten von Guinea bis zum Tanganjika-See. Eine zweite Art oder Semispecies, der Zwergschimpanse (Bonobo, *Pan paniscus*) südlich des Kongo, ist in einigen Zügen sogar noch menschenähnlicher als die Hauptart. Schimpansen sind sehr anpassungsfähig. Sie leben im tiefen Urwald, im offenen Waldland und in der Savanne. Sie bilden keine festen sozialen Gruppen und ernähren sich vorwiegend von Pflanzen; männliche Tiere – zum Teil in Gruppen – können aber auch kleine Säugetiere jagen. Weibliche Tiere suchen oft Insekten, die sie bisweilen mit Zweigen aus ihren Wohnröhren herausfischen.

Zum letzten Mitglied der Hominiden, dem Menschen, folgen weiter unten noch nähere Angaben. Schon Thomas Huxley, ein Zeitgenosse Darwins, hat in einer Arbeit gezeigt, daß der Mensch den Menschenaffen anatomisch näher steht als diese den Hundsaffen (z.B. Meerkatzen, Makaken, Pavianen). Die Stellung des Menschen im natürlichen System und seine enge Verwandtschaft mit den Menschenaffen sind gesichert. Die strukturellen Besonderheiten des Menschen sind bestimmt durch den aufrechten Gang, die Vergrößerung des Gehirns und die Reduktion des Gesichtsschädels sowie des Gebisses, besonders hinsichtlich der Eckzähne und Prämolaren (Abb. 66). Daneben hat der Mensch einige ursprüngliche Züge bewahrt. Beispiele sind die durchschnittlich höhere Zahl der Lendenwirbel und wohl auch die Ballen der Hände.

b. Fossilgeschichte der Menschenaffen und des Menschen

Etwa 40 Millionen Jahre alt ist der in Burma entdeckte Primatenkiefer, der schon viele Merkmale von Catarhina aufweist; die diesem Fund zugehörige Gattung wurde *Pondaungia* genannt. Die ältesten sicheren Fossilfunde von catarhinen Primaten stammen aus El Fayum in Oberägypten und sind ca. 30 Millionen Jahre alt (Oligozän). Besonders gut erhalten ist der kleine *Propliopithecus (= Aegyptopithecus) zeuxi* (Abb. 67), möglicherweise nicht nur Vorfahr der Menschen und der Menschenaffen (u.a. wegen der Zahnmorphologie), sondern auch der Cercopitheciden. Aus dem Miozän Ostafrikas liegen aus dem Zeitraum von vor 23 bis vor 14 Millionen Jahren Funde mehrerer Arten der Gattung *Proconsul* vor, die Vorfahren sowohl der

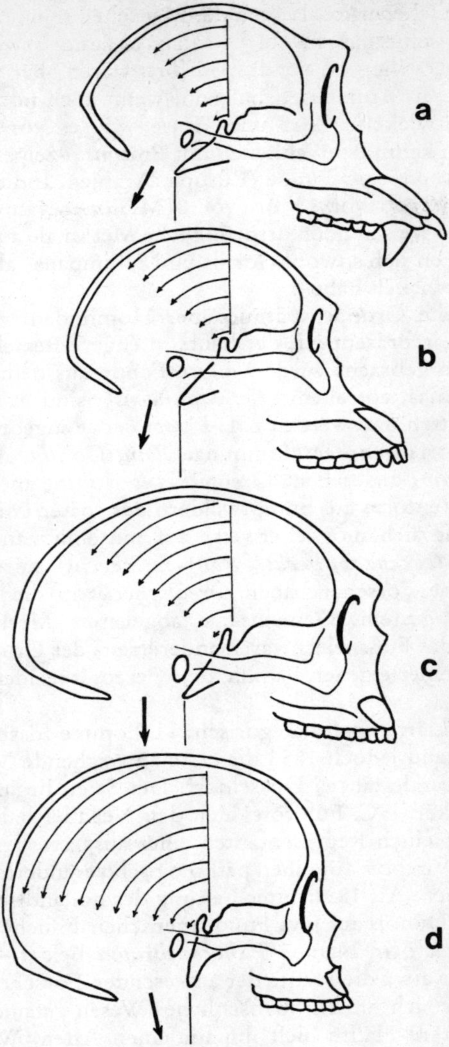

Abb. 66: Medianschnitte durch die Schädel von a. Schimpanse, b. *Australopithecus*, c. *Homo erectus*, d. *Homo sapiens*. Nach Biegert (1964).

großen Menschenaffen als auch des Menschen sein könnten. Sie waren kleinschimpansen- bis gorillagroß und bewegten sich vermutlich vorwiegend quadruped fort, waren aber wohl auch in der Lage, in Bäumen zu hangeln, wenn auch noch nicht in der hochentwickelten Art und Weise, wie es vor allem der Orang Utan kann. Ähnlichkeiten mit *Proconsul* zeigen die zahlreichen *Dryopithecus*-Funde (Europa, Arabien, Indien, China) aus der Zeit von vor 15 bis vor 8 Millionen Jahren (spätes Miozän). Sie weisen noch ursprüngliche Merkmale auf, und aus ihnen könnten sich sowohl Gorilla und Schimpanse als auch der Mensch entwickelt haben.

Eine zweite Gruppe spätmiozäner Hominiden wird durch *Sivapithecus* repräsentiert, der heute in engere Beziehung zum Orang Utan gebracht wird. Weitere Funde aus dem mittleren Miozän Kenias, vor allem *»Kenyapithecus«*, sind in ihrer Stellung umstritten und werden z.T. *Sivapithecus* zugeordnet, z.T. sogar als Vorfahren der Homininae *(Pan, Gorilla, Australopithecus, Homo)* angesehen. *Oreopithecus* ist eine nicht unumstrittene Affenform aus Sumpfwäldern des späten Miozäns der Toskana, die sich möglicherweise auf mittelmiozäne Formen Ostafrikas *(Nyanzapithecus, Rangwapithecus)* zurückführen läßt. Manche Forscher haben *Oreopithecus* in die Nähe der Hominiden gestellt. Gemeinsame abgeleitete Merkmale der Zähne und des Fußskelets waren andererseits der Grund, *Oreopithecus* in einer eigenen Familie den Cercopitheciden anzunähern.

Cuvier erklärte noch kategorisch: »L'homme fossile n'existe pas.« Man fand jedoch 1856 die erste abweichende Menschenform im Neandertal bei Düsseldorf. Der Streit begann sofort. Der Entdecker, J. C. Fuhlrott, hielt den Neanderthaler (Neandertaler) für einen Repräsentanten einer ausgestorbenen Menschenrasse, Virchow für einen pathologisch veränderten modernen Menschen. Als 1891 unter Leitung des holländischen Militärarztes E. Dubois auf Java Funde menschenähnlicher Wesen – seinerzeit mit dem Namen *Pithecanthropus* belegt – gemacht wurden, war etwa die Hälfte der anwesenden Forscher der Ansicht, daß es sich um ein menschliches Wesen gehandelt habe, und die andere Hälfte hielt ihn für einen Affen. Wir wissen heute, daß der »Affenmensch« *(Pithecanthropus)* von Java ein echter, wenngleich primitiver Mensch gewesen ist, der jetzt als *Homo erectus* bezeichnet wird.

Inzwischen haben sich die Funde so vermehrt – und ihre Zahl

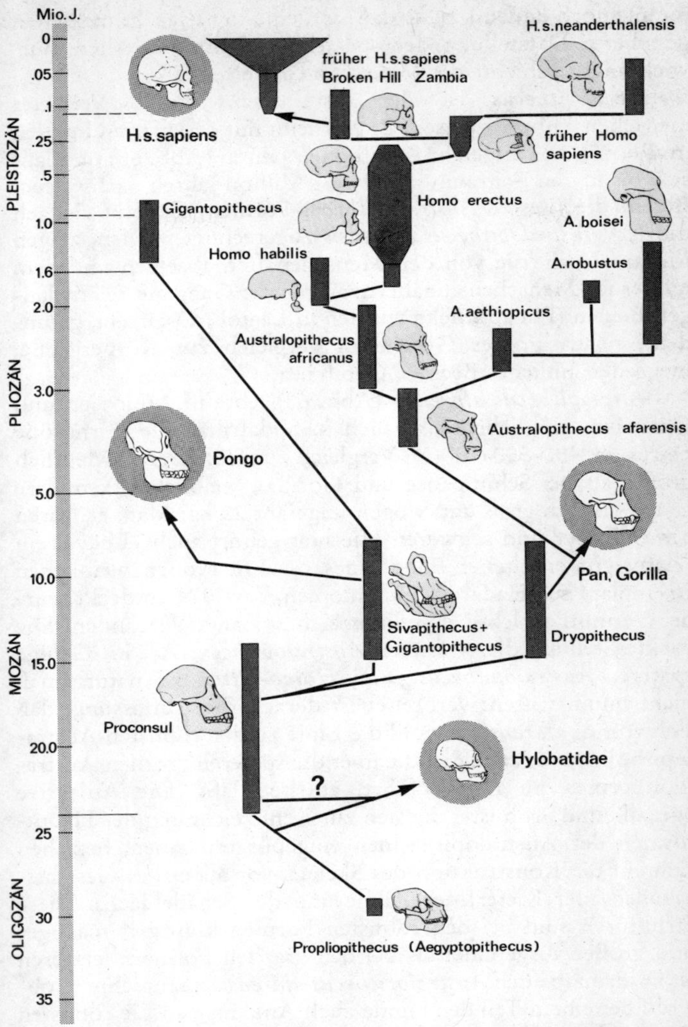

Abb. 67: Stammbaum der Hominiden vom Oligozän bis zur Jetztzeit. Rezente Formen in punktierter Kreisfigur. *Gigantopithecus* wurde in Asien vermutlich sowohl im Miozän als auch im Pleistozän gefunden. Dicht punktierte Säulen: Zeitraum, aus dem die benannten Formen bisher bekannt sind. Etwas verändert nach Delson, (1987).

nimmt noch laufend zu –, daß sich eine in vielen Einzelheiten gesicherte Darstellung der speziellen phylogenetischen Entwicklungsgeschichte des Menschen entwerfen läßt.

Australopithecus ist der erste nachweisbare Vertreter menschenähnlicher Wesen. Er erscheint mit gesicherten Funden im Pliozän vor ungefähr 4 Millionen Jahren (Abb. 68) und läßt sich bis in den Zeitraum vor etwa 1 Million Jahren nachweisen. Bereits die ältesten *Australopithecus*-Formen, die jetzt vielfach der Art *Australopithecus afarensis* zugerechnet werden, zeigen Merkmale, die sie von den Menschenaffen absetzen und dem modernen Menschen annähern: aufrechter Gang mit relativ langen Beinen (Fußabdrücke wurden in Laetoli, Ostafrika, gefunden), relativ großes Gehirn im Vergleich zur Körpergröße, menschenähnliches Becken, Gebiß u. a.

Australopithecus afarensis (Abb. 68) lebte in Äthiopien und Ostafrika, möglicherweise auch in Südafrika. Die Hirngröße betrug ca. 400–500 cm^3 (im Vergleich zur Körpergröße deutlich größer als bei Schimpanse und Gorilla), weibliche Exemplare waren ca. 1 m groß und wogen ungefähr 22 kg; Männer waren etwas größer und schwerer. Hierhier gehört auch »Lucy«, ein relativ gut erhaltener Fund eines ca. 1 m großen weiblichen Exemplars aus Hadar in Südäthiopien, das 1974 entdeckt wurde. Vermutlich lebte *A. afarensis* in sozialen Verbänden. Die exakte Stellung dieser frühen *Australopithecus*-Art im Gefüge späterer *Australopithecus*- und *Homo*-Arten ist naturgemäß nicht unumstritten; verbreitet ist derzeit die Auffassung, daß sich von *A. afarensis* sowohl die Linie zu den robusten Australopithecinen als auch die, die über die späteren grazilen Australopithecinen zu *Homo* führt, ableiten läßt. Die Adjektive »grazil« und »robust«, die sich zur Kennzeichnung der Hauptformen der Australopithecinen eingebürgert haben, beziehen sich auf die Konstruktion des Skelets, vor allem des Gesichtsschädels, der Kiefer, der Zähne und des Schädeldachs. Diese Strukturen sind bei den robusten Formen kräftiger, massiger und größer ausgebildet als bei den grazilen Formen; letzteren ist im Prinzip auch *Australopithecus afarensis* zuzurechnen, obwohl bei einem Teil der Funde auch Anklänge an die robusten Formen beobachtet wurden.

Australopithecus africanus (Abb. 68) repräsentiert die klassische grazile *Australopithecus*-Form und ähnelt *A. afarensis*. Sie ist aus dem Zeitraum von vor 3 bis vor 2 Millionen Jahren aus Südafrika bekannt (weniger sicher auch aus Ostafrika), war ca.

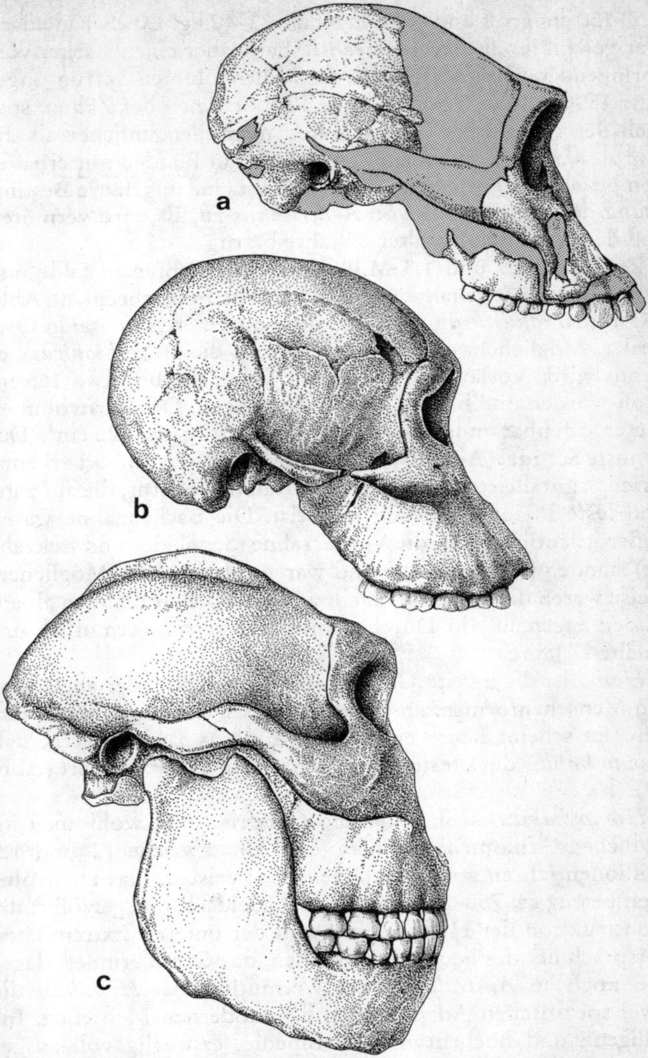

Abb. 68: Schädel von *Australopithecus afarensis* (a. Fundort Hadar, Äthiopien, Stirn- und Orbitabereich rekonstruiert), *Australopithecus africanus* (b. Fundort Sterkfontein, Südafrika) und *Australopithecus robustus* (c. Fundort Swartkrans, Südafrika). Nach verschiedenen Autoren.

120–150 cm groß und wog ungefähr 22–40 kg. Das Schädeldach war gewölbter als bei *A. afarensis,* hatte aber einen stärker vorspringenden Gesichtsschädel. Das Hirnvolumen betrug ungefähr 450 cm^3. Die Form und die Proportionen der Zähne, speziell der Prämolaren, waren schon menschenähnlicher als die von *A. afarensis.* Die relativ große Zahl an Funden mit erhaltenen bezahnten Kiefern in Südafrika läßt eine ungefähre Bestimmung des Lebensalters von *A. africanus* zu. Es wird vermutet, daß das Durchschnittsalter 22 Jahre betrug.

Zwischen 2,5 und 1,3 Millionen Jahren lebten in Süd- und Ostafrika die sogenannten robusten Australopithecinen (Abb. 68) mit *A. robustus* in Süd- und dem extremen *A. boisei* in Ostafrika. Möglicherweise war eine Form, die *A. aethiopicus* genannt wird, Vorläufer dieser zwei Arten, die bis etwa 165 cm groß wurden und bis ungefähr 55 kg wogen. Das Hirnvolumen dieser offenbar muskulösen Formen betrug ca. 525 cm^3. Der robuste Schädel (Abb. 68) mit kräftigen Kiefern und oft erkennbaren Sagittalleisten besaß massive Kaumuskulatur, die auf zähe und feste Pflanzennahrung hinweist. Die Backenzähne waren außerordentlich groß, die Vorderzähne (Schneide- und Eckzähne) standen in einer Reihe und waren relativ klein. Möglicherweise waren diese Formen mehr an ein Leben in Bäumen als am Boden angepaßt. Ihr Durchschnittsalter betrug vermutlich ungefähr 17 Jahre.

Homo ist die zweite Gattung der Homininae, der alle späteren Menschenformen einschließlich uns selbst zugeordnet werden. Es scheint heute ein breiter Konsens zu existieren, daß *Homo habilis* die älteste echte Menschenart repräsentiert (Abb. 69).

Homo habilis ist in Süd- und Ostafrika und wohl auch im südlichen Äthiopien in einem Zeitraum zwischen 2 und 1,5 Millionen Jahren vor der Jetztzeit nachweisbar. Das Hirnvolumen betrug ca. 750–800 cm^3, das Schädeldach war gewölbt; die Konstruktion der Hüftknochen und der unteren Extremitäten entsprach der des heutigen Menschen, das Gebiß erinnert dagegen noch an *Australopithecus.* Vermutlich hat *H. habilis* die zwei spezifischen Adaptationen des modernen Menschen, Intelligenz und hochentwickelte Bipedie, erstmalig voll ausgeprägt. Er lebte an vielen Stellen gleichzeitig mit robusten Australopithecinen und auch mit *H. erectus. H. habilis* benutzte offenbar einfache Steinwerkzeuge, die sich in Südäthiopien bis in einen Zeitraum vor 2 bis 2,5 Millionen Jahren nachweisen

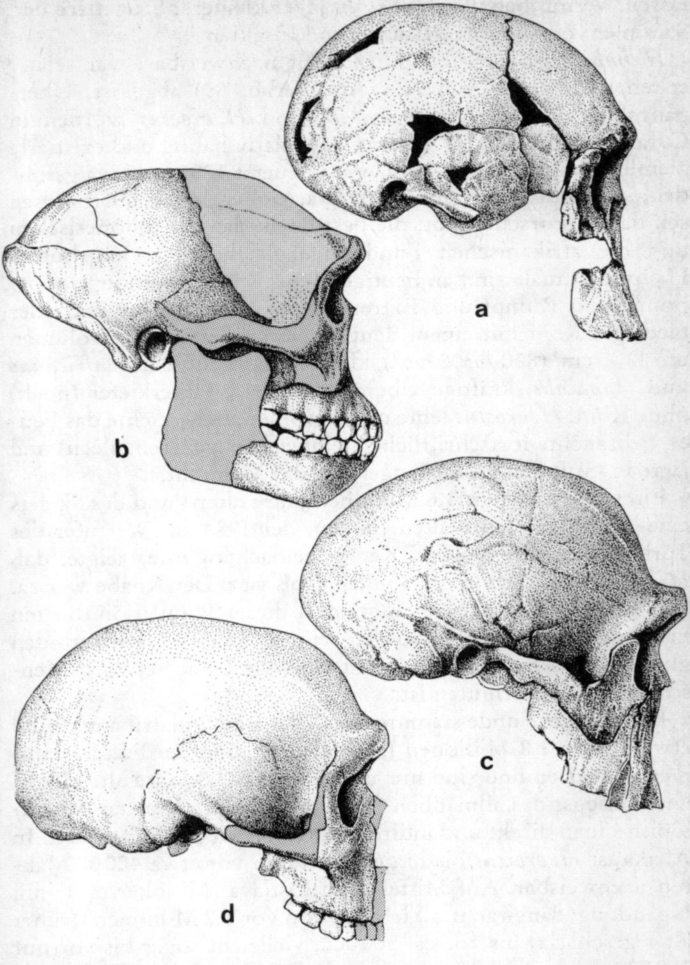

Abb. 69: Schädel der drei heute verbreitet anerkannten *Homo*-Arten. a. Schädel von *Homo habilis* (Fundort Koobi Fora, Kenia); b. Schädel von *Homo erectus* (Fundort Sangiran bei Surakarta, Mitteljava; punktierte Teile sind nach anderen Funden ergänzt); c. Schädel von *Homo erectus* (Fundort Koobi Fora, Kenia); d. Schädel eines frühen *Homo sapiens* (Fundort Steinheim bei Stuttgart, aus der Mindel-Riß-Zwischeneiszeit, ca. 250000 Jahre alt). Nach verschiedenen Autoren.

lassen. Vermutlich war *H. habilis* Jäger kleinerer Säugetiere und Sammler von eßbaren Pflanzen und Insekten.

H. habilis ist nur über kurze Zeit nachweisbar, war relativ selten und wurde von *H. erectus* (Abb. 69) abgelöst. Übergangsformen zwischen *H. habilis* und *H. erectus* wurden in Ostafrika gefunden. *H. erectus* war relativ häufig und existierte ziemlich lange (Abb. 67). Er wurde zuerst 1891 auf Java gefunden, später in China und in Afrika, wobei darauf hingewiesen sei, daß es Forscher gibt, die bestreiten, daß die indonesischen und die afrikanischen Funde der gleichen Art angehören. Hauptmerkmale sind an heutige Menschen erinnernde Proportionen von Rumpf und Extremitäten, relativ langer und eher niedriger Kopf mit einem deutlich vergrößerten Hirnvolumen um 1100 cm^3 (800–1300 cm^3), kleinere Zähne als bei *A. africanus* und *H. habilis*, kräftige Überaugenwülste, Unterkiefer (noch) ohne Kinn. *H. erectus* lebte oft in Höhlen, beherrschte das Feuer, gebrauchte fortschrittliche Steinwerkzeuge (Acheuléen) und jagte in Gruppen große Säuger wie das Mammut.

Ein gut erhaltener, 1,6 Millionen Jahre alter Fund des Skelets eines ca. zwölf Jahre alten Jungen, der 1984 am Westufer des Turkana-Sees im Norden Kenias gemacht wurde, zeigte, daß *H. erectus* z.T. schon erstaunlich groß war. Der Knabe war ca. 1,75 m groß. Erwachsene zumindest dieser Population dürften bis über 1,90 m groß geworden sein, wenn das Wachstum den gleichen Gesetzmäßigkeiten unterlag wie beim heutigen Menschen, was zu vermuten ist.

Die ältesten Funde stammen aus Ost- und Südafrika und sind etwa 1,7 bis 1,8 Millionen Jahre alt; die jüngsten Funde stammen aus Asien und sind nur ungefähr 200000 Jahre alt. Möglicherweise ist das allmähliche Aussterben von robusten Australopithecinen direkt und indirekt durch *H. erectus* verursacht. In Afrika ist *H. erectus* bis in den Zeitraum vor etwa 400000 Jahren nachweisbar. Auf Mittel- und Ostjava (Mojokerto, Trinil, Ngandong, Sangiran u.a.) lebte er von vor 1,2 Millionen (früher älter geschätzt) bis vor ca. 300000, vielleicht sogar bis vor nur 200000 Jahren. Vielen der javanischen Schädel fehlt der Gesichtsteil, was u.U. auf ritualisierte Verspeisung des Gehirns hindeutet. In China (Choukoutien bei Peking, Lantian bei Xian, Yuanmou SW-China u.a.) ist *H. erectus* aus einer ähnlichen Zeitspanne wie aus Java bekannt. Aus Europa liegen bisher keine sicheren Funde von *H. erectus* vor, obwohl entsprechende Steinwerkzeuge und ungefähr 800000 Jahre alte

Siedlungsspuren nachweisbar sind. Die früher *H. erectus* zugeschriebenen europäischen Funde (z. B. Mauer, Vertesszöllös, Arago) werden heute eher als Vertreter altertümlicher *H. sapiens* angesehen. Auch die meist *H. erectus* zugeordneten ca. 500 000 Jahre alten Funde aus Nordafrika (v. a. Ternifine und Sidi Abdarrhaman in Algerien und Marokko) sind umstritten und gehören vielleicht schon *H. sapiens* an. Unsicher ist ein zum Teil *H. erectus* zugeschriebener Fund aus Zentralindien (Narmada-Tal).

Eine Altschicht von *Homo sapiens* läßt sich in einem Zeitraum zwischen ca. 500 000 und 350 000 Jahren vor der Jetztzeit in Europa nachweisen, die sich von *H. erectus* durch etwas größeres Hirnvolumen, kleinere Zähne, größere Nasennebenhöhlen, größeres Hinterhaupt und etwas grazileren Knochenbau unterscheidet. Es wird auch vermutet, daß das strengere glaziale Klima in Europa einen Entwicklungsschub begünstigte. Fundstellen (Abb. 70) sind Arago (Frankreich), Mauer (bei Heidelberg), Vertesszöllös (Ungarn), und Petralona (Griechenland). Eine klare Grenze zwischen *H. erectus* und *H. sapiens* existiert offensichtlich nicht und ist auch nicht zu erwarten. Offen ist auch, ob sich *H. sapiens* an verschiedenen Stellen der Erde mehrfach aus *H. erectus* entwickelt haben könnte, zumal dieser im Laufe seiner Existenz eine deutliche Weiterentwicklung erkennen läßt, z. B. auf Java.

Weitere Funde von *H. sapiens* sind dann schon deutlich jünger, jedoch bietet gerade die frühe Entwicklung unserer Art noch viele offene Fragen. Vermutlich gab es im Zeitraum zwischen ca. 300 000 und 100 000 Jahren an verschiedenen Stellen Afrikas und Eurasiens weiter entwickelte Menschen, die zum Teil, aber nicht sehr sinnvoll »präneanderthaloid« genannt werden. Beispiele finden sich in Sambia, dem früheren Nord-Rhodesien (Broken Hill, »Rhodesia man«, Abb. 67) Südafrika (Saldanha), Tansania (Ndutu), Äthiopien (Bodo), China, England (Swanscombe), Deutschland (Steinheim, Abb. 69). Die europäischen Funde aus Steinheim und Swanscombe stammen aus dem Mindel-Riß-Interglazial.

In Afrika ist die Entwicklung von *Homo erectus* bis zum modernen *Homo sapiens* über die zum Teil genannten Funde (Bodo, Ndutu, Saldanha, Broken Hill, Laetoli, Florisbad) ziemlich kontinuierlich verlaufen. In Europa setzte im Riß-Würm-Interglazial (von vor 180 000 bis vor 120 000 Jahren) eine Entwicklung ein, die zum klassischen Neanderthaler führte, der in

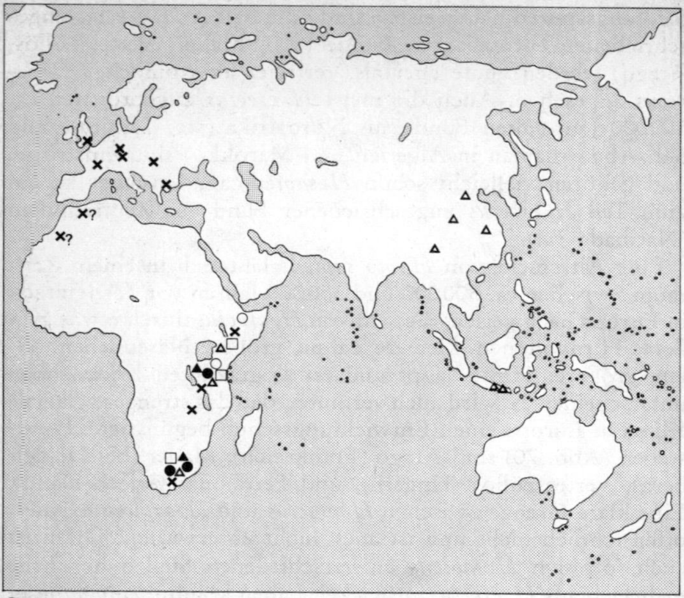

○ Australopithecus afarensis
● Australopithecus africanus
□ Australopithecus robustus, A. boisei, A. aethiopicus
▲ Homo habilis
△ Homo erectus
× frühe Homo sapiens und Homo sapiens sapiens

Abb. 70: Wichtige Fundstellen von *Australopithecus* und *Homo*. Die gleichartig markierten Funde des robusten *Australopithecus* verteilen sich folgendermaßen: Südafrika: *A. robustus*, Ostafrika: *A. boisei*, Äthiopien: *A. aethiopicus*. Unter den frühen *H. sapiens*-Formen wurden die archaischen Typen in West- und Mitteleuropa sowie möglicherweise auch in N. W.-Afrika gefunden. In den Kreis der frühen *H. s. sapiens*-Formen sind v. a. die Funde aus Süd- und Ostafrika zu stellen, aber auch die Funde Steinheim und Swanscombe zeigen Anklänge an *H. s. sapiens*. Nach verschiedenen Autoren.

der Würm-Eiszeit zwischen 75 000 und 35 000 Jahren vor der Jetztzeit lebte. Diese Menschen waren an die unwirtliche Kälte, die damals in West- und Mitteleuropa herrschte, angepaßt. Sie werden im allgemeinen als eigene Unterart von *H. sapiens* geführt: *H. s. neanderthalensis*. Die Mehrzahl der Fundstellen liegt in Spanien, Frankreich, Belgien, Deutschland, der Schweiz, Italien, der Tschechoslowakei und auf der Krim. Es waren untersetzte Menschen mit recht großen Gehirnen (durchschnittliches Volumen ungefähr 1500 cm^3, d.h. sogar etwas größer als das des heutigen Menschen) und langen Schädeln (Abb. 71). Ihre Kultur war mittelpaläolithisch (Moustérien). Sie lebten vorwiegend in Höhlen, jagten Großwild und hatten wohl schon religiöse Riten, zu denen das Begräbnis der Toten mit Grabbeigaben zählte.

Die genaue Analyse des Skelets, von dem der Schädel der Abb. 71 stammt, zeigt, daß dieser Mann an mehreren Krankheiten gelitten hat und wohl im Alter von 40 Jahren gestorben ist. Er hatte eine gebrochene Rippe, schwere Hüftgelenksarthritis, pathologische Wirbelsäulenveränderungen und ausgedehnten alters- und krankheitsbedingten Zahnverlust. Er konnte vermutlich nicht auf die Jagd gehen und keine Nahrung zerkauen. Er hat wahrscheinlich viele Jahre nur überlebt, weil andere gesunde Mitglieder der Gruppe oder Familie, in der er lebte, ihn versorgten und pflegten. Vermutlich lag bei den Neanderthalern also schon ein soziales Gewissen vor, was deutlich dagegen spricht, daß diese Menschen primitiv oder brutal waren, wie das gerne behauptet wurde und wird.

Im südlichen und östlichen Mittelmeerraum sowie in Mittel- und Ostasien lebten gleichzeitig mit dem Neanderthaler Menschen, die dessen Merkmale in zum Teil stark abgeschwächter Form aufwiesen, zum Teil fehlen die Besonderheiten ganz. In dem Zeitraum von vor 70000 bis vor 40000 Jahren wurden in Palästina und Nordafrika Skelete gefunden, die mosaikartig Kennzeichen von Neanderthalern und modernen Menschen aufwiesen. Möglicherweise sind diese Populationen Ausdruck einer Vermischung von Neanderthalern und *H. s. sapiens* in diesem Raum.

Das Schicksal der klassischen Neanderthaler ist zur Zeit noch schwer abschätzbar. Sie starben vermutlich am Ende der Würm-Eiszeit langsam aus, möglicherweise vermischten sie sich auch mit moderneren *H. sapiens*-Formen (so wohl z.B. im Vorderen Orient, s.o)., die aus dem Süden vordrangen. Der jüngste Neanderthalerfund ist ca. 32000 Jahre alt und stammt aus Südfrankreich. Mit ihm fanden sich Werkzeuge, die typisch für *H. s. sapiens* sind. Dieser Fund bietet viele Interpretationsmöglichkeiten.

Erste Funde moderner *H. sapiens*-Formen (siehe Abb. 71),

die unserer jetzigen Unterart *(Homo sapiens sapiens)* zugezählt werden können, sind ca. 150000–100000 Jahre alt und stammen aus dem südlichen Afrika. In Europa tauchte diese Unterart viel später auf; einen frühen westeuropäischen Fund aus Combe Capelle (Frankreich), der ca. 34000 Jahre alt ist, zeigt Abb. 71. Der moderne Mensch könnte sich aus einer Form, wie sie der Fund von Broken Hill (heute Kabwe) in Zambia repräsentiert, entwickelt haben. Viele spezielle Merkmale des Schädels dieser frühen afrikanischen Formen erinnern schon an moderne Menschen, z.B. der relativ kleine Gesichtsschädel, die steile und gewölbte Stirn, die geringe postorbitale Einziehung und die stark abgeknickte Schädelbasis; das Hirnvolumen beträgt im Durchschnitt etwa 1300–1400 cm^3. Eigenartigerweise entwikkelte sich bei *Homo sapiens* ein Kinn, das selbst noch dem Neanderthaler fehlte.

Die frühen afrikanischen *H. s. sapiens*-Funde weisen aber zum Teil auch schon Merkmale heutiger Afrikaner auf, so daß eine Trennung eurasischer moderner Formen vermutlich schon etwas vor dem genannten Zeitraum von vor 150000 bis 100000 Jahren erfolgt sein dürfte. Vielleicht haben sich ostasiatische moderne Menschen ganz unabhängig von diesem afrikanischen Grundstock aus einer eigenen, frühen *H. sapiens*-Population entwickelt. Sehr altes Material eines frühen *H. sapiens* liegt z.B. aus Dali (Provinz Shansi in China) vor. Die Mehrzahl der auf gesicherten Funden beruhenden Argumente spricht aber derzeit dafür, daß die Wiege des modernen Menschen im Afrika südlich der Sahara lag (»Annahme einer afrikanischen Eva«). Seine Ausbreitung erfolgte rasch über die ganze Erde. Es bildeten sich mehrere lokale Rassen aus. Über die Auseinandersetzungen mit eventuell vorhandenen älteren *H. sapiens*-Formen wissen wir wenig (s. Neanderthaler).

Seit ca. 35000 Jahren ist *H. s. sapiens* die einzige Menschenform. Ihr Erfolg mag primär auf der Fähigkeit beruhen, effektive Werkzeuge und Waffen herzustellen (seit dem oberen Paläolithikum). Mit H. s. sapiens treten an verschiedenen Stellen der Erde auch künstlerische Darstellungen auf, von denen die vielleicht schönsten und eindrucksvollsten in Höhlen Nordspaniens (Altamira) und Südfrankreichs (z.B. Lascaux und Cougnac) zu finden sind. Es handelt sich u.a. um Malereien und Statuen von Tieren und Menschen von großer Suggestivkraft, die vermutlich zumindest teilweise zu magischen Beschwörungsritualen angefertigt wurden.

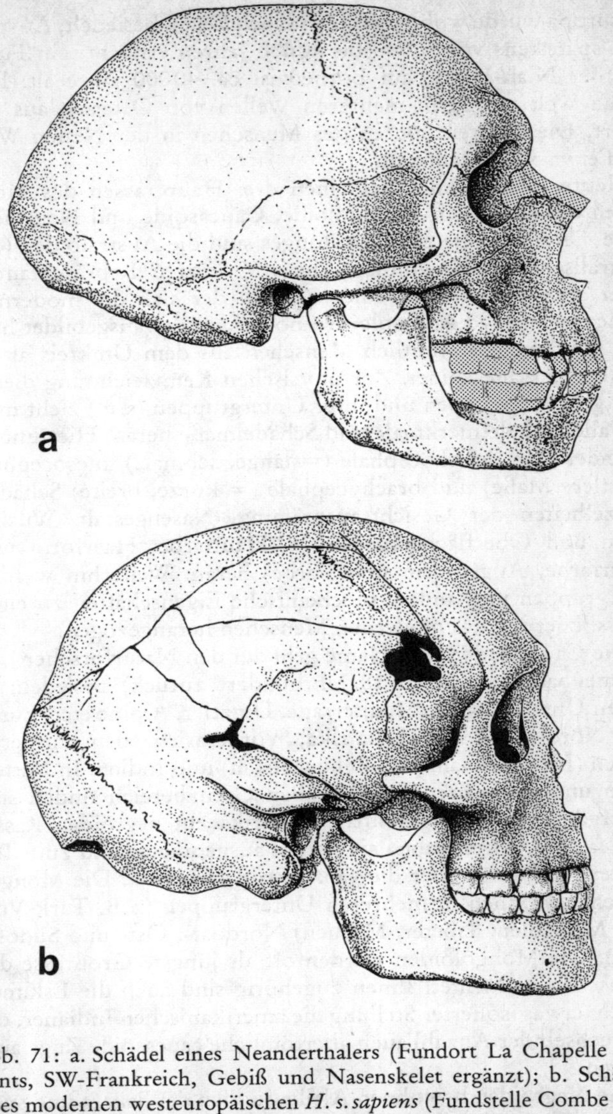

Abb. 71: a. Schädel eines Neanderthalers (Fundort La Chapelle aux Saints, SW-Frankreich, Gebiß und Nasenskelet ergänzt); b. Schädel eines modernen westeuropäischen *H. s. sapiens* (Fundstelle Combe Capelle, Frankreich); der Fund ist ungefähr 34000 Jahre alt; das Kinn heutiger Europäer ist oft noch ausgeprägter. Nach Gieseler 1959.

Europa wurde wohl über den Nahen Osten besiedelt, Australien spätestens vor 30000 bis 40000 Jahren erreicht; ein Fund aus der Niah-Höhle auf Borneo ist ca. 40000 Jahre alt. Die Neue Welt wurde in mehreren Wellen von Ostasien aus erobert. Die ältesten Spuren des Menschen in der Neuen Welt sind etwa 30000 Jahre alt.

Heute werden im allgemeinen drei Hauptrassen des Menschen unterschieden: Mongoloide, Caucasoide und Negroide. Eine vierte Gruppe gleichen Ranges sind die Australoiden (die australischen Ureinwohner), die v.V. letzten Repräsentanten einer alten Schicht aus einer Zeit, in der sich die modernen Caucasoiden und Mongoloiden noch nicht herausgebildet hatten. Sie ähneln vermutlich Menschen aus dem Umkreis altertümlicher Caucasoider. Zur physischen Kennzeichnung dieser vier großen Gruppen und ihrer Untergruppen (s.u.) zieht man vor allem Skeletmerkmale und Schädelmaße heran. Hier unterscheidet man dolichocephale (= lange, schmale), mesocephale (mittlere Maße) und brachycephale (= kurze, breite) Schädel, Einzelheiten der Gesichtsausprägung, Nasengestalt, Wuchsform und Oberflächenmerkmale (Hautfarbe, Haarform und Haarfarbe, Augenform und -farbe) heran. Weiterhin werden Blutgruppen und andere biochemische Eigenschaften zu einer Klassifizierung des modernen Menschen herangezogen.

Die Caucasoiden (der Name geht auf den Naturforscher J. F. Blumenbach im späten 18. Jahrhundert zurück) besiedeln in vielen Untergruppen (Mediterrane, Dinarier, Alpine etc.) Europa, Nord- und Nordostafrika, Vorderasien, den mittleren Osten (Iran, Afghanistan, Belutschistan) und Indien. In Mittelasien und im indisch-burmesischen Grenzbereich finden sich Übergänge zur mongoloiden, in Afrika zur negroiden Rasse. Seit ca. 500 Jahren haben sie sich in ausgeprägter und zum Teil aggressiver Weise über die ganze Erde verbreitet. Die Mongoloiden bewohnen in mehreren Untergruppen (z.B. Turk-Völker, Mongolen, Tibeter, Malaien) Nordost-, Ost- und Südostasien. Die Mongoloiden werden oft als jüngste Großrasse des Menschen betrachtet. Ihnen zugehörig sind auch die Eskimos und in etwas isolierter Stellung die amerikanischen Indianer, die in wechselnder Anzahl auch altertümliche caucasoide Züge aufweisen.

Die Negroiden bewohnen Afrika südlich der Sahara und südlich Äthiopiens und Somalias. Es lassen sich wieder mehrere Untergruppen erkennen (z.B. Niloten, westafrikanische Gruppe [Ashanti, Hausa, Ibo u.a.], Völker mit der Bantusprache [Lamba, Tutsi, Luba u.a]). Problematisch ist noch die Zuordnung der Pygmäen sowie der Khoisan-Stämme (Buschmänner und Hottentotten).

Ebenso wie die Australoiden sind wohl auch Ainus (Nordjapan) und die Veddas (Indien, Sri Lanka) Reste früher Caucasoider. Recht viele Gemeinsamkeiten mit solchen altertümlichen »Weißen« zeigen weiterhin die Melanesier (Neu Guinea, Fidji-Inseln, sowie die »Negritos« der Philippinen, Malaias und anderer Gebiete) und die Polynesier (Hawaii, Neuseeland, Samoa u.a.). Letztere dürften auch mongoloide Beimischungen enthalten.

c. Die biologisch-ökologische Sonderstellung

Aufrechter Gang und Lauf waren die ersten Neuerungen des Menschen, die ihm das weite Vordringen in Steppengebiete ermöglichten. Ihre Entstehung bietet kein Problem. Als Nebenfunktion besitzen viele Affen und besonders die Menschenaffen die Fähigkeit aufrecht zu gehen, sogar mit durchgedrückten Knien. Der Gorilla kann dabei sogar die große Zehe anlegen. Der Übergang von dem aufrechten Gang als Nebenfunktion zur Hauptfunktion entspricht einem häufigen Vorgang in der Evolution. Die Umformungen von Becken und Fuß sind gering im Vergleich zu dem, was sonst beim Wechsel der Lebensweise geschieht. Daß ein Vorstadium des Kletterns anzunehmen ist, zeigt die Tatsache, daß bei allen Primaten (exklusive Krallenäffchen) ein Greiffuß vorhanden ist, und daß die Menschenaffen Schlafnester in Bäumen bauen. Die Nahrungssuche kann dabei in wechselndem Ausmaß am Boden des Waldes erfolgen, ebenso ein Vordringen in die Savanne, wie manche Populationen des Schimpansen zeigen (Kortland). Im Fuß sind die Besonderheiten des Menschen das Fußgewölbe und der Verlust der Abspreizbarkeit der großen Zehe. In mancher Beziehung ist die Anpassung des Menschen an den aufrechten Gang noch unvollkommen, wie häufige Wirbelsäulenschäden, Störungen des Fußskelets (Senk-, Spreizfüße und andere Fußdeformitäten) sowie Fehler der Säuglingshüfte zeigen.

In einer Beziehung erfolgte eine bedenkliche Änderung der Lebensweise: der Mensch wurde Jäger und Fleischfresser. Zwar kann – wie wir von Goodall wissen – auch der Schimpanse kleine *Colobus*-Affen, junge Paviane und Antilopen erbeuten, zerreißen und fressen, aber hauptsächlich ernährt er sich von Früchten. Der Mensch ist in umfangreichem Maß Jäger geworden und verschonte dabei, wie die Skeletfunde zeigen, seine Artgenossen nicht.

In einer Beziehung ist der Mensch völlig aus den ökologischen Naturgesetzen herausgetreten. Jedes Lebewesen ist in eine Lebensgemeinschaft eingefügt, die nur beständig ist, wenn die Bevölkerungszahl einer Art auf längere Zeit konstant bleibt. Im Durchschnitt muß ein Paar zwei überlebende Nachkommen erzeugen. Nun ist aber die Nachkommenzahl eines Paares meist größer – und erreicht bei vielen Tieren Tausende. Die Art übt also einen Vermehrungsdruck auf die Lebensgemeinschaft aus. Dieser wird aufgefangen durch die Vernichtung des Produktionsüberschusses durch die anderen Lebewesen und durch Umweltsituationen. So entsteht ein Vernichtungsdruck, der den Vermehrungsdruck ausgleicht.

Aus dieser Bindung ist der Mensch herausgetreten. Durch die Wirksamkeit seiner ständig verbesserten Waffen wuchs seine Macht rapide. Erst fielen ihm nur kleinere Tiere zum Opfer, aber schon der *Homo erectus* fing Elefanten in Fallgruben und kannte zeitweise Feuerbenutzung, die die Unbilden der Witterung in ihrer Wirkung herabsetzte. Erst verschwanden Großtiere, seien es Feinde oder Nahrungstiere, und der Mensch hat sicher viele Tiere ausgerottet, beispielsweise die Riesenstrauße auf Madagaskar und Neuseeland. Mit Speer, Pfeil und Bogen, Gewehr und schließlich mit biologischen und chemischen Kampfmitteln wurden seine Feinde immer mehr zurückgedrängt, zuerst – wie erwähnt – die Großtiere, dann die Kulturschädlinge und schließlich Krankheitserreger wie z. B. die Bakterien. Unter- und gegeneinander setzte der Mensch ähnliche Waffen ein.

So hat sich der Mensch vom Vernichtungsdruck seiner Umwelt zunehmend befreit. Die Folge ist ein Bevölkerungswachstum, dessen Eindämmung nicht abzusehen ist. Gelingt es nicht, diese Vermehrung zu drosseln, wird der Mensch mit den Naturgesetzen kollidieren.

Da die menschliche Bevölkerung exponentiell wächst, bedeutet ein stetiges Wachstum in der Vergangenheit nicht, daß es in Zukunft so weitergehen kann. In einem Gedankenspiel wollen wir die Problematik aufzeigen: In einem großen Aquarium, das 500 Fischen Platz geben soll, wird ein Fischpärchen gehalten. Jeden Monat soll sich die Zahl der Fische verdoppeln, d. h. nach

7 Monaten ist die Kapazität des Beckens zur Hälfte ausgenutzt: es tummeln sich in ihm 256 Fische, alles ist bisher »gutgegangen«. Im nächsten Monat wird jedoch die Kapazitätsgrenze überschritten, eine Katastrophe ist nicht mehr aufzuhalten.

Theoretisch breitet sich eine exponentiell wachsende Population schließlich mit Lichtgeschwindigkeit aus. Dazu kommt es selbstverständlich aufgrund von Nahrungsverknappung, Seuchen, Kriegen usw. nicht. Für jede Art gibt es eine Umweltkapazität, die das Populationswachstum in Grenzen hält (logistisches Wachstum) und die nicht dauernd überschritten wird. Kurzfristig jedoch kann es zu einem abnormen Bevölkerungswachstum kommen, was dann mit einem Einbruch der Population zu bezahlen ist. Dieses Naturgesetz – das für alle Organismen gilt – kann auch durch Fortschritte in der Landwirtschaft (vgl. Kapitel 3c) nicht außer Kraft gesetzt werden. Die »grüne Revolution« wird den Umfang des Populationseinbruches von *Homo sapiens* eher vergrößern, ähnlich wie die Fortschritte der Medizin die Bevölkerungszunahme beschleunigt haben. Der Mensch hat die Einsicht und die Möglichkeiten, der Problematik noch Herr zu werden. Ob er davon Gebrauch machen wird, weiß niemand.

Mit dem Wachstum der Bevölkerung geht die Zerstörung der Natur einher. In kurzer Zeit hat der Mensch das Bild der Erde so verwandelt wie kein anderes Lebewesen zuvor.

Wir müssen es uns versagen, die Wirkungen zu schildern, die von seiner unterschiedlichen Lebensweise – vom Wildtöter zum Ackerbauer, Nomaden und schließlich zum Stadtbewohner in einer Industriegesellschaft – ausgehen. Einige Worte aber über die soziale Grundstruktur des Menschen, soweit sie sich rekonstruieren läßt: Der Mensch ist wie alle Primaten ein Sozialwesen, seiner Norm entspricht die Sammler- und Lagergemeinschaft, die Frauen und Kinder und einen Teil der Männer umfaßt. Für die Jagd und den nur dem Menschen eigenen Krieg hat sich die Jagd- und Kampfhorde der aktiven Männer herausgebildet, die kooperativ zusammenarbeiten. Eine Ehe kennen die Menschenaffen Gorilla und Schimpanse nicht: »Jede gehört jedem«, wie es J. Huxley auch für die Zukunftsgesellschaft des Menschen prophezeit. Der Mensch kennt aber ein »Sichverlieben«, das eine natürliche Bindung schafft, wenn auch oft nur auf beschränkte Zeit.

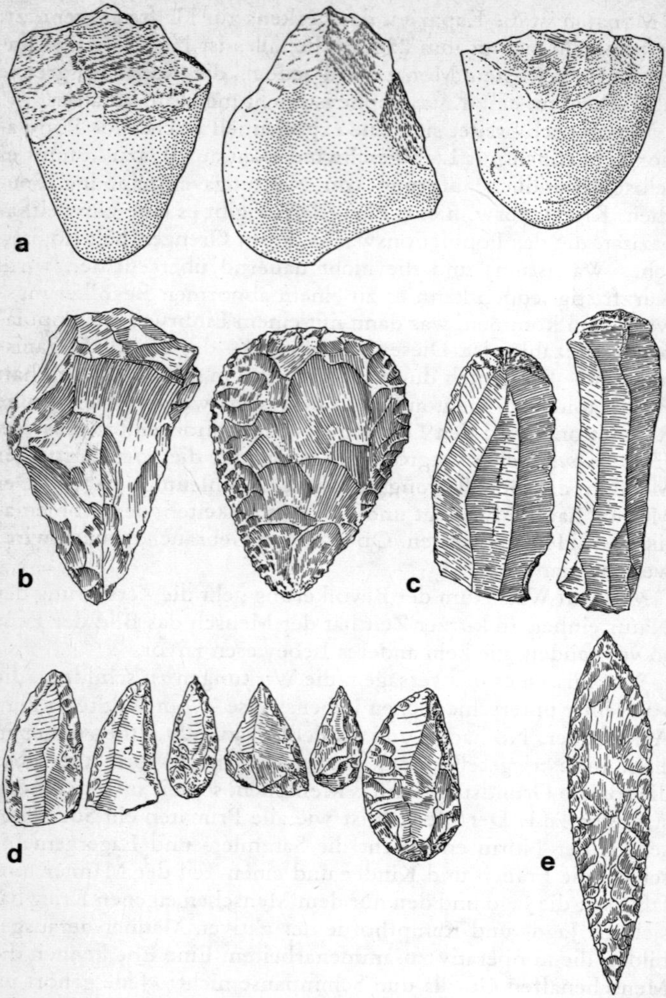

Abb. 72: Steinwerkzeuge aus verschiedenen Epochen: a. Primitive Steinwerkzeuge (pebble tools) aus der Oldoway-Schlucht Ostafrikas, b. Handäxte aus dem Unteren Paläolithicum, c. Schaber aus dem Oberen Paläolithicum, d. Steinwerkzeuge von Neanderthalern, e. Klinge aus dem Mesolithicum. Nach verschiedenen Autoren aus Romer (1962) und Oakley (1968).

d. Der Mensch als Werkzeughersteller

Werkzeuggebrauch ist im Tierreich verschiedentlich nachweisbar. Eine Sandwespe scharrt die Öffnung zum unterirdischen Brutbau zu, holt einen Stein und klopft damit den Sand fest. Einer der Galapagos-Finken bricht Stacheln, zum Beispiel von Kakteen, ab und angelt mit ihnen in Spalten nach Nahrung. Hier ist schon ein geringes Maß an Werkzeugbenutzung im Spiel. Diese Fälle liegen aber noch im Bereich instinktiven Verhaltens. Daß Menschenaffen in Gefangenschaft Werkzeuge benutzen und zum Teil zurichten, ist seit W. Koehlers Intelligenzprüfungen an Menschenaffen bekannt. Daß derartiges auch im Freien vorkommt, wurde durch Goodalls meisterhafte Beobachtungen an Schimpansen gezeigt. Schimpansen richten Zweigstücke so zu, daß sie in die Löcher von Termitenbauten gesteckt werden können. Die Termiten beißen sich daran fest, die Schimpansen ziehen den Zweig heraus und verzehren die Insekten.

In der Menschheitsentwicklung spielen hergestellte Werkzeuge, die von Steinbeilen bis zu den modernen Maschinen reichen, eine große Rolle. Das Präludium zu dieser Entwicklung ist im Tierreich nachweisbar.

Die Streitfrage, ob die Australopithecinen die einfachen Steinwerkzeuge, die mit ihnen zusammen gefunden wurden, hergestellt haben oder eine gleichzeitig lebende *Homo*-Art, wollen wir nicht erörtern. Die Umformung der Steinwerkzeuge verlief für uns unfaßbar langsam, so daß die gleichen Typen Tausende von Jahren immer wieder hergestellt wurden. Dadurch sind wir in der Lage, lange Perioden der Kulturentwicklung durch die Steinwerkzeuge zu charakterisieren (Abb. 72).

e. Die geistig-kulturelle Sonderstellung des Menschen

Sie beruht auf einer Reihe von Grundeigenschaften: Tradition, Sprache, Intellekt. Während der Geisteswissenschaftler hier nach scharfen Grenzen und Definitionen sucht, wird der Biologe versuchen, Vorstadien oder Prädispositionen bei Tieren aufzusuchen, und meist findet er sie.

Tradition ist die Übernahme von Gedankengut, Verhaltensweisen und Techniken von anderen Menschen, vor allem von denen vorangegangener Generationen. Durch Tradition wird eine ganz neue und sehr schnelle Ausbreitung der Leistungen eines Einzelwesens möglich. Während die Vererbung über die Gene nur eine langsame Ausdehnung ihres Bestandes innerhalb der Art schafft, leistet dies die Tradition in wenigen Monaten (Modeerscheinungen) oder Jahren. So ermöglicht die Tradition eine ganz neue und rasche Evolution der Sitten, Gebräuche und Denkweisen. Wir kennen sichere Traditionen bei Tieren. Japanische Forscher, die intensiv das Verhalten der Bergaffen (Makaken) beobachteten, fanden in einzelnen Populationen das Aufkommen und die Verbreitung von Gewohnheiten. In einem Fall begann ein jüngeres Tier seine Nahrung (Süßkartoffeln) zu waschen, bald taten das auch die anderen, zunächst mit Ausnahme der älteren Tiere. Meisen begannen in England, die Dekkel von Milchflaschen, die vor Haustüren abgestellt waren, zu durchlöchern und die Sahne abzuschlürfen. Diese Sitte oder Unsitte breitete sich von einzelnen Zentren rasch aus. Eine Art Tradition kann auch die Heimprägung im Jugendalter bewirken. Vögel kehren nach ihrer Winterreise oft an den gleichen Brutplatz zurück. Waldvögel, die in Steppenumgebung aufgezogen worden waren, bevorzugten für die nächste Brut Steppengelände.

Sprache als soziales Kommunikationsmittel ist im Tierreich weit verbreitet und kommt auch bei Insekten vor, z. B. bei Bienen und Heuschrecken. In dieser weiten Fassung des Begriffes Sprache hat der Mensch mehrere Sprachen, davon einige mit Tieren gemeinsam, z. B. die angeborene mimische Ausdrucksform, die Stimmungen anzeigt wie Wut, Ärger, Vergnügtsein usw. Die Formen dieser Gesichtssprache sind bei Mensch und Schimpanse sehr ähnlich.

Eine wortlose Lautsprache ist beim Menschen universell. Wenn Kinder spielen, verursachen sie oft beachtlichen Lärm, der aber großenteils nicht durch Worte entsteht, sondern durch Laute der wortlosen Sprache. Diese können sogar bei Mensch und Schimpanse Ähnlichkeiten aufweisen; der Überraschungslaut ist bei letzterem »hu«, beim Menschen »huch«. Eine Wort- und Begriffssprache schien aber ausschließlich Eigentum des Menschen zu sein. In diesem Zusammenhang sind die Versuche des Ehepaares Gardner von Interesse. Sie suchten eine Verständigung mit einer Schimpansin mittels der Zeichensprache für Taubstumme, wie sie in den Vereinigten Staaten von Amerika verwendet wird. Das Experiment gelang: Die Schimpansin verwendete nicht nur Zeichen für »ich« und »du«, sondern auch für Gegenstände. Es gelang ihr sogar, Stimmungen auszudrükken wie »ich bin traurig« usw. Diese Verhaltensstudien werden intensiv weitergeführt. Der Mensch hat also als Eigenbesitz nur eine vokale Wort- und Begriffssprache; eine Signalsprache, die manche Züge von ihr besitzt, können auch Schimpansen lernen. Mit dieser vokalen Wort- und Begriffssprache hängt wohl auch die besondere Ausbildung des Kehlkopfes zusammen, die fälschlich für die Begründung eines Eigenweges des Menschen herangezogen wurde.

Daß Tiere lernen können, ist allgemein bekannt. Bienen können beispielsweise auf Farben dressiert werden: wenn längere Zeit auf gelbem Untergrund Futter gegeben wurde, fliegen sie bald »gelb« an, auch wenn dort kein Futter steht. Sie haben also die Assoziation »gelb – Futter« vollzogen, oder allgemeiner: »wenn a, dann b«.

Intellekt ist eine höhere Stufe: hier wird aus den Eigenschaften von Dingen auf ihre Verwendbarkeit geschlossen. Die Dinge können dann als Mittel für die Erreichung eines Ziels eingesetzt werden. Außerdem können die Eigenschaften komplexer Dinge aus den Merkmalen der Einzelteile verstanden werden. Hier gilt »weil a, so b«. Nach dem Prinzip »wenn a, dann b« geben wir vorläufig lange Wettervorhersagen, nach dem Prinzip »weil a, so b« bauen wir Brücken und Maschinen.

Daß Intellekt in diesem Sinne bei Menschenaffen vorhanden ist, wissen wir. Er ist weit verbreitet und vereint sich beim Schimpansen mit technischer Begabung. Einige Beispiele der Untersuchungen von Rensch mögen das verdeutlichen. Ein Schimpanse mußte, um zur Nahrung zu gelangen, eine Reihe von Schlössern aufschließen und wählte jeweils den richtigen Schlüssel für das entsprechende Schloß. Ein Schimpanse sollte aus einem Labyrinth eine Kugel zu dem einzigen Ausgang führen. Nach jedem Versuch wurde ein anderes Labyrinth geboten. Der Schimpanse probierte nicht durch Versuch und Irrtum, sondern betrachtete das Labyrinth und fand gedanklich die richtige Lösung. Bei diesem Intelligenztest überschnitten sich Leistungskurven von Schimpansen und Menschen (Versuchspersonen waren Studenten).

Es taucht nun die Frage auf, warum es beim modernen Menschen zu der rasanten Kulturentwicklung kommen konnte, obwohl die Grundlagen für den geistigen Aufstieg schon relativ lange vorhanden sind. Verantwortlich sind vor allem die quantitative Steigerung der Anlagen und die Ausweitung auch seines

Eigenbesitzes der Vokal-, Wort- und Begriffssprache durch die Erinnerung.

Das Gedachte enthält zwei Komponenten: Wiedererkennen und Erinnerung. Unter Wiedererkennen verstehen wir, daß ein früher gesehener Gegenstand, eine Person oder eine Landschaft erkannt werden, wenn man sie wiedersieht. Eine solche Leistung ist bei Tieren intensiv ausgeprägt und weit verbreitet. Der Hund des Odysseus erkennt seinen Herren bei dessen Rückkehr. Die Erinnerung gestattet es uns, abwesende Menschen und vergangene Erlebnisse uns in Gedanken vorzustellen. Man hat bei Affen das Erinnerungsvermögen durch aufgeschobene Handlungen geprüft und festgestellt, daß es sehr kurz ist. Die Tiere leben also fast nur in der Gegenwart wie wir als Säuglinge. Bei erwachsenen Menschen reichen aber die Erinnerungen bis ins dritte oder vierte Lebensjahr zurück. Von diesem Zeitpunkt an beginnt der Aufbau der bewußten Persönlichkeit. Die Sprache gestattet, Erlebnisse und Gedanken anderen Menschen mitzuteilen und so ein geistiges Kontinuum zu schaffen. Seit Erfindung von Schrift und Druck legen wir ein Depot von Gedanken, Untersuchungen und Entdeckungen an, das ein riesiges Menschheitsgedächtnis darstellt und den sukzessiven kulturellen Aufbau der Menschheit gestattete.

Wesentliche im vorhergehenden Text schon zum Teil erwähnte Merkmale des Menschen – u. a. ausgeprägtes Lernvermögen, Sprache, logisches Denken, einsichtiges Handeln, Fähigkeit zu verallgemeinern, Ausbildung von Tradition und Kultur u. ä. – beruhen offensichtlich auf der sehr hohen Leistungsfähigkeit seines Gehirns. Es liegt daher der Gedanke nahe, daß auch Bewußtsein, Erkenntnis, religiöse und moralische Normen, Wissenschaft und Kunst letztlich Leistungen des Gehirns und damit auch Ergebnis der Evolution sind.

Auf der Grundlage der Annahme, daß die Evolution ein universelles Prinzip ist, hat sich in den letzten Jahren die »evolutionäre Erkenntnistheorie« intensiv artikuliert und mit den naturwissenschaftlichen Grundbedingungen des Erkenntnisapparates des Menschen auseinandergesetzt. Die Grundposition, daß auch unsere Erkenntnisfähigkeit, unser ganzes Seelen- und Geistesleben Ergebnis der Evolution seien, ist nicht neu. Neben Denkern der Antike sind hier v. a. Wissenschaftler des 19. und 20. Jahrhunderts zu nennen wie – unter vielen anderen – Ernst Haeckel und Konrad Lorenz. Der moderne Urheber für die kurz umrissene Position, die das Selbstverständnis des Menschen tiefgreifend erschüttern kann, ist aber eigentlich Charles Darwin selbst. Der philosophische Gehalt seines Werkes wird vielfach unterschätzt, was auch an der unaufdringlichen Art seiner Gedankenführung liegt. Es ließe sich sogar der Standpunkt vertreten, daß evolutionäre Erkenntnistheorie nur ein Aspekt – wenn auch ein gewichtiger – des »Darwinismus« ist. Eigentlich versucht die evolutionäre Erkenntnistheorie unter Berücksichtigung naturwissenschaftlicher Ergebnisse nur Fragen zu beantworten, die Philosophen schon sehr lange beschäftigen, z. B. Fragen nach dem Wesen des Menschen, nach dem, was an sogenannten höheren Eigenschaften angeboren sei, nach dem, was »a priori« seinem Erkenntnisvermögen mitgegeben sei u. ä. Während in der traditionellen Philosophie bisher Grundlagen der Naturwissenschaften insgesamt eher marginal berücksichtigt wurden und wenn, dann vor allem solche der Mathematik und Physik, so zieht die evolutionäre Erkenntnistheorie insbesondere Ergebnisse der Biologie in ihr Denken ein. Noch zur Zeit Immanuel Kants befand sich die Biologie auf einem recht niedrigen Niveau, so daß es verständlich ist, daß der große Königsberger Philosoph aus diesem Wissensgebiet keine echten Anregungen erhielt.

Die oben angedeutete Einsicht, daß alle geistigen Äußerungen des Menschen an die Funktionen des intakten Gehirns gebunden sind, erscheint wesentlich zu sein und bedarf einer sorgfältigen wissenschaftlichen Auseinandersetzung. Die Ergebnisse der sich sehr expansiv entwickelnden Neurowissenschaften – der Wissenschaften, die die Strukturen und Funktionen des gesunden und kranken Gehirns, der Nerven und der Nervenzellen erforschen, also Neurophysiologie, Neuroanatomie, Neurochemie, Neurologie, Psychiatrie und Psychologie einschließlich der experimentellen Psychologie – die Ergebnisse all dieser Wissenschaften sind also zu berücksichtigen, wenn es um den Versuch geht, die geistigen Leistungen zu verstehen. Die grundsätzliche Richtigkeit des Postulats der zentralen unabdingbaren Bedeutung des Gehirns für unsere Erkenntnisleistungen wird durch zahllose Beobachtungen gestützt und nicht dadurch beeinträchtigt, daß es in vielen entscheidenden Bereichen noch nicht möglich ist, eine Korrelation zwischen Funktionen des Nervensystems und komplexen geistigen Äußerungen herzustellen. Aber es bleibt das Ziel der sogenannten Identitätstheorie, die Korrelation zwischen physischen und geistig-psychischen Vorgängen zu erkennen. Inwieweit dieses Ziel erreicht werden wird, ist angesichts der schwer durchschaubaren und außerordentlich hoch differenzierten Komplexität unseres Gehirns einerseits und der Weite und Tiefe der Aussagen und Ausdrucksformen einzelner Philosophen, Dichter und Musiker andererseits kaum abschätzbar. Desweiteren deutet sich zum Teil an, daß sogenannte »künstliche« Intelligenz, wie sie in Computern vorliegt, Gemeinsamkeiten mit den Grundformen der natürlichen Intelligenz aufweist, die – dieses Eindruckes kann man sich gelegentlich nicht erwehren – bei einer ganzen Reihe von Menschen auch zu nicht mehr genutzt wird als dazu, bestimmte Zeichen und Signale zu erkennen und darauf zu reagieren.

Ein besonders wichtiger Gedankengang der evolutiven Erkenntnistheorie betrifft die Beziehungen zwischen Erkenntnisfähigkeit, die als den Gesetzen der Evolution unterworfen angesehen wird, und Umwelt. »Evolutiv entstandene Strukturen müssen zur und auf die Umwelt passen« (Vollmer, 1987). Schlagwortartig wird vom »Passungscharakter der Wahrnehmungsstrukturen« gesprochen. Unser Erkenntnisapparat versteht und interpretiert eine reale Umwelt; er kann die Natur erkennen, weil er selber ein Teil der Natur ist. Wenn unsere Erkenntnisfähigkeit uns nicht ein reales Bild der Umwelt lieferte, wären die Hominiden früh im Laufe der Evolution ausgestorben. Irreale Vorstellungen von den auf der Erde herrschenden Gesetzmäßigkeiten sind mit einem Überleben nicht vereinbar. Die Annahme außernatürlicher Entstehungsweisen für einsichtiges, vorausschauendes, Zusammenhänge begreifendes, methodisches Denken und andere den Menschen auszeichnende Leistungen sind nach der evolutionären Erkenntnistheorie folgerichtig nicht erforderlich.

Die Logik der evolutionären Erkenntnistheorie ist so, wie sie von einzelnen herausragenden Vertretern heute repräsentiert wird, nicht nur sehr anregend, sondern in hohem Maße zwingend, und es widerspräche dem Ethos der modernen Wissenschaft, vor ihren sehr weitreichenden Konsequenzen die Augen zu verschließen. Es sollte ihr nicht zum Nachteil angerechnet werden, wenn sie zuweilen zu einem simplen Biologismus verfälscht wird.

In vielen Kernpunkten steht die evolutionäre Erkenntnistheorie klar im Gegensatz zu anderen Auffassungen vom Wesen des Menschen und der Herkunft seines Bewußtseins und seiner Erkenntnisfähigkeit. Solche Überzeugungen ganz anderer Art, die in allen Völkern entstanden, fanden schon früh Höhepunkte in den »maßgeblichen Menschen«, wie sie Karl Jaspers nannte, in Buddha, Konfuzius, Sokrates und Jesus. Was von diesen und anderen großen Menschen gedacht wurde, ist natürlich nicht falsch oder irgendwie überholt. Auf dem Felde der Philosophie oder Theologie gibt es ja keinen Fortschritt wie in der Technik.

Es ist die Aufgabe der denkenden Menschen unserer Zeit, sich der Spannung zwischen einem Bewußtsein aus rational wissenschaftlichem Ursprung und einer Philosophie oder einem Offenbarungsglauben aus nicht rationaler Quelle zu stellen. Die Spannung mag das Selbstgefühl vieler Menschen bedrohen oder zumindest beunruhigen. Ihr sei daher ein Gedanke Darwins aus dem letzten Kapitel seines Werkes ›The Origin of Species‹ zur Seite gestellt, in dem er zum Ausdruck bringt, wie großartig es sei, das Leben vor dem Hintergrund der Evolution zu sehen und zu erkennen, wie sich das Lebendige von einfachen zu schönsten und wunderbarsten Formen entwickelt hat und weiterentwickeln wird.

Literaturverzeichnis

Zum vertieften Studium können die folgenden Werke herangezogen werden, in denen jeweils umfangreiche Literaturverzeichnisse zu finden sind:

Bird, J. M. (Hrsg.): Plate Tectonics. American Geophysical Union, Washington, D. C. 1980.

Bowler, P. J.: Evolution. The History of an Idea. Univ. of California Press, Berkeley 1984.

Cullis, C. A.: Environmentally induced DNA changes in plants. CRC Critical Reviews in Plant Science 1 (1983), 117–131.

Darwin, Ch.: Die Entstehung der Arten durch natürliche Zuchtwahl. Reclam, Stuttgart 1963.

Dose, K., H. Rauchfuß: Chemische Evolution und der Ursprung lebender Systeme. Wiss. Verlagsgesellschaft, Stuttgart 1975.

Dover, G. A., R. B. Flavell (Hrsg.): Genome and Evolution. Academic Press, London 1982.

Eigen, M.: Stufen zum Leben. Die frühe Evolution im Visier der Molekularbiologie. Piper, München 1987.

Eigen, M., P. Schuster: The Hypercycle. A Principle of Natural Selforganization. Springer, Berlin 1979.

Elliott, D. K. (Hrsg.): Dynamics of Extinction. Wiley, New York 1985.

Futuyma, D. J.: Evolutionary Biology. Sinauer, Sunderland, Mass. 1986.

Gill, A. M., R. H. Groves, T. R. Noble (Hrsg.): Fire and the Australian Biota. Austral. Acad. Science, Canberra 1981.

Grant, W.: The Origin of Adaptations. Columbia Univ. Press, New York 1963.

Hall, B. K.: Developmental Mechanisms Underlying the Formation of Atavisms. Biol. Rev. 59 (1984), 89–124.

Heberer, G. (Hrsg.): Die Evolution der Organismen. Ergebnisse und Probleme der Abstammungslehre. 3 Bände. G. Fischer, Stuttgart 1967 ff.

Hennig, W.: Phylogenetic Systematics. Univ. of Illinois Press, Urbana 1966.

Holland, D., A. F. Trendall (Hrsg.): Patterns of Change in Earth Evolution. Springer, Berlin 1984.

Horner, R. A. (Hrsg.): Sea Ice Biota. CRC Press, Boca Raton, Fla. 1985.

House, M. R. (Hrsg.): The Origin of Major Invertebrate Groups. Academic Press, London 1979.

Jägersten, G.: Evolution of the Metazoan Life Cycle. Academic Press, New York 1972.

Kimura, M.: Die Neutralitätstheorie der molekularen Evolution. Parey, Hamburg 1987.

Küppers, B.-O.: Molecular Theory of Evolution. Outline of a Physicochemical Theory of the Origin of Live. Springer, Berlin 1983.

Lee, J. J., J. F. Fredrik: Endocytobiology III. Ann. New York Acad. Sciences 503 (1987).

Lehmann, U., G. Hillmer: Wirbellose Tiere der Vorzeit. Enke, Stuttgart 1988.

Mägdefrau, K.: Paläobiologie der Pflanzen. G. Fischer, Stuttgart 1968.

Margulis, L., D. Sagan: Origins of Sex. Three Billion Years of Genetic Recombination. Yale Univ. Press, New Haven 1986.

Mayr, E.: The Growth of Biological Thought. Diversity, Evolution, and Inheritance. Harvard Univ. Press, Cambridge, Mass. 1982.

Meier, H. (Hrsg.): Die Herausforderung der Evolutionsbiologie. Piper, München 1988.

Nitecki, M. H. (Hrsg.): Coevolution. Univ. Chicago Press, Chicago 1983.

Ohno, S.: Evolution by Gene Duplication. Springer, Berlin 1970.

Osche, G.: Grundzüge der allgemeinen Phylogenetik. In: Handbuch der Biologie, Bd. III, 2. Athenaion, Frankfurt 1966.

Rahmann, H.: Die Entstehung des Lebendigen. G. Fischer, Stuttgart 1980.

Raup, D. M., D. Jablonski (Hrsg.): Patterns and Processes in the History of Life. Springer, Berlin 1986.

Rechenberg, J.: Evolutionsstrategie. Frommann Verlag, Stuttgart 1973.

Remane, A.: Die Grundlagen des Natürlichen Systems, der vergleichenden Anatomie und der Phylogenetik. Geest und Portig, Leipzig 1952; Nachdruck bei O. Koeltz, Königstein/Taunus 1971.

Rensch, B.: Neuere Probleme der Abstammungslehre. Enke, Stuttgart 1972.

Riedl, R.: Die Ordnung des Lebendigen. Parey, Hamburg 1975.

Schopf, J. W. (Hrsg.): Earth's Earliest Biosphere. Its Origin and Evolution. Princeton Univ. Press, Princeton, NJ. 1983.

Siewing, R. (Hrsg.): Evolution. G. Fischer, Stuttgart 1987.

Stone, A. R., S. Hawskworth (Hrsg.): Coevolution and Systematics. Clarendon Press, Oxford 1986.

Takhtajan, A.: Die Evolution der Angiospermen. G. Fischer, Jena 1959.

Timofeef-Ressovsky, N. V., N. N. Voroncov, A. N. Jablokov: Kurzer Grundriß der Evolutionstheorie. G. Fischer, Jena 1975.

Tschulok, S.: Deszendenzlehre (Entwicklungslehre). Ein Lehrbuch auf historisch-kritischer Grundlage. G. Fischer, Jena 1922.

Vogel, Ch.: Menschliche Stammesgeschichte – Populationsdifferenzierung (Biologie in Stichworten V). Hirt, Kiel 1974.

Vollmer, G.: Evolutionäre Erkenntnistheorie. Hirzel, Stuttgart 1987.

Wickler, W.: Stammesgeschichte und Ritualisierung. dtv, München 1975.
Williams, N. E.: An Apparent Disjunction Between the Evolution of Form and Substance in the Genus *Tetrahymena*. Evolution 38 (1984), 25–33.
Willmann, R.: Die Art in Raum und Zeit. Parey, Hamburg 1985.
Zimmermann, W.: Geschichte der Pflanzen. Eine Übersicht. dtv-Thieme, München, Stuttgart 1976.

Register